ÉLÉMENTS

D'ARITHMÉTIQUE

THÉORIQUE ET PRATIQUE (N° 2)

LIVRE DU MAITRE

Avis. *La table des matières se trouve à la fin du volume.*

ÉLÉMENTS
D'ARITHMÉTIQUE

THÉORIQUE ET PRATIQUE (N° 2)

LIVRE DU MAITRE

RECUEIL DE PROBLÈMES

SUR LES SUJETS LES PLUS USUELS

CONTENANT

LES ÉNONCÉS, LES RÉPONSES, ET LES SOLUTIONS DÉVELOPPÉES;

MANUEL PRATIQUE

A L'USAGE

DES INSTITUTEURS ET DE TOUS LES PROFESSEURS D'ARITHMÉTIQUE

PAR A. GUILMIN.

NOUVELLE ÉDITION REVUE ET CORRIGÉE

PARIS

ALPHONSE PICARD, LIBRAIRE,

82, Rue Bonaparte.

1869

AVIS

La table des matières se trouve à la fin du volume.

SOLUTIONS DÉVELOPPÉES

DES QUESTIONS PROPOSÉES

DANS LES ARITHMÉTIQUES Nᵒˢ 1'. 1 *bis*, 2 ET 4.

DE A. GUILMIN.

AVIS. — Afin de ménager la place et de pouvoir développer davantage les solutions, nous emploierons certaines abréviations que nous indiquerons au fur et à mesure.

(Ex. 7) renvoie à l'exercice 7.

(N° 12) renvoie au n° 12 du texte de l'Arithmétique.

o. signifie ordre ; cl., classe ; n., nombre ; u., unité ; D., dizaine ; C., centaine ; M., mille.

EXERCICES SUR LES CHIFFRES ROMAINS.

Nombres à écrire.

(48) XLVIII ; (74) LXXIV ; (763) DCCLXIII ; (239) CCXXXIX.
(834) DCCCXXXIV ; (758) DCCLVIII ; (1792) MDCCXCII ; (1863) MDCCCLXIII.
(2549) MMDXLIX ; (3851) MMMDCCCLI ; (2372) MMCCCLXXII ; (8429) (VIII)m CDXXIX.
(2494) MMCDXCIV ; (1437) MCDXXXVII ; (1508) MDVIII ; (734) DCCXXXIV.
(80000) (LXXX)m ; (200000) CCm ; (2000000) MMm.

Nombres à lire.

XIX, 19 ; XLIV, 44 ; XCVI, 96.
XIV, 14 ; MDCXIX, 1619 ; MMDXLI, 2541.

1

DCCXLVI, 746 ; MCCXCVI, 1296.
MDCCCLXIV, 1864 ; CDXXIX, 429.
(MC)m, 1100000 ; (CCC)m, 300000.

NUMÉRATION PARLÉE.

1. Dites le nom et la classe de l'unité du 5° ordre, — du 7° ordre, — du 3° ordre, — du 9°, — du 6°, — du 12°, — du 8°, — du 15°.

Réponses, L'u. du 5° o. est la D. de M., 2° cl. — du 7° o., le million, 3° cl. — du 3° o., la C., 1re cl, — du 9° o., la C. de millions, 3° cl. — du 6° o., la C. de M., 2° cl. — du 12° o., la C. de billions, 4° cl. — du 8° o., la D. de millions, 3° cl. — du 15° o., la C. de trillions, 5° cl.

Solutions développées. Quand on veut distinguer les *ordres* et les *classes* d'unités en les comptant, il est commode de se servir des doigts et de leurs phalanges. Chaque phalange représente un ordre, chaque doigt une classe de trois ordres.

1re *question.* On touche les phalanges de ses doigts une à une à partir du haut de l'index (*) jusqu'à la *cinquième* phalange (si on demande l'unité du 5° ordre) en disant : u, D, C, M, D de M ; c'est l'unité demandée. On s'est arrêté au 2° doigt ; c'est la 2° cl.

On résout de même les autres questions.

2. Dites la classe et l'ordre des centaines, — des dizaines de mille, — des dizaines de billions, — des millions, — des centaines de trillions.

Réponses. Les C. sont du 3° o. et de la 1re cl. — les D. de M. du 5° o. et de la 2° cl. — les D. de billions, du 11° o. et de la 4° cl. — les millions du 7° o. et de la 3° cl. — les centaines de trillions, du 15° o. et de la 5° cl.

Solutions développées. 1re *question.* On dit en touchant une à une les phalanges de ses doigts comme dans l'Ex. 1 : u, D, C (jusqu'à l'unité proposée). On s'est arrêté à la 3° phalange, c'est le 3° ordre ; au 1er doigt, c'est la 1re cl.

2° *question.* On dit : u, D, C, M, D de M. On s'est arrêté à la 5° phalange ; c'est le 5° o. ; au 2° doigt, c'est la 2° cl.

On résout de même les autres questions.

(*) Ayant à sa disposition 8 doigts composés de 24 phalanges, il est inutile d'employer les pouces dont les 2 phalanges ne sont pas assez distinctes.

3. Décomposez en unités de divers ordres (n° 10) : quinze, soixante-douze ; cent quinze ; mille quatorze ; onze mille cent onze ; soixante-seize billions treize millions quatre-vingt-douze mille cent douze.

Quinze, 1 D. et 5 u. ; soixante-douze, 7 D. et 2 u. ; cent quinze, 1 C., 1 D. et 5 u. Mille quatorze, 1 M., 1 D. et 4 u. Onze mille cent onze, 1 D de M, 1 M., 1 C., 1 D., 1 u. Soixante seize billions, treize millions quatre-vingt douze mille cent douze, 7 D. de billions, 6 billions, 1 D. de millions, 3 millions, 9 D. de M., 2 M., 1 C., 1 D. et 2 u.

4. Combien emploie-t-on de mots différents pour nommer les cent premiers nombres ? Combien pour nommer tous les nombres jusqu'aux centaines de trillions. 1re *rép.*, 22 mots, 2e *rép.*, 26 mots.

Solution développée. Jusqu'à 16, les noms des nombres sont tous différents ; cela fait seize mots ; de 16 à 100 inclusivement, on trouve les mots nouveaux : *vingt, trente, quarante, cinquante, soixante, cent ;* 6 mots, total 22 mots. Au delà de 100, il y a *mille, million, billion, trillion,* 4 mots. Total général 26 mots.

5. Combien de billets de banque de cent francs dans un milliard ou un billion de francs ? Combien de sacs de mille francs ? Combien de pièces de dix francs ?

Réponses. Dix millions de billets de cent francs. — Un million de sacs de mille fr. — Cent millions de pièces de dix fr.

Solutions développées. La centaine de francs étant prise pour unité, le mille qui vaut 10 centaines est une diz ; la D. de M. est une C., ; la C. de M. un M. Ainsi de suite ; chaque unité descendant de deux ordres, le milliard ou billion devient une D. de millions.

2e question. Le mille étant pris pour unité, la D. de M. est une D, la centaine de mille une centaine, etc. ; il faut descendre de 3 ordres. Le billion est un million de mille.

Pour la 3e question, on descend d'un ordre seulement.

NUMÉRATION ÉCRITE.

6. Que représente le 4e chiffre d'un nombre de droite à gauche, — le 5e, — le 8e, — le 6e, — le 10e, — le 13e, — le 16e ?

Réponses. Le 4e chiffre d'un n. de droite à gauche représente des **M.** — Le 5ᵉ des D. de M. — Le 8ᵉ des D. de millions, — Le 6ᵉ des C. de M. — Le 10ᵉ des billions. — Le 13ᵉ des trillions.— Le 16ᵉ des quatrillions.

Solutions développées. Les chiffres d'un n., considérés de droite à gauche, représentent les unités d'ordres successifs de grandeurs croissantes : u, D, C, M, D de M. etc. Il suffit donc de dire en touchant ses doigts un à un (non plus les phalanges puisqu'il n'est pas question de classes) :

1ʳᵉ *question* (jusqu'au 4ᵉ doigt) : U, D, C, M. Réponse : les **M.**

2ᵉ *question* (jusqu'au 8ᵉ doigt) : U, D, C, M, D de M, C de M, millions, D. de millions. Rép. : les D. de millions.

De même pour les autres questions.

7. Combien faut-il de chiffres pour écrire un nombre qui commence aux dizaines de mille, — aux centaines de mille, — aux dizaines de billions?

Réponses. Pour écrire un nombre qui commence aux D. de M, il faut 5 chiffres. — aux C. de M, 6 chiffres. — aux D. de billions, 11 chiffres.

Solutions développées. Depuis les unités simples jusqu'aux plus élevées de chaque nombre proposé, il faut un chiffre pour représenter chaque ordre existant ou n'existant pas dans le nombre. Il suffit donc ici de dire en remontant par ordre des unités simples aux unités *désignées*, en touchant ses *doigts* un à un :

1ʳᵉ *question.* U, D, C, M, D de M. On a touché 5 doigts; il faut 5 chiffres.

2ᵉ *question.* U, D, C, M, D de M, C de M. On a touché 6 doigts ; il faut 6 chiffres.

De même pour les autres questions.

Nombres en chiffres à écrire (Réponses).

Nous ne mettrons pas ici les énoncés des questions qui ne sont autres que les n. suivants écrits en toutes lettres.

Ex. 8. Napoléon Iᵉʳ, né le 15 août 1769, est mort le 5 mai 1821.
Ex. 9. 1007 ; 1012 ; 1123 ; 1000 ; 3002.
Ex. 10. 7600 ; 4609 ; 2001.
Ex. 11. 78107 ; 96010 ; 29120 ; 11024.
Ex. 12. 276096 ; 907005 ; 800000 ; 500012. .

Ex. **13.** 1000000; 1000000000 ; 30276012; 48003027.
Ex. **14.** 100000013 ; 80001015; 200800027 ; 10002100.
Ex. **15.** 534200 ; 84000 ; 2190000 ; 40090000000 ; 14000000000.

Ex. 15. On écrit le n. des unités *nommées* comme si c'étaient des unités simples; puis on écrit sur la droite autant de zéros qu'il y a d'unités inférieures à ces unités nommées; car toutes ces unités inférieures *manquent* dans le nombre.

Ainsi pour le 1er *nombre*, on écrit d'abord 5342. Au-dessous des centaines, il manque les dizaines, et les unités simples; on écrit 2 zéros sur la droite pour en tenir la place, ce qui donne 534200. De même pour les autres nombres proposés.

Nombres à lire et à écrire en toutes lettres (Réponses).

Nous ne mettons pas les énoncés des questions qui ne sont autres que les nombres suivants écrits en chiffres.

Ex. 16. En mil huit cent cinquante six, la France était divisée en quatre-vingt-six départements, trois cent soixante trois arrondissements, 2 mille 847 cantons; 36 mille 826 communes (*).

Ex. 17. Sa population était de 36 millions 39 mille 364 habitants; sa superficie de 53 millions 27 mille 894 hectares.

Ex. 18. En mil huit cent soixante-un (après l'annexion de la Savoie), on compte 89 départements, 373 arrondissements, 2 mille 938 cantons, 37 mille 510 communes, et 37 millions 382 mille 225 habitants; sa superficie est de 54 millions 239 mille 679 hectares.

Ex. 19. Huit villes ont maintenant plus de cent mille habitants : savoir : Paris, 1 million 696 mille 141 ; Lyon, 318 mille 803 ; Marseille, 260 mille 910 ; Bordeaux, 162 mille 750 ; Lille, 131 mille 827 ; Nantes, 113 mille 625 ; Toulouse, 113 mille 229 ; Rouen, 102 mille 649.

Ex. 20. Cinq autres ensuite ont plus de soixante mille habi-

(*) A partir de cet exercice, afin d'épargner une place qui pourra être mieux employée, nous réduisons la difficulté à sa plus simple expression (à la lecture d'un nombre de 3 chiffres), sans la résoudre tout à fait ; ce qui n'embarrassera personne.

tants, savoir: Saint-Étienne, 92 mille 250; Toulon, 84 mille 987 ; Strasbourg, 82 mille 14 ; le Havre, 74 mille 336; Brest, 67 mille 833 habitants.

Ex. 21. 8 ensuite dépassent 50 mille habitants, savoir : Amiens, 58 mille 780 ; Nîmes, 57 mille 129 ; Metz, 56 mille 888; Reims, 55 mille 808; Montpellier, 51 mille 865; Angers, 51 mille 797 ; Limoges, 51 mille 53 ; Orléans 50 mille 798.

Ex. 22. Deux départements ont plus d'un million d'habitants, savoir : la Seine, 1 million 953 mille 660 ; le Nord, un million 303 mille 380.

Ex. 23. Six autres ensuite ont plus de 600 mille habitants :

La Seine-Inférieure, 789 mille 988; le Pas-de-Calais, 724 mille 338 ; la Gironde, 667 mille 193 ; le Rhône, 662 mille 493 ; les Côtes-du-Nord, 628 mille 676 ; le Finistère, 627 mille 304.

Ex. 24. La dette de l'État en France se montait, le 1er janvier mil huit cent soixante-un, à 9 milliards 718 millions 276 mille 914 francs.

Dans cette somme il y a 9 mille 718 millions de francs, 9 millions 718 mille 276 billets de mille francs, 97 millions 182 mille 769 billets de cent francs, 971 millions 827 mille 691 pièces de dix francs.

Règle. *Pour déterminer le plus grand nombre d'unités d'un certain ordre contenues dans un nombre écrit en chiffres. on met un point à droite du chiffre des unités de cet ordre, Le nombre écrit à gauche du point, lu comme s'il était isolé, est le nombre demandé.*

Ex. Combien y a-t-il de centaines dans 97182769 14 ? Je mets un point à droite du chiffre des centaines qui est 9 (97182769.14). Le nombre à gauche du point est 97182769 ; c'est le nombre de centaines demandé. On lit ce nombre isolément. *Rép.* 97 millions 182 mille 769 centaines.

En effet, la centaine étant prise pour unité, le 9 exprime des unités, le 6 exprime des dix., le 7 des centaines, etc., exactement comme si on considérait à part le nombre 97182769. De là notre règle (*).

(*) Si nous connaissions les fractions décimales, noûs mettrions une virgule au lieu d'un point, et en finissant nous dirions 14 centièmes de centaines.

OPÉRATIONS SUR LES NOMBRES ENTIERS.

DÉFINITIONS ET USAGES DES OPÉRATIONS. — La principale ou pour mieux dire l'unique difficulté de la résolution des problèmes consiste à reconnaître l'opération ou la suite des opérations à faire. Or il n'est pas possible de donner pour cela des règles générales précises; il faut au calculateur une certaine dose de perspicacité et d'intelligence qui se développe par l'exercice. Les élèves doivent donc être exercés à résoudre beaucoup de problèmes. Pour atténuer d'ailleurs la difficulté en question, les maîtres doivent s'attacher à faire bien comprendre sur des exemples les définitions et les principaux usages des opérations élémentaires. Indiquer les usages d'une opération, c'est indiquer les cas principaux où elle se fait, les caractères précis qui la font reconnaître. Le maître doit justifier chaque usage, de manière que l'élève (*) se croie bien autorisé à faire l'opération en question quand le cas indiqué se présentera, quand il reconnaîtra le caractère précis. C'est ce que nous ferons pour chaque opération en commençant; puis, cela fait, il nous suffira dans les exercices suivants de distinguer le cas spécial et de l'indiquer pour motiver l'opération à faire.

ADDITION.

USAGES DE L'ADDITION. On additionne pour trouver un nombre qui exprime la réunion, l'assemblage, la totalité des unités contenues dans des nombres donnés, pour augmenter un nombre de la valeur d'un autre nombre ou de plusieurs autres nombres. L'addition est l'opération la plus facile à reconnaître surtout quand elle est la seule à faire.

Exercices 25, 26, 27 et 28.

La population de chaque province se compose évidemment des populations réunies ou additionnées de ses divers départements. Il n'y a qu'à additionner.

25. L'ancienne PROVENCE se compose de 3 départements : Bouches-du-

---

(*) Chaque usage doit être énoncé comme un théorème pratique applicable sans démonstration pour qui l'aura démontré et compris une fois pour toutes.

Rhône, 507112 habitants ; Var, 268255 ; Basses-Alpes, 146368. *Total :* 921735 habitants.

26. La Bretagne, 5 départements : Loire-Inférieure, 580207 hab. ; Morbihan, 486504 ; Finistère, 627304 ; Côtes-du-Nord, 628676 ; Ille-et-Vilaine, 584930. *Total :* 2907621 habitants.

27. La Normandie, 5 dép. : Seine-Inférieure, 789988 hab. ; Eure, 398661 ; Calvados, 480992 ; Manche, 591421 ; Orne, 423350. *Total :* 2684412.

28. Le Languedoc, 8 dép. : Ardèche, 388529 habitants ; Gard, 422107 ; Aude, 283606 ; Hérault, 409391 ; Tarn, 353633 ; Haute-Garonne, 484081 ; Lozère, 137367 ; Haute-Loire, 305521. *Total :* 2784235.

29. Un édifice commencé le 12 avril 1858 a été terminé le 28 octobre 1859. Combien de jours a duré sa construction ? (Janvier, mars, mai, juillet, août octobre et décembre ont 31 jours ; février (1859) 28 jours ; avril, juin, septembre et novembre, 30 jours.) *Rép.* 565 jours.

Du 12 avril 1858 au 12 avril 1859 *exclus*, 365 j.; du 12 avril 1859 inclus au 1ᵉʳ mai exclus, 19 j.; mai, 31 j.: juin 30, juillet 31 ; août 31 ; septembre 30 ; octobre 28. On écrit tous ces nombres de jours, à mesure qu'on les énonce, les uns sous les autres pour l'addition ; puis on additionne. Total, 565.

30. Un père partage ses biens entre ses cinq enfants. Il donne au premier 497 ares de terre et 2695 fr. ; au second, 296 ares et 7692 fr. ; au troisième, 328 ares et 6526 fr. ; au quatrième, 425 ares et 3027 fr. ; au cinquième, 356 ares et 4937 fr. Il lègue ensuite à divers serviteurs une somme de 1564 fr. On demande l'avoir du père en terre et en argent.

On additionne d'une part toutes les sommes d'argent, de l'autre tous les nombres d'ares. *Rép.* : 26441 francs ; 1902 ares.

31. Un corps d'armée se compose de 296 soldats du génie, 692 artilleurs, 12540 soldats d'infanterie et 2528 cavaliers. Combien comprend-il de soldats en tout ?

$$(296 + 692 + 12540 + 2528) = 16056 \text{ soldats.}$$

32. Un particulier a payé au percepteur le 1ᵉʳ février, 41 fr. ; le 12 avril, 96 fr. ; le 28 mai, 120 fr. ; le 23 août, 137 fr. ; et le 3 octobre, 157 fr. ; il lui reste à payer 258 fr. Quel est le montant de ses contributions ?

Rép. Il se compose de toutes les sommes payées et du reste à payer. On additionne. Total, 809 fr.

ADDITION ET SOUSTRACTION.

Principaux usages de la soustraction. Prenons un exemple :

Je retranche 5 de 8 ; il reste 3 ; 3 est donc un *reste*. Avant la soustraction, 8 se composait des 5 unités que j'en ai retranchées et des 3 unités qui restent.

$$8 = 5 + 3.$$

3 est le nombre qui ajouté à 5 donne pour somme 8 ; 3 est l'*excès* de 8 sur 5 ; c'est ce que 8 contient de plus que 5 ; 3 est ce qui manque à 5 pour valoir 8.

Usages. On trouve donc par la soustraction un *reste*, un *excès*, ce qui *manque* à un n. pour valoir un autre n., le n. qui, *ajouté* à un n. donné, donne pour somme un n. donné

33. Un fermier qui n'a que 1365 fr , veut acheter un champ de 2000 fr. Combien doit-il emprunter ? *Rép.* 635 fr.

Le fermier doit emprunter *ce qui manque à* 1365 fr. *pour valoir* 2000 fr. Je soustrais donc 1365 fr. de 2000 fr.

34. Je devais 3528 fr. ; j'ai payé 1574ᶠ. Combien dois-je encore ? 1954 fr.

En payant 1574 fr., j'ai diminué ma dette d'autant. Je dois encore $3528^f - 1574^f = 1954^f$. Je soustrais.

35. J'avais 4520 fr. ; j'ai dépensé 3584 fr. Combien me reste-t-il ?

La somme dépensée 3584 fr. a été retirée, retranchée de l'avoir 4520 fr. Pour connaître le *reste*, je soustrais. *Rép.* 936 fr.

36. Un cheval, acheté 548 fr., a été revendu 632 fr. Quel est le bénéfice ?

Le bénéfice d'un vendeur est l'excès du prix de vente sur le prix d'achat ou de revient. Pour trouver cet *excès*, je soustrais ; $632 - 548 = 84$. *Rép.* 84 fr.

37. Charles est né en 1851 ; quand aura-t-il 27 ans ? *Rép.* en 1878.

A partir de la naissance en 1851, l'âge de Charles qui est 0, augmente année par année avec le millésime ou le numéro d'ordre de l'année. Quand l'âge de Charles sera $0 + 27$, le millésime sera $1851 + 27 = 1878$.

38. Un individu a eu 31 ans 8 mois 15 jours le 17 mai 1860. On demande la date de sa naissance? A quelle époque aura-t-il 40 ans?

1re *Rép.* Le 2 septembre 1828. 2e *Rép.* Le 2 septembre 1868.
Solution. Je recule de 15 j. à partir du 17 mai, au 2 mai; puis de 8 mois, m. par m. en disant sur mes doigts : 2 avril, 2 mars, 2 février, ..., 2 7bre 1859 (8e *doigt*); puis de 31 ans, en retranchant 31 de 1859. Je reviens ainsi au jour de la naisance qui est le 2 7bre 1828; l'individu aura 40 ans en 1828 + 40 = 1868.

39. Sous Philippe le Bel, la population de Paris était de 125092 habitants; elle est aujourd'hui de 1696141 habitants. Calculer l'augmentation?

L'augmentation est l'*excès* de 1696141 sur 125092. Je soustrais. *Rép.* 1571049 habitants.

40. La France avait en 1856, 36039364 habitants; en 1861, 37382225. Trouver l'accroissement?

L'accroissement est l'*excès* de 37382225 sur 36039364. Je soustrais. *Rép.* 1342861 habitants.

41. La Savoie et le comté de Nice annexés dans l'intervalle ont ajouté 673802 hab. Quel est l'accroissement pour l'ancien territoire? 669059 hab.

Sur l'accroissement total de 1342861 habitants, 673802 proviennent de la Savoie. Le reste ou l'excédant est l'accroissement de l'ancien territoire. Pour trouver ce *reste* je soustrais.

42. Sur 67766335 voyageurs en omnibus, 42016081 ont pris l'intérieur. Combien ont pris l'impériale? *Rép.* 25750254.

42016081 voyageurs sur 67766335 ont voyagé dans l'intérieur; le reste ou l'excédant a voyagé sur l'impériale. Pour trouver ce reste, je soustrais.

43. Louis XIV, né en 1638, est mort en 1715. A quel âge? *Rép.* : à 77 ans.

De 1638 à 1715, l'âge de Louis XIV, qui était 0 et le millésime ont augmenté en même temps. L'âge demandé est donc l'*excès* de 1715 sur 1638; pour trouver cet excès, je soustrais.

44. Charlemagne né en 742, est mort à 72 ans après un règne de 46 ans. On demande l'année de son avénement au trône et celle de sa mort?

Empereur en 768, mort en 814.
Charlemagne est mort 72 ans après 742; 742 + 72 = 814. Il

était monté sur le trône 46 ans avant 814 ; c'est-à-dire quand le millésime était moindre de 46 ; 814 — 46 = 768.

45. Dans une forêt de 1870 arbres, il y a 785 chênes, 324 sapins, 278 hêtres et des bouleaux. Combien y a-t-il de bouleaux ? *Rép.* 483.

785 chênes + 324 sapins + 278 hêtres font 1387 arbres. Il y a 1870 arbres en tout. Le n. des bouleaux est l'*excès* de 1870 sur 1387. Pour trouver cet excès, je soustrais.

46. La cane couve 30 jours, la dinde 29 et la poule 22. Une poule, une dinde et une cane ont été mises à couver le 17 octobre. On demande le jour de l'éclosion de chaque couvée ? *Rép.* : 16 nov., 15 nov., 8 nov.

Octobre ayant 31 j., du 17 oct. au 17 novembre, il y a 31 j. La cane ne couvant que 30 j., sa couvée éclora le 16 nov. ; celle de la dinde le 15, et celle de la poule le 8 du même **mois**

47. On demande l'excédant de la population de Paris sur les populations réunies de Lyon, de Marseille, de Bordeaux, de Nantes, de Strasbourg, de Lille, de Rouen et de Toulouse. (Voy. *Exercice* 19.) *Rép.* : 410334 hab.

J'ajoute les populations de Lyon, de Marseille, etc., et je retranche le total de la population de Paris.

48. Achevez le tableau suivant en écrivant sous chaque mois le nombre des jours de l'année écoulés avant le 1ᵉʳ de ce mois. (Pour une année commune, 1859 par ex. Voy. *Exercice* 29.)

Janvier.	Février.	Mars.	Avril.	Mai.	Juin.	Juillet.	Août.	Septembre.	Octobre.	Novembre.	Décembre.
0	31	59	90	120	151	181	212	243	273	304	334

Formation du tableau. 1ʳᵉ case, 0. Avant le 1ᵉʳ février, il s'est écoulé 31 j. (janvier). Avant le 1ᵉʳ mars, 28 j. de plus (février), j'ajoute 28 à 31 ; ce qui donne 59. Avant le 1ᵉʳ avril 31 j. de plus (mars) ; 59 + 31 = 90. Ainsi de suite, on ajoute les jours des mois successifs.

49. Résolve à l'aide de ce tableau achevé les questions suivantes :

Quel est le numéro d'ordre du 19 septembre parmi les jours de l'année 1863? *Rép.* 262.

D'après le tableau, le nombre de j. de l'année écoulés avant le 1er septembre est 243; ajoutons les 19 jours de septembre : total et numéro d'ordre, 262.

Application. Le chemin de fer de l'Ouest marque ainsi la date de ses billets, 171 63 (171e jour de 1863). Quel mois? Quel jour?)

On demande le nombre de jours écoulés, 1° du 17 mars au 17 octobre; 2° du 12 mars au 21 août; 3° du 27 avril au 14 septembre; 4° du 7 octobre au 17 mai suivant; 5° du 12 novembre au 5 avril suivant?

1° Le n. de j. écoulés du 17 mars au 17 octobre est le même que du 1er mars au 1er octobre. Or d'après le tableau, du 1er janvier au 1er mars, on compte 59 j. ; au 1er octobre 273 j. L'excès de 273 sur 59 est évidemment le n. de j. écoulés du 1er mars au 1er octobre; $273 - 59 = 214$. *Rép.* 214 jours.

2° *Du 12 mars au 21 août*, 162 j. En raisonnant comme pour 1°, on trouve du 12 mars au 12 août; $212 j. - 59 = 153$ j. ; du 12 au 21 août, 9 j. de plus, *total* 162 j.

3° *Du 27 avril au 14 septembre*, 140 j. En effet, du 27 avril au 27 septembre (comme 1°), c'est $243 - 90 = 153$ j. Pour revenir du 27 au 14 septembre, il faut retrancher 13 j.

4° *Du 7 octobre au 17 mai suivant*, 222 j.

On change d'année. Cherchons du 7 octobre au 7 mai, ou ce qui revient au même, du 1er octobre au 1er mai. Du 1er janvier au 1er 8bre, d'après le tableau, 273 j.; du 1er 8bre au 31 décembre, c'est le reste de l'année, 365 j. — 273 j. Du 1er janvier au 1er mai, 120 j. Total du 1er octobre au 1er mai (ou bien du 17 octobre au 17 mai), $365 - 273 + 120 = 120 + 365 - 273 = 485 - 273 = 212$. Ajoutons les 10 j. du 7 au 17 mai; total 222 j.

5° Du 12 novembre au 5 avril suivant, 144 j.

Du 12 novembre au 12 avril, on trouve comme pour 4°, $90 + 365 - 304 = 455 - 304 = 151$. Pour revenir au 5 avril, on retranche 7 jours.

Établir une règle générale pour calculer dans tous les cas simplement, à l'aide du tableau, le nombre de jours compris entre deux dates.

Règle. 1er cas. Les deux *quantièmes* de mois sont les mêmes, par ex. du 17 mars au 17 octobre. Ou prend dans la table le n.

qui est sous *mars*, et celui qui est sous *octobre*, et on soustrait (273 — 59).

2° CAS. Le 2° *quantième* est le plus fort ; par ex. du 12 mars au 21 août. On prend dans le tableau le n. qui est sous *mars*, puis le n. qui est sous *août*; on soustrait. Puis on ajoute au reste les j. du 12 au 21 août.

3° CAS. Le 2° quantième est le plus petit; par ex. : du 27 avril au 14 septembre. On fait comme dans le 2° cas seulement à la fin on retranche les 13 j. du 27 au 14 sept.

4° CAS. *On change d'année*, par ex. du 7 octobre au 17 mai suivant. On prend le n. qui est sous octobre, le n. qui est sous mai. On ajoute 365 au plus petit n. et on retranche le plus grand de la somme. Enfin on ajoute les j. du 7 au 17 mai.

MULTIPLICATION.

OBSERVATIONS PRATIQUES. Le raisonnement ayant conduit à multiplier, et fait connaître l'espèce des unités du produit, on fait la multiplication en prenant ordinairement pour multiplicande le facteur qui a le moins de chiffres significatifs.

Ex. : *Un garçon de magasin gagne 3 francs par jour. Combien gagne-t-il par année de 365 jours?*

Il gagne 365 *fois* 3 fr. Il faut multiplier 3 fr. par 365 ; or il revient au même, et il est plus simple de multiplier 365 par 3.

2° REMARQUE. Quand on doit effectuer des multiplications successives, il convient de commencer par les plus petits facteurs.

Ex. : $549 \times 4 \times 5 \times 3$. On peut dire de mémoire : 5 fois 4, 20 ; 3 fois 20, 60. On multiplie 549 par 60; ce qui est évidemment plus simple que d'effectuer dans cet ordre $549 \times 3 \times 4 \times 5$.

Autre ex. : $3197 \times 8 \times 75$; $75 \times 8 = 600$. Le plus simple est de multiplier 3197 par 600.

3° Ex. : $485469 \times 13 \times 19$. Je multiplie 13 par 19, $13 \times 19 = 247$, puis 485469 par 247. C'est plus simple.

3° REMARQUE. Quand un facteur diffère peu de 1000 ou de 100, etc., comme 998, 89, 97, etc., on peut opérer comme il suit :

Ex. : 4395×998 ; $998 = 1000 - 2$. Je multiplie 4395 par 2 et je retranche le produit de 4395000.

De même pour $89 = 100 - 11$; $97 = 100 - 3$, etc.

EXERCICES.

Principaux usages de la multiplication (*Arithm.* p. 22). On multiplie très-souvent pour trouver le prix ou la valeur d'un certain nombre d'unités, connaissant le prix de l'unité. En général, on multiplie pour trouver *tant de fois* un nombre, 15 fois par ex. (quand il s'agit de le répéter 15 fois), pour rendre un nombre *tant de fois* plus grand.

50. Combien coûtent 78 mètres de drap à 24 fr. le mètre? *Rép.* **1872 fr.**

1^m coûte 24 fr.; 78^m coûtent 78 *fois* 24 fr. On multiplie.

51. Un employé reçoit 234 fr. par mois : quel est son traitement annuel? *Rép.* **2808 fr.**

Pour 1 mois 234 fr., pour 12 m., 12 *fois* 234 fr. On multiplie.

52. Combien y a-t-il de lettres dans un volume de 719 pages, dont chacune renferme 1539 lettres? *Rép.* **1106541 lettres.**

Une page contenant 1539 lettres, 719 pages contiennent 719 *fois* 1539 lettres. On multiplie 1539 par 719.

53. La lumière parcourt 310000 kilomètres par seconde : combien parcourt-elle de kilomètres par jour. (Voy. Ex. 56.) *Rép.* **26784000000.**

$1^j = 24^h = 60^m \times 24 = 1440^m = 60^s \times 1440 = 86400^s$. La lumière parcourt en 1 j., 86400 *fois* 310000 kilom. On multiplie.

54. La circonférence de la terre contient 360 degrés; chaque degré vaut 25 lieues communes ou 20 lieues marines : combien y a-t-il de lieues de l'une ou l'autre espèce dans la circonférence de la terre? *Rép.* **9000**$^{l \cdot c}$ et **7200**$^{l \cdot m}$.

Les 360° valent 360 *fois* 25$^{l \cdot c}$, et 360 *fois* 20$^{l \cdot m}$. On multiplie.

55. Le soleil est 1405000 fois plus gros que la terre, qui est elle-même 49 fois plus grosse que la lune : combien de fois le soleil est-il plus gros que la lune ? *Rép.* : **68845000 fois**. (On multiplie 1405000 par 49.)

56. Le jour se compose de 24 heures, l'heure de 60 minutes, la minute de 60 secondes. Combien y a-t-il de s. dans 57^j 19^h 38^m 42^s. *Rép.* **4995522 s.**

Je convertis d'abord les jours en heures; 57 jours valent 57 *fois* 24 heures : je multiplie 57 par 24. Il faut ajouter 19 h.

$57^j 19^h 38^m 42^s$ J'écris 19 sous les produits partiels pour
24 ne faire qu'une addition. 1387 heures va-
——— lant 1387 *fois* 60 minutes ; je multiplie 1387
228 par 60. Mais il faut ajouter 38 minutes.
114 Pour plus de simplicité, je les ajoute en
19 multipliant. Je dis : 0 (qui serait à la droite
——— du produit) et 8, c'est 8 ; 6 fois 7, 42 (42 di-
1387^h zaines), et les 3 diz. de 38, font 45 ; je pose
60 5 et je retiens 4 ; 6 fois 8, 48, et 4 de re-
——— tenue, 52 ; je pose 2 ; etc. Pour convertir les
83258^m 83258 m. en secondes, je multiplie par 60 ;
60 j'ajoute de même les 42 s. en multipliant.
———
4995522^s

57. Combien s'est-il écoulé de minutes depuis le **23 janvier 1859** à **7 heures du matin** jusqu'au **8 septembre** à **8ʰ 42ᵐ** du soir (v. Ex. 29).

Rép. : **329142 minutes.**

Je cherche le n. de j. écoulés du 23 janvier au 8 septembre
à 7 heures du matin. Si j'avais la table de
la page 11, je le trouverais plus aisément.
A défaut de cette table, on dit en écrivant les n. de j. à mesure pour l'addition,
du 23 janv. au 23 fév., 31 j. ; au 23 mars,
28 j. ; au 23 avril, 31 j., et ainsi de suite
jusqu'au 23 sept. Puis on additionne ; total 243 j. Pour revenir du 23 au 8 sept.,
on retranche 15 j. ; il reste 228 j. Cela fait,
je dis : de 7 h. du matin à 7 h. du soir,
12 h, de 7 h. à 8ʰ42, 1ʰ42 ; total 13ʰ42.
Total général, $228^j 13^h 42^m$, à convertir en
min. Ce que je fais comme dans l'Ex. 56.

Colonne de calcul (gauche) :
$228^j 13^h 42^m$
24
———
912
456
13
———
5485
60
———
329142

Colonne des jours (droite) :
31
28
31
30
31
30
31
31
———
243
15
———
228

58. La circonférence d'un cercle se divise en 360 degrés, le degré en 60 minutes, la minute en 60 secondes, qui s'indiquent ains °,',",. On pro-pose de convertir en secondes 79° 43' 37". *Rép.* : **287017".**

79°43'37" 79° valent 79 *fois* 60' ; je multiplie 79 par 60
60 et j'ajoute les 43' tout en multipliant. comme
——— dans l'Ex. 56. Je multiplie ensuite 4983 m. par
4783 60 pour les convertir en secondes, et j'ajoute
60 en même temps les 37".
———
287017

59. Le rayon de la terre, supposée sphérique, est de 6366 kilomètres. On demande en kilomètres :

1° La distance de la lune à la terre qui est d'environ 60 rayons terrestres ;

2° La longueur du rayon du soleil égal à 112 fois celui de la terre;

3° La distance du soleil à la terre égale à 24068 rayons terrestres;

4° La distance d'une étoile qui serait 206265 fois plus éloignée de la terre que le soleil.

Rép. 1° 60 *fois* 6366 k. ; 6366 × 60 = 381960.

2° 112 *fois* 6366 ; 6366 × 112 = 712992.

3° 24068 *fois* 6366; 6366 × 24068 = 153216888.

4° 206265 *fois* 153216888 k. = 31603281403320 kilom.

60. Chaque individu consomme en France 513 litres de blé par an. Quelle est la consommation totale : 1° de la France ; 2° de Paris ; 3° du département du Nord? (Voyez Exerc. 18, 19 et 22.)

Rép. 1° Pour la France : 37382225 *fois* 513 l. = 19177081425 lit.

2° Pour Paris : 1696141 f. 513 l. = 870120333 litres.

3° Pour le dép. du Nord : 1303380 f. 513 l. = 668633940 l.

61. Chaque habitant consomme en France 23 kilogrammes de viande par an. Quelle est la consommation totale : 1° de la France ; 2° de Paris ; 3° du département du Nord? (Voyez Exerc. 18, 19 et 22.)

On trouve de même en multipliant : pour la France, 859791175 kilogr.; pour Paris, 39011243 kilogr.; pour le département du Nord, 29977740 kilogr.

62. En 1835, il y avait en France 4854169 hectares ensemencés en froment; la récolte a été d'environ 13 hectolitres par hectare. On demande la valeur de toute la récolte au prix moyen de 19 fr. l'hectolitre.

4854169 hectares produisent 4854169 *fois* 13 hectol. On multiplie, et on trouve 63104197 hectolitres qui valent 63104197 *fois* 19ʳ. On multiplie encore. *Rép.* : 1198979743ʳ.

63. On demande le poids total, sachant que le poids moyen d'un hectolitre de froment est de 75 kilogrammes, *Rép.* 4732814775 kilog.

63104197 hectol. pèsent 63104197 *fois* 75 kil. On multiplie.

64. Un bœuf a été acheté maigre, pesant 428 kilogrammes, à 45 centimes le kilog.; on le revend pesant 642 kilog. à 64 c, le kilog. Chaque kilog. d'excédant de poids coûte 72 c. à l'engraisseur; quel est le bénéfice?

Prix d'achat, 45 c. × 428 = 19260 c. Le poids a augmenté

de 642 — 428 = 214 kilog. qui ont coûté 72 c. × 214 = 15408 c. J'additionne : prix de revient, 34668 c. Prix de vente, 64 c. × 642 = 41088 c. Pour trouver le bénéfice, je retranche 34668 c. de 41088 c. *Bénéfice :* 6420 c. = 64^r,20.

65. Un marchand a acheté 45 mètres de drap à 14 fr. le mètre, qu'il a revendus 18 fr. le mètre, et 137 mètres d'une autre étoffe à 23 fr. le mètre, qu'il a revendus 28 fr. Combien a-t-il gagné en tout? 865 fr.

Il gagne sur le 1er drap, 18^f — 14^f, ou 4^f par mètre ; sur 45 m., 4^f × 45 = 180^f. Il gagne sur le 2e drap 28^f — 23^f, ou 5^f par m. ; sur 137 m., 5^f × 137 = 685^f. *Bénéfice total :* 180^f + 685^f = 865^f.

66. Sur une propriété de 30 hectares, on a récolté 32 hectolitres de blé et 900 bottes de paille par hectare. On demande la valeur de la récolte à raison de 17 francs l'hectolitre de blé et de 13 francs les 100 bottes de paille. *Rép.* 19830 fr.

Récolte en blé, 32 Hl × 30 = 960 Hectol. ; en paille, 900 × 30 ou 27000 bottes. Les 960 Hectol. de blé valent 17 fr. × 960 = 16320 fr. ; les 27000 bottes de paille, 0^f,13 × 27000 = 3510 fr., valeur totale : 16320^f + 3510^f = 19830^f fr.

67. Un particulier a employé 47 ouvriers à 4 francs par jour pendant 38 jours ; il a payé 57 fr. pour la nourriture de chacun. On demande ce qui revient en outre à chaque ouvrier et la somme payée en totalité par l'entrepreneur? *Rép.* : 1° 95 fr.; 2° 7144 fr.

Chaque ouvrier a gagné 38 *fois* 4 fr. ; 4 fr. × 38 = 152 fr. Nourriture déduite, il lui revient : 152 fr. — 57 fr. = 95 fr.

Le particulier a déboursé 47 fois 152 fr. ; 152 fr. × 47.

68. Un hectare de terre a produit 15 hectolitres de graine d'œillette; un hectolitre de graine donne 22 kilogrammes d'huile et 42 kilogrammes de tourteaux. On demande la quantité d'huile et la quantité de tourteaux retirées de 18 hectares? *Rép.* : 5940 kil. d'huile; 11340 kil. de tourteaux.

Un hectare produisant 15 Hl de grains donne 22 kg × 15 = 330 kg d'huile; et 42 kg × 15 = 630 kilog. de tourteaux.

Les 18 hectares produisent 330 kg × 18 = 5940 kg d'huile, et 630 kg × 18 = 11340 kilogr. de tourteaux.

DIVISION.

Observations pratiques. Les élèves doivent être exercés à prendre la moitié, le tiers, le quart, le cinquième, etc., jusqu'au neuvième d'un n., c'est-à-dire à le diviser par 2, 3, 4, 5, 6, 7, 8, 9, sans poser la division, et sans écrire autre chose que le quotient (sous le diviseur ou à côté) et le reste *final*.

Ex. : 53643 à diviser par 7.

On dit : en 53 il y a 7 fois 7 (j'écris 7 au quotient) et 4 de reste qui valent 40 ; 40 et 6, 46 ; en 46 il y a 6 fois 7 (j'écris 6 au quotient) et 4 de reste qui valent 40 ; 40 et 4, 44 ; en 44, il y a 6 fois 7 (j'écris 6 au quotient) et 2 de reste qui valent 20 ; 20 et 3, 23. En 23 il y a 3 fois 7 (j'écris 3 au quotient), et 2 de reste ; j'écris ce reste 2, sous le dividende, ou ailleurs, à part.

$$\begin{array}{c|c} 53643 & 7663 \\ 2 & \end{array}$$

On dit aussi : le 7e de 53 est 7 pour 49 (j'écris 7 au quotient) ; il reste 4 qui valent 40, et 6, 46 ; le 7e de 46 est 6 pour 42 (j'écris 6 au quotient) ; il reste 4 qui valent 40, et 4, 44 ; etc.

MULTIPLICATIONS ET DIVISIONS COMBINÉES. — Si un quotient doit être multiplié par un nombre donné, il vaut mieux, en général, multiplier d'avance le dividende par ce nombre, puis diviser le produit. On trouve par exemple un nombre $x = \dfrac{548}{250} \times 354$. Il vaut mieux multiplier 548 par 354 et diviser le produit par 250.

En général, avant de se mettre à calculer, il est bon de se rendre compte de la suite des opérations qui doivent être effectuées. On indique cette suite d'opérations par ce qu'on appelle une formule, à l'aide des signes d'opérations. Supposons qu'on ait trouvé :

$$x = \frac{548 \times 526 \times 40 \times 243}{250 \times 36 \times 17}.$$

Dans ce cas, on multiplie tous les n. supérieurs *d'une part*, puis tous les n. inférieurs *de l'autre*, et on divise le premier produit par le second. Cette méthode est la plus certaine et la plus précise. En effet, une division donne généralement un reste, et par suite un quotient incomplet entaché d'erreur ; si on multiplie ensuite ce quotient par 354 par ex., l'erreur commise est rendue 354 fois plus grande. L'erreur peut devenir ainsi trop forte et non tolérable. Il est vrai qu'on peut calculer le quotient par approximation, de manière à atténuer convenablement l'erreur. Mais c'est là un embarras, souvent une difficulté, qu'on évite en opérant comme nous le conseillons. En ne faisant qu'une division, *à la fin*, on évalue sans difficulté le quotient à moins d'une unité décimale quelconque.

Un autre avantage des formules, c'est qu'elles permettent de simplifier les opérations, et souvent d'en diminuer le nombre (V. *les règles de trois*).

EXERCICES.

PRINCIPAUX USAGES DE LA DIVISION. On fait une division :
1° Pour trouver combien de fois un n. contient un autre n.
2° Pour partager un n. en autant de parties égales qu'il y a d'unités dans un autre.
3° Pour trouver la valeur d'un objet, connaissant la valeur d'un certain nombre d'objets.
4° Pour rendre un nombre tant de fois plus petit.

EN GÉNÉRAL, On divise quand on est conduit à dire *tant de fois* MOINS, à prendre une partie désignée d'un n. donné, par ex. : la *quinzième* partie (*). V. l'*Arithm.*, p. 33.

69. Un particulier a 2595 fr. de revenu. Combien peut-il dépenser par jour en mettant de côté 1500 fr. par an? (L'année est de 365 j.) *Rép.* 3 fr.

Il dépense 2595' — 1500' = 1095 fr. en 365 j. Pour 1 j. la dépense est la 365ᵉ partie de 1095'. Je divise.

70. Un particulier qui a 6000 fr. de revenu doit une somme de 23500 fr. qu'il est convenu d'acquitter en dix payements égaux d'année en année. Ses engagements remplis chaque année, combien lui reste-t-il à dépenser par jour. *Rép.* 10 fr.

23500 fr. à payer en 10 ans, c'est le 10ᵉ ou 2350 fr. à payer par an. Le particulier peut donc dépenser 6000' — 2350' = 3650 fr. en 365 j. ; en 1 j., la 365ᵉ partie de 3650 fr. Je divise.

71. Un ouvrier a reçu pour un ouvrage qu'il a fait en 8 jours, en travaillant 7 heures par jour, une somme de 168 fr. : combien l'heure de travail lui a-t-elle été payée? *Rép.* 3 fr.

L'ouvrier travaille 8 fois 7ʰ = 56 h. pour 168 fr. Il reçoit pour 1 heure la 56ᵉ partie de 168 fr. Je divise.

72. Deux trains partent en même temps de Paris et de Strasbourg; l'un

---

(*) Car prendre la 15ᵉ partie, c'est diviser le n. en 15 parties égales ; on le divise donc par 15; le quotient est la 15ᵉ partie.

fait **43** kilomètres à l'heure, l'autre en fait **57**; la distance des deux villes, par le chemin de fer; est de **500** kilomètres. Après combien d'heures les deux trains se rencontrent-ils ? *Rép.* 5 heures.

Les trains allant l'un vers l'autre se rapprochent du chemin qu'ils font tous les deux; ils se rapprochent en 1 h. de $(43 + 57)^{Km} = 100^{Km}$. Ils se rapprochent de 500^{Km} en autant d'heures qu'il y a de fois 100 dans 500, c'est-à-dire en 5 *heures*.

7 3. Le 1ᵉʳ janvier 1860 (année de 366 jours) a été un *dimanche*. Quel jour a été le 1ᵉʳ janvier 1861 ? *Rép.* Un mardi.

1° 1860, année bissextile de 366 j. Je cherche combien il y a de semaines de 7 j. dans 366 j. (Je divise 366 par 7.) Il y a 52 semaines et 2 j. Chacune de ces 52 semaines, comptées à partir du 1ᵉʳ janvier, commence un *dimanche*. Les 2 jours en plus commencent une 53ᵉ semaine; le 1ᵉʳ de ces j. est donc un dimanche, et le 2ᵉ, qui termine l'année, est un lundi. Le 1ᵉʳ janvier 1861 a donc été un *mardi*.

7 4. Quel jour a été le 1ᵉʳ janvier 1862? *Rép.* Un mercredi. Généralisez.

2° 1861, année commune de 365 j., se compose, d'après 1°, de 52 semaines et 1 j. Chacune de ces 52 semaines, comptées à partir du 1ᵉʳ janvier, commence un *mardi*. Le jour en plus qui commence une 53ᵉ semaine et termine l'année est un *mardi*. Le 1ᵉʳ janvier 1862 a donc été un *mercredi*.

Résumé. Après chaque année commune, le 1ᵉʳ jour de l'an avance d'un jour dans la semaine. Après une année bissextile il avance de deux jours.

7 5. *Recettes des principaux chemins de fer français en 1859.*
(Détaxes et impôt du dixième non compris).

CHEMINS.	LONGUEUR exploitée à la fin de 1859.	RECETTES.	RECETTES moyennes par kilomètre.
	kilom.	fr.	fr.
Nord.	966	57213940	59227
Est.	1651	59354920	35950
Ouest	1195	49578028	41487
Orléans.	1831	67532483	36882
Paris à Marseille, ...	1877	118027945	62881
Midi.	893	20436817	22885

On demande la recette moyenne de chaque chemin par kilom. (à 1ᶠ près).

La recette du Nord est de 57213940 fr. pour 966 kilom. Pour 1 Kilom c'est la 966ᵉ partie, ou 57213940ᶠ : 966. Je divise. On divise de même pour les autres chemins. Les *réponses* sont les recettes que nous avons inscrites sur le tableau.

76. Combien y a-t-il de minutes et d'heures dans 548342 secondes ?

Rép. 192ʰ 19ᵐ 2ˢ. (V. le cours, p. 80, 2ᵉ multiplication).

54834.2
913.9   2ˢ
152ʰ19ᵐ

Il faut 60ˢ pour faire 1ᵐ ; je cherche combien il y a de fois 60ˢ dans 548342ˢ, ou plus simplement combien de fois 6 diz. dans les 54834 diz., que je sépare par un point (je prends le 6ᵉ, comme il a été expliqué page 17, Division).

Le quotient est 9139ᵐ sans autre reste que les 2ˢ séparées à droite. Il faut 60ᵐ pour faire une heure. Je cherche donc combien de fois 60ᵐ dans 9139ᵐ, ou plus simplement combien de fois 6 diz. dans 913 diz., que je sépare par un point (je divise 913 par 6). Le quotient est 152ʰ, et il reste 1 diz. de *m*. qui, jointe aux 9ᵐ séparées à droite, donne 19ᵐ. *Rép.* 152ʰ 19ᵐ 2ˢ.

77. La circonférence de la terre comprenant 360 degrés, et chaque degré 25 lieues, combien faudrait-il de temps pour faire le tour de la terre à un homme qui ferait, sans s'arrêter, une lieue par heure ? *Rép.* 375ʲ.

360 degrés de 25 lieues font 25ˡ × 360 = 9000 lieues qui seront parcourues en 9000 h. Autant de fois 24 h. dans 9000 h., autant de j. Je divise 9000 par 24.

78. Un fermier paye 15642 fr. de fermage et 1230 fr. d'impôt. Sa ferme comprend 148 hectares. Combien paye-t-il par hectare, tout compris ?

Il paye 15642ᶠ + 1230ᶠ = 16872ᶠ pour 148 hect. Pour 1 hect., il paye la 148ᵉ partie de 16872. Je divise. *Rép.* 114 fr.

79. Un bœuf a consommé pendant la durée de son engrais 5032 kilog. de foin ou de nourriture réduite en foin ; il a gagné en poids 148 kilog. On demande combien il a fallu de foin pour produire 1 kilog. de viande.

148 kg. de viande ont été produits par 5032 kilog. de foin ; 1 kilog. a été produit par la 148ᵉ partie de 5032 kilog. Je divise 5032 par 148. *Rép.* 34 kilog.

80. Un champ a rapporté 2565 kilogrammes de grain qui représentent

9 fois la semence. On demande ce qu'a rapporté ce champ, semence déduite, à raison de 3 fr. les 38 kilog. de grain? *Rép.* 180 fr.

La semence est la 9e partie de 2565 kilog., ou $= 2565^k : 9 = 285^k$. La récolte, semence déduite, $= 2565^k — 285^k = 2280^k$. Je cherche combien de fois 38 kilog. dans 2280; $2280 : 38 = 60$; Les 38 kil. valent 3 fr.; 60 fois 38 kil. valent $3^r \times 60 = 180$.

81. Un cultivateur possède 348 moutons qu'il doit vendre 10440 fr. pour faire un bénéfice raisonnable. Il en vend 116 à 26 fr. la pièce; combien doit-il vendre le reste par tête pour atteindre le prix total de 10440^r? *Rép.* 32^r.

116 moutons à 26 fr. font $26^r \times 116 = 3016$ fr. Il reste à vendre $348 — 116 = 232$ moutons pour $10440^r — 3016^r = 7424$ fr. Chaque mouton se vendra la 232e partie de 7424 fr.; je divise 7424 par 232.

82. Deux hommes auxquels on donne la treizième gerbe pour gain ont moissonné 3744 gerbes en 36 jours; ils dépensent chacun 2 fr. par jour. On demande ce qui leur reste finalement de leur gain, sachant que 12 gerbes produisent 7 décalitres de blé à 3 fr. le double décalitre, et 1 fr. 50 de paille. *Rép.* Il reste à chacun 72 fr.

Ces 2 hommes gagnent autant de gerbes qu'il y a de fois 13 dans 3744 (je divise). $3744 : 13 = 288$. Je cherche combien de fois 12 gerbes dans 288 (je divise); *Rép.* 24. Les 12 gerbes produisent 7 décal.; 24 fois 12 g. produisent 7 décal. $\times 24 = 168$ décal., qui font 84 doubles décal. à $3^r = 3^r \times 84 = 252$ fr. Il y a de plus pour la paille 24 fois $1^r,50$ (je multiplie) $= 36$ fr. Total du gain $252^r + 36^r = 288$ fr. pour les deux hommes. Chacun dépense 2 fr. par j.; pour 36 j., $2^r \times 36 = 72^r$; pour les deux hommes 144 fr. Il leur reste $288^r — 144^r = 144$ fr. Il reste à chacun $144^r : 2 = 72$ fr.

83. 16 ouvriers font la moisson en 19 jours au huitième du produit pour gain. Ils récoltent 3648 décalitres; combien chacun a-t-il gagné par jour, le double décalitre de blé valant 3 fr.? *Rép.* $2^r,25$.

Je prends le 8e de 3648 pour avoir le gain des 16 ouvr. (je divise) $3648 : 8 = 456$ décal. gagnés en 19 j. Par jour, c'est le 19e de 456 (je divise); $456 : 19 = 24$; 24 décal. $= 12$ doubles décal., qui, à 3 fr. l'un, valent $3^r \times 12 = 36$ fr. Les 16 ouvr. ont gagné 36 fr. par j. Chaque ouvr. gagne la 16e partie de 36 fr., ou $36^r : 16 = 2^{fr},25$.

84. Le son parcourt 337 mètres par seconde. Combien de jours lui audrait-il pour parcourir une distance égale : 1° à la distance de la terre à la lune (Exerc. 59); 2° à la distance de la terre au soleil (*id.*); 3° à la distance de la terre à l'étoile indiquée dans l'*ex.* 59, 4°?

Combien lui faudra-t-il d'années de 365 jours ?

Nous avons vu, dans l'ex. 59, 1° que la distance de la lune à la terre est de 381960 kilomèt. $=$ 381960000 mètres. Le son mettrait, pour parcourir une pareille distance, autant de secondes qu'il y a de fois 337 dans 381960000.

113341.2   Je divise ; le quotient est 1133412 secondes.

1889.0^m.12^s Pour convertir en jours, j'opère comme dans

314^{h}50^m l'ex. 76. 1re *Réponse* : 13^{j}2^{h}50^{m}12^s (pour trouver les j., je divise les 314^h par 24.

$$\begin{array}{c|c} 314 & 24 \\ 74 & \overline{13j.} \\ 2 & \end{array}$$

2° On opère de même pour la distance du soleil à la terre, qui est 153216888 kilom. $=$ 153216888000^m. On divise ce nombre par 337.

Ce qui donne pour quot. 454649519 secondes, que l'on convertit en j, h. m, et s, comme dans le cas précédent. 2e *Réponse* : 5262^{j}3^{h}31^{m}59^s. Pour trouver les années, on divise 5262 par 365 ; *ce qui donne* 14 ans 152 jours.

3° On opère de même pour l'étoile dont la distance à la terre est de 31603281403320000 mètres. 3e *Réponse* : 2973689 ans 300^{j}2^{h}11^{m}45^s.

NOMBRES DÉCIMAUX.

NUMÉRATION.

Abréviations. — *d*, dixièmes ; *c*, centièmes ; *m*, millièmes; *d.m*, dix-millièmes; *c.m*, cent-millièmes.

85. Quelles sont les parties décimales du 2e ordre, — du 4e ordre, — du 7e — du 10e, — du 6e, — du 12e, — du 9e?

RÉPONSES. Les parties décimales du 2e o. sont les c, — du 4e o. les *d.m*, — du 7e o., les dix-millionièmes, — du 10e o., les dix-billionièmes, — du 6e o., les millionièmes, — du 12e o., les trillionièmes, — du 9e o., les billionièmes.

SOLUTIONS DÉVELOPPÉES. 1re *question* : On nomme, en touchant ses doigts un à un, les parties décimales des divers ordres jusqu'au 2e doigt pour le 2e ordre : d, c, RÉP. : les *centièmes* ; — 2e *question* : Jusqu'au 4e doigt : d, c, m, d.m. Rép. : les *dix-millièmes*. De même pour les autres questions.

86. Quel rang occupe après la virgule le chiffre des centièmes, — des dix-millièmes, — des dix-millionièmes, — des cent-billionièmes ?

Le chiffre des centièmes occupe le 2e rang après la virgule, — celui des d. m. le 4e rang, — des dix-millionièmes, le 7e rang, — des cent-billionièmes, le 11e rang.

Solutions développées : Le rang de chaque chiffre décimal, à partir de la virgule, correspond à l'ordre des parties qu'il exprime. Il n'y a donc qu'à nommer les parties décimales ordre par ordre, à partir des dixièmes, en touchant ses doigts un à un jusqu'aux parties proposées· 1re *question* : d, c, 2e doigt, 2e rang ; — 2e *question* : d, c, m, d.m, 4 doigts touchés, 4e rang. De même pour les autres questions.

87. Combien faut-il de chiffres pour écrire un nombre qui commence aux centaines et finit aux dix millièmes ? — qui commence aux dizaines de mille et finit aux cent-millièmes ? *Rép.* 1° 7 chiffres ; 2° 9 chiffres.

On nomme en touchant ses doigts un à un, les unités de divers ordres, puis les parties décimales en descendant, ordre par ordre, depuis la première unité indiquée jusqu'à la plus faible partie décimale désignée ; 1re question : C, D, u, d, c, m, d.m, on a touché 7 doigts ; il faut 7 chiffres. 2e question ; de même.

NOMBRES A ÉCRIRE EN CHIFFRES.

88. Mille trois *unités*, 75 *millièmes* ; 17 unités, 3 *dixièmes*, 5 *millièmes*. 1003,075 ; 17,305,

89. Mille unités, 47 dix-millièmes ; sept cent huit *cent-millièmes*. 1000,0047 ; 0,00708.

90. 5342 *centièmes* ; mille cent onze *dixièmes* ; 1709 *cent-millièmes*. 53,42 ; 111,1 ; 0,01709.

91. Un million cent douze unités, 3 centièmes, 4 dix-millièmes. 1000112,0304.

92. Huit cent soixante-dix mille unités, 24 millièmes ; 32 mille, 7 unités, 8 centièmes. 870000,024 ; 32007,08.

93. 53 mille 785 unités, 3 dixièmes, 4 dix-millièmes. 53785,3004.

94. 4376 millionièmes; 17 unités 3 centièmes 7 cent-millièmes.

0,004376 ; 17,03007.

NOMBRES A LIRE OU A ÉCRIRE EN TOUTES LETTRES (*des 3 manières*).

95. 19,053 ; 76,0014 ; 81,04007 ; 71,8001 ; 0,0307.

19,053 ; 1° 19 u, 5c, 3 m ; 2° 19 u, 53 m ; 3° 19053 millièm.
76,0014 ; 1° 76 u, 1 m, 4 d.m ; 2° 76 u, 14 d.m ; 3° 760014 d.m.
81, 04007 ; 1° 81 u, 4c, 7 c.m ; 2° 81 u, 4007 c.m ; 3° 8104007 c.m.
71, 8001 ; 1° 71 u, 8 d, 1 d.m ; 2° 71 u, 8001 d.m ; 3° 718001 d.m.
0,0307 ; 1° 3 c, 7 d.m ; 2° 307 d.m ; 3° de même.

96. 0,47001 ; 0,00014 ; 0,0500196 ; 0,432715.

0, 47001 ; 1° 4 d, 7 c, 1 c.m ; 2° 47001 c.m ; 3° de même.
0,00014 ; 1° 1 d.m, 4 c.m ; 2° 14 c. m ; 3° de même.
0,0500196 ; 1° 5 c, 1 c.m, 9 millionièmes, 6 dix-millionièmes; 2° 500196 dix-millionièmes, 3° de même.
0,432715 ; 1° 4 d, 3 c, 2 m, 7 d.m, 1 c.m, 5 millionièmes ; 2° 432715 millionièmes ; 3° de même.

97. 0,416127 ; 57,000196 ; 20001,8327 ; 42,8007.

0,416127 ; 1° 4 d, 1 c, 6 m, 1 d.m, 2 c.m, 7 millionièmes ; 2° 416127 millionièmes ; 3° de même.
57,000196 ; 1° 57 u, 1 d.m, 9 c.m, 6 millionièmes ; 2° 57 u, 196 millionièmes ; 3° 57 millions 196 millionièmes.
20001,8327 ; 1° 20001 u, 8 d, 3 c, 2 m, 7 d.m ; 2° 20001 u, 8327 d.m ; 3° 200 millions 18 mille 327 dix-millièmes.
42,8007 ; 1° 42 u, 8 d, 7 d. m ; 2° 42 u, 8007 d. m ; 3° 428 mille 7 dix-millièmes.

98. Décomposer en deux nombres l'un de centaines, l'autre de parties décimales de centaines 47326,4327 ; 170281,83451.

47326,4327. Prenant les centaines pour unités, je transporte la virgule après le chiffre des centaines, de cette manière, 473°,264327 ; puis je lis comme un nombre décimal ordinaire en disant *centaines* au lieu d'*unités:* 473 centaines, 264327 millionièmes de centaines.

170281,83451. J'écris de même 1702°,8183451, et je lis 1702 centaines, 8183451 dix-millionièmes de centaines.

99. Décomposer en mille et en parties du mille **419327,418**; 3276,41967.

419327,418. Je transporte la virgule après le chiffre des *mille*, de cette manière 419^m,327418, et je lis 419 mille 327418 millionièmes de mille.

3276,41967; j'écris 3^m,27641967, et je lis 3 *mille* 27641967 cent-millionièmes de *mille*.

RÉSUMÉ *général des opérations de la caisse des retraites pour la vieillesse (jusqu'à la fin de* 1860).

100. Il a été ouvert, depuis la création de la caisse, des comptes individuels à 112094 déposants montant ensemble à 60019166',34, savoir :

A capital aliéné. . . .	245074 versements pour	30852973',28
A capital réservé. . .	243414 —	29166193 ,06
Ensemble.	488488	60019166,34
Les arrérages perçus par la caisse montent à . .		9247812,50
Ce qui porte le total des recettes à		69266978',84

Il a été ouvert à 112 mille 94 déposants, des comptes montant ensemble à 60 millions 19 mille 166 francs, 34 centimes, savoir :

A capital aliéné, 245 mille 74 versements pour 30 millions 852 mille 973^{fr},28.

A capital réservé, 243 mille 414 versements pour 29 millions 166 mille 193^{fr},06.

Ensemble 488 mille 488 versements pour 60 millions, etc.

Les arrérages perçus par la caisse se montent à 9 millions 247 mille 812^{fr} 50 c. Ce qui porte le total des recettes à 69 millions, 266 mille, 978^{fr},84.

ADDITION.

101. Additionnez. 47 unités 381 dix-millièmes; 3276 unités, 48 millièmes; 1709 cent-millièmes; 14 unités 187 cent-millièmes; 2376 centièmes.

102. 19 unités 24 centièmes; 48 centièmes; 1976 millièmes; 176 dixièmes; 7 unités 24 dix-millièmes; 296 unités 49 cent-millièmes.

Ex. 101.   47,0381
            3276,048
               0,01709
              14,00187
              23.76
         ———————————
            3360,86506

Ex. 102.   19,24
               0,48
               1,976
              17,6
               7,0024
             296,00049
         ———————————
             342,29889

103. 813 unités 7 dixièmes 3 millièmes ; 4196 unités 7 centièmes 8 dix-millièmes 4 cent-millièmes ; 3 centièmes 8 millionièmes.

104. 4173 unités 17 dix-millièmes ; 513 cent-millièmes ; 8 unités 5 centièmes, 3 millièmes ; 17 millionièmes ; 3207 cent-millionièmes.

Ex. 103.   813.703
             4196,07084
                0,030008
          ———————————
             5009,803848

Ex: 104.   4173,0017
                0,00513
                8,053
                0,000017
                0,00003207
          ———————————
             4181,05987907

SOUSTRACTIONS.

105. Soustraire. 19 *unités* 34 *millièmes* de 73 *unités* ; 12 *centièmes* 276 *unités* 43 *centièmes* de 5192 *unités* 18 *cent-millièmes*

      73,120   5192,00018
      19,034   276,43000
     ————————   ————————————
      54,086   4915,57018

106. 4276 *unités* 43 *millièmes* de 5176 ; 523 dix-millièmes de 10.

      5176,000   10,0000
      4276,043   0,0523
     ————————   ————————
       899,957   9,9477

107. 817 cent-millièmes de 219,42 ; 83 centièmes de 924 millièmes.

      219,42000   0,924
        0,00817   0,83
     ————————   ————————
      219,41183   0,094

108. Mille neuf cents unités, 18 dix-millièmes de huit mille quatre.

109. 53,419 de 870 unités 14 centièmes ; 193 millionièmes de 15 centièmes.

Ex. **108.**   8004,0000
         1900,0018
         ————————
         6103,9982

Ex. **109.**   870,14   0,150000
         53,419   0,000193
         ————————   ————————
         816,721   0,149807

Problèmes (*additions et soustractions*).

110. Sur une somme de 2376 fr. on a payé à diverses époques 528^f,75; 432^f,40; 876^f,48; et 149^f,27. Combien redoit-on encore? *Rép.* 389^f,10.

On a payé 528^{fr},75 + 432^f,40 + 876^f,48 + 149^f,27 = 1986^{fr},90. On redoit 2376^{fr} — 1986^{fr},90 = 389^{fr},10.

111. Un négociant avait en caisse, le 11 août au soir, 4537^f,40. Recettes du 12 août : 387^f,45; 1428^f,54; 319^f,48; 76^f,65; dépenses et payements effectués : 419^f,68; 237^f,35; 19^f,42; 817^f,85. Combien y avait-il en caisse le 12 août au soir? *Rép.* 5255^f,22.

On additionne, 1° l'avoir et les recettes, total 6749^{fr},52; 2° les dépenses et les payements, total 1494^{fr},30. Reste en caisse 6749^{fr},52 — 1494^f,30 = 5255^{fr},22.

112. Trois pièces de drap ont été achetées 547^f,25, 348^f,50 et 476^f,80; on fait à l'acheteur 1 pour 100 de remise. Il donne sur son marché un à-compte de 976^f,55. Combien redevra-t-il? *Rép.* 382^f,28 (V. n° 72).

On additionne les prix : Total, 1372^{fr},55 : Un pour 100, c'est le centième, je recule la virgule de 2 rangs; ce qui donne 13^{fr},72 que je retranche. Prix réduit : 1358^{fr},83. L'acheteur a payé sur ce prix 976^{fr},55; on soustrait; il redoit 382^{fr},28.

113. Un employé qui gagne 180 fr. par mois, a dépensé 72^f,50 pour sa nourriture, 3^f,80 pour son blanchissage, 3^f,50 pour éclairage, 3^f,25 pour chauffage, 12 fr. donnés à sa femme de ménage; il a payé une dette du mois précédent, et il lui reste 17^f,75. A combien se montait la dette? *Rép.* 67^f,20.

Les dépenses, ce qui reste, et la dette payée se montent à 180^{fr}. J'additionne les dépenses et ce qui reste; total : 112^{fr},80. La dette est l'excès de 180^{fr} sur ces 112^{fr},80. Je soustrais; la dette se montait à 67^{fr},20.

114. Un soldat part pour un village distant de 128 kilomètres. Il parcourt 21^{Km},650 le 1er jour, 27^{Km},35, le 2e j., 23^{Km},45 le 3e, 29^{Km},85 le 4e; il veut arriver le 5e j. Combien aura-t-il de Km. à faire ce jour-là? *Rép.* 25^{Km},7.

On additionne les quatre distances parcourues; total :

$102^{km},30$. Il reste à faire pour le dernier jour $128^{km} - 102^{km},30 = 25^{km},70$.

MULTIPLICATIONS.

Opérations.

115. $5.38 \times 3,489$; $7,68 \times 0,054$; $34,829 \times 0,007$.

116. $0,437 \times 0,001$, $437,819 \times 10,01$; $0,0018 \times 0,052$,

117. $2,824 \times 0,0043$; $8,059 \times 2,0905$; $0,0408 \times 0,0306$.

Ex. **115**. *Produits.* Ex. **116.** *Produits.* Ex. **117** : *Produits.*

18,77082	0.000437	0,0121432
0,41472	4382.56819	16,8473395
0,243803	0,0000936	0,00124848

118. $0,8193 \times 2,8107$; $0,0403 \times 0,052$; $1,086 \times 0,0419$.
119. $25,48 \times 10,001$; $318,26 \times 0,0184$; $10006 \times 0,0518$.

Ex. **118.** *Produits.* Ex. **119.** *Produits.*

2,30280651	254,82548
0,0020956	5,855984
0,0455034	518,3108

PROBLÈMES.

Principe fondamental : *Pour trouver le prix d'une quantité quelconque, on multiplie le prix de l'unité par le n. entier ou décimal qui exprime cette quantité.*

Nous avons démontré ce principe dans l'*Arithm.* n° 71. Nous le démontrerons encore dans les ex. 120 et 121. Après cela nous l'appliquerons partout et toujours sans démonstration.

120. Combien coûtent $0^m,35$ de draps à $28^f,40$ le mètre ? *Rép.* $9^f,94$.

1^m valant $28^f,40$, $0,01$ de m vaut le centième de $28^f,40$, et $0^m,35$ ($0,35$ de m) valent 35 fois le centième de $28^f,40$. Il faut donc répéter 35 fois la centième partie de $28^f,40$, c'est-à-dire multiplier $28^f,40$ par $0,35$ (n° 67) ; $28^f,40 \times 0,35 = 9^f,94$.

121. Combien valent $7^{kg},25$ de sucre à 125 fr. les 100 Kg. *Rép.* $9^f,06$

100 kilog. coûtant 125 fr., 1 k. coûte cent fois moins ou

1ᶠ,25; 0,01 de kilog. coûte le centième de 1ᶠ,25, et 7ᵏ,25=725 centièmes de kilog. valent 725 fois le centième de 1ᶠ,25. Il faut donc répéter 725 fois la centième partie de 1ᶠ,25, c'est-à-dire multiplier 1ᶠ,25 par 725 centièmes ou 7,25.

121. A 1ᶠ,25 le cent de plumes, combien vaut la grosse de 12 douzaines ?

A 1ᶠʳ,25 le 100, 1 plume coûte 100 fois moins ou 0ᶠʳ,0125 (n° 62); 12 douz. (12×12)=144 coûtent 0ᶠʳ,0125×144=1ᶠʳ,80.

122. Quel est le prix de 6385 Kg. de foin à 52 fr. le mille ? *Rép.* 332ᶠ,02.

A 52ᶠʳ les 1000ᵏᵍ, 1ᵏᵍ coûte 1000 fois moins ou 0ᶠʳ,052 (n° 62); 6385ᵏᵍ coûtent 6385 fois plus, 0ᶠʳ,052×6385 = 332ᶠʳ,02.

124. Combien coûtent 250 Kg. de charbon à 54 fr. les 1000 Kg ?

A 54ᶠʳ les 1000ᵏᵍ, 1ᵏᵍ coûte 0ᶠʳ,054 (n° 62); 250ᵏᵍ coûtent 0ᶠʳ,054×250 = 13ᶠʳ,50. *Rép.* 13ᶠʳ,50.

125. On envoie un enfant avec une pièce de 5 fr. chercher 0ᴷᵍ,250 de sucre à 1ᶠ,40 le Kg.; 2 Kg. de sel à 0ᶠ,20; 1ᴷᵍ,5 de chandelle à 1ᶠ,60; 0ᴷᵍ,125 de café à 3ᶠ,20. Combien doit-il rapporter d'argent ? *Rép.* 1ᶠ,45.

```
0ᵏᵍ,25 de sucre à 1ᶠʳ,40 le kg valent 1ᶠʳ,40 × 0,25 = 0ᶠʳ,35
2ᵏᵍ de sel à 0ᶠʳ,20 le kg        —    0ᶠʳ,20 × 2     = 0 ,40
1ᵏᵍ,5 de chandelle à 1ᶠʳ,60 le kg —   1ᶠʳ,60 × 1,5   = 2 ,40
0ᵏᵍ,125 de café à 3ᶠʳ,20 le kg    —   3ᶠʳ,20 × 0,125 = 0 ,40
                                          Total :  3ᶠʳ,55
```

L'enfant donnant 5ᶠʳ, on lui rend 5ᶠʳ — 3ᶠʳ,55 = 1ᶠʳ,45.

126. On me présente une facture de 49ᵐ,45 de drap à 15ᶠ,25 le mètre, 12ᵐ,65 de doublure à 0ᶠ,85, 17ᵐ,45 de soie à 7ᶠ,25 et 43ᵐ,75 de calicot à 0ᶠ,55. Je donne un billet de banque de 1000 fr. Combien doit-on me rendre ?

```
49ᵐ,45 de drap à 15ᶠʳ,25 le m.; 15ᶠʳ,25 × 49,45 = 754ᶠʳ,15
12ᵐ,65 de doubl. à 0,85       —    0,85 × 12,65 =  10 ,75
17ᵐ,45 de soie à 7,25        —    7,25 × 17,45 = 126 ,55
43ᵐ,75 de calicot à 0,55     —    0,55 × 43,75 =  24 ,10
                                      Total :  915ᶠʳ,55
```

On me rendra 1000ᶠʳ — 915ᶠʳ,55 = 84ᶠʳ,45.

On force partout le chiffre des centimes, *comme cela se fait ordinairement dans les comptes des marchands*, de manière à finir par *un zéro* ou *un cinq*.

127. Achevez la facture suivante;   *(Réponses)*

    6ᵐ,75 de mérinos à 7ᶠ,25 le mètre.. . . . .   48ᶠ,95
    9ᵐ,80 d'alpaga à 2ᶠ,95 le mètre . . . . . .   28 ,95
   12ᵐ,40 de soie à 7ᶠ,75 le mètre . . . . . .   96 ,10
    6ᵐ,5 de doublure à 75 c. le mètre . . . . .   4 ,90

                 Total, . , ...   178ᶠ,90
      Escompte de 6 p. 100. . . .   10 ,75

        Reste à payer. 168ᶠ,15

On fait les calculs à part : $7^f,25 \times 6,75 = 48^f,9375$; on force le chiffre des centimes, etc.

Tant pʳ 100. Le tant pour 0/0 d'une somme doit souvent être ajouté à cette somme (*courtage ou bénéfice*), ou en être retranché (*rabais, escompte, perte*). Dans ce cas on écrit ce tant pour 0/0 sous la somme elle-même, à mesure qu'on le calcule, comme nous allons l'expliquer pour les 6 p. 0/0 de l'ex. actuel.

On commence à multiplier la somme au chiffre des dixièmes seulement (quand même il y aurait d'autres chiffres décimaux). On dit 6 fois 9, 54 ; je n'écris pas le 4, mais je retiens les 5 dizaines, et je continue : 6 fois 8, 48 et 5, 53, j'écris 3 sous le chiffre des centièmes de la somme (ou 5 en forçant les centimes), et je retiens 5 ; 6 fois 7, 42, et 5, 47 ; j'écris 7 et je retiens 4 ; 6 fois 1, 6 et 4, 10 ; j'écris 10. L'escompte ainsi calculé, on additionne ou on soustrait suivant le cas.

Démonstration. On doit multiplier par 0,06 et n'employer le produit que jusqu'aux centimes inclusivement. Or si l'on multiplie 178 fr. seulement par 0,06 le produit sera un n. de centièmes ou de centimes. En multipliant les décimales de la somme par 0,06, on aurait des parties décimales inférieures aux centimes et partant négligeables ; c'est pourquoi on ne les multiplie pas. On multiplie néanmoins le chiffre des dixièmes en ne tenant compte que de la retenue des dizaines du produit, parce que cette retenue est un n. de centimes qu'il est plus exact de ne pas négliger.

Cette explication donnée, nous opérerons toujours de même sans recommencer l'explication que le lecteur fera lui-même d'après celle-ci.

128. Il faut **81,2** hectolitres d'un engrais à 0ʳ,25 l'hectolitre pour fumer un hectare. Quelle sèra la dépense pour 72ʰᵉᶜᵗᵃʳ,56? *Rép.* : **1472ʳ,97.**

81ʰᵉᶜᵗᵒˡ,2 à 0ᶠʳ,25 font 0ᶠʳ,25 × 81,2 = 20ʳ,3 par hectare. Pour 72ʰᵉᶜᵗᵃ,56, ce sera 20,3 × 72,56 = 1472ᶠʳ,968.

129. On a acheté 14 m. d'étoffe à 6ʳ,50 le mètre, et un coupon de 5ᵐ,45 vendu à 6 p. 0/0 de rabais. Combien coûte le tout? *Rép.* : **124ʳ,30.**

14 mèt. à 6ᶠʳ,50 le mètre valent 6ᶠʳ,50 × 14 = 91ᶠʳ; 5ᵐ,45 à 6ᶠʳ,50 font 6ᶠʳ,50 × 5,45 = 35ᶠʳ,425; l'escompte : 0,06 de 35ᶠʳ,425 = 2ᶠʳ,125; cet escompte déduit, le **coupon vaut** 33ᶠʳ,30. J'ajoute à 91 fr. Total 124ᶠʳ,30.

130. Une fermière entretient 24 poules qui lui coûtent chacune en moyenne 0ʳ,04 par jour et pondent, année moyenne, **3360** œufs. Elle fait un bénéfice de 12 p. 0/0. Combien vend-elle ces œufs? *Rép.* : **392ʳ,45.**

24 poules à 0,04 coûtent 0ᶠʳ,96 par jour. Pour 365 j., elles coûtent 0ʳ,96 × 365 = 350ᶠʳ,40. La fermière vend ses œufs 350ᶠʳ,40. plus les 0,12 de 350ᶠʳ,40; 350ᶠʳ,40 × 0,12 = 42ᶠʳ,05 (en chiffres ronds); total 392,45 pour 3360 œufs.

131. Le vin à l'entrée de Paris paye à l'octroi **18 fr.** l'hectolitre, plus 0ʳ,2 par franc. Le transport à petite vitesse coûte 0ʳ,14, plus 0ʳ,2 par franc., par tonne de 1000 kilog. et par kilomètre. Un marchand fait venir de 510 kilom. du vin à 27 fr. l'hectolitre. Combien doit-il vendre la barrique de 2ʰᵉᶜᵗ,28 pesant 255 kilog. pour gagner 15 p. 0/0? Le transport d'une barrique dans Paris lui coûte 1ʳ,50. *Rép.* : **154ʳ,35.**

1° Je calcule les droits. Droit principal 18 fr. × 2,28 = 41ᶠʳ,04
double décime ou 0,2 du droit principal (ex. 127) 8 ,21

Total : 49ᶠʳ,25

2° Je calcule le prix du transport. Le vin pèse 255 kilog. Or 1 kilog. est 0,001 de tonne; 255 kil. = 0ʳ,255. Prix principal du transport pour 1 kilom. : 0ᶠʳ,14 × 0ᵗ,255 = 0ᶠʳ,0357; pour 510 kilom., c'est 0ᶠʳ,0357 × 510 = 18ᶠʳ,20. Il faut ajouter les 0,2 de ce nombre qui valent 3ᶠʳ,64; total du transport 21ᶠʳ,85.

3° Je calcule le prix du vin, à 27 fr. l'hectol.; 2ʰᵉᶜᵗ,28 coûtent 27 fr. × 2,28 = 61ʳ,56; en chiffres ronds 61ᶠʳ,60.

Pour avoir le prix de revient de la pièce, j'additionne les 3 sommes trouvées, et 1ᶠʳ,50 (transport dans Paris). Total 134ᶠʳ,20.

Le marchand veut gagner 15 pour 100, c'est-à-dire les 0,15

e ce prix de revient; $134^{fr},20 \times 0,15 = 20^{fr},15$, en chiffres
onds. Il vendra donc la barrique $134^{f},20 + 20^{f}.15 = 154^{fr},35$.

Remarque. Nous avons fait comme les marchands, c'est-à-
ire toujours forcé le chiffre des centimes jusqu'au plus pro-
hain multiple de 5 centimes.

132. J'ai acheté 825 poires à raison de $3^{f},20$ le cent; le marchand
'en a donné 104 au cent. Combien ai-je payé et combien ai-je eu de
oires?

A $3^{fr},20$ le cent, c'est cent fois moins ou $0^{fr},032$ la poire;
25 poires coûtent $0^{fr},032 \times 825 = 26^{fr},40$. *J'ai payé* $26^{fr},40$.
825 c'est 8 cents et 0,25 d'un cent. J'ai donc *en plus* 8 fois 4
u 32 poires, puis les 0, 25 de 4 = 1; total 33 poires; $825 + 33$
= 858. *J'ai eu 858 poires en tout.*

DIVISIONS.

Voici chaque division posée suivant la règle générale, le quo
ent calculé exactement ou à 0,001 près, et le reste final.

133. 19 : 8 (lisez 19 à diviser par 8); 177 : 24; 15,28 : 7,12.

19	8		177	24		1528	712
	2,375			7,375			2,146
0			0			48	

134. 53275,195 : 3485; 832,626 : 72,56; 523827,47 : 0,627.

53275,195	3485		832626	72560
	15,287			11,475
0			0	

523827470	627
	835450,510
230	

135. 532777,12 : 0,0724; 5643,222 : 0,0039; 0,0148 : 0,185.

5327771200	724		56432220	39
	7358800			1446980
0			0	

014,8	185
	0,08
0	

$$10,142 : 0,00319 ; 0,2418 : 0,42 ; 32,819 : 0,000187,$$

<table>
<tr><td>1014200</td><td>319</td><td></td><td>24,18</td><td>42</td></tr>
<tr><td>110</td><td>3179,310</td><td></td><td>30</td><td>0,575</td></tr>
<tr><td></td><td>32819000</td><td>187</td><td></td><td></td></tr>
<tr><td></td><td>149</td><td>175502,673</td><td></td><td></td></tr>
</table>

PROBLÈMES.

137 39ᵏᵍ,45 de marchandise ont coûté 126ᶠ,24. Combien le kl. *Rép.* 3ᶠ,20.

Raisonnement. Si je connaissais le prix d'un kilog., en le multipliant par 39,45, j'aurais pour produit 126ᶠ,24 ; connaissant un produit de deux facteurs et un de ses facteurs, j'aurai l'autre facteur, le prix cherché, en divisant 126ᶠʳ,24 par 39,45. *Rép.* 3ᶠ,20.

Ce raisonnement est général. Lors donc que nous connaîtrons le prix d'un certain nombre d'unités, entier ou décimal, nous trouverons le prix de l'unité, en divisant le prix connu par le nombre des unités.

138. A 62 fr. le mille de foin, combien la botte de 5 kilog.? *Rép.* : 0ᶠ,31.

1000 kilog. coûtant 62 fr., 1 kilog. coûte 1000 fois moins ou 0ᶠ,062 ; 5 kilog. coûtent 0ᶠ,062 × 5.

139. A 1ᶠ,50 la grosse de 12 douzaines de plumes, combien le cent.

12 douz. $= 12 \times 12 = 144$; 144 plumes valent 1ᶠ,50 ; 1 plume vaut $\dfrac{1^f,50}{144}$, et 100 plumes valent $\dfrac{1^f,50 \times 100}{144} = \dfrac{150}{144} = 1^f,05.$ (*Rép.*)

140. 0ᵏᵍ,125 de sucre m'ont coûté 0ᶠ,20. Combien gagne à ce prix par kilog. l'épicier qui a acheté ce sucre 122 fr. les 100 kilogr.? *Rép.* : 0ᶠ,38.

0ᵏ,125 coûtent 0ᶠ,20 ; 125 kilog. ou 1000 fois plus coûtent 200 fr. ; 1 kilog. coûte la 125ᵉ partie de 200 fr., $\dfrac{200}{125} = 1^f,60$ (je divise). Le marchand qui vend son sucre 1ᶠ,60 le kilog. l'a acheté 122 fr. les 100 kilog., ou 1ᶠ,22 le kilog. Il gagne 1ᶠ,60 — 1ᶠ,22 $= 0^f,38$ par kilog.

141. Un marchand a acheté 33ᵐ,50 de drap pour 120ᶠ,60. Combien devra-t-il vendre le mètre de ce drap pour gagner 12 p. 0/0? *Rép.* : 4ᶠ,032.

Il doit revendre le tout 120ᶠ,60 + les 0,12 de 120ᶠ,60. Je multiplie 120ᶠ,60 par 0,12 et j'ajoute : *Total* : 135ᶠ,072 les 33ᵐ,50. Combien le m.? Je raisonne comme dans l'exemple 137, et je divise 135ᶠ,072 par 33,5.

142. Une personne achète la huitième partie de 575 mètres d'étoffe; une deuxième les trois dixièmes, et une troisième le reste. L'étoffe coûte 19ᶠ,25 le mètre. On demande la somme à payer par chaque personne?

Je cherche le prix des 575 m. qui est 19ᶠ,25 × 575 = 11068ᶠ,75. La 1ʳᵉ personne paye le huitième de ce prix : je divise par 8. 1ʳᵉ *rép.* 1383ᶠ,59. La 2ᵉ paye les 0,3; je multiplie ce prix par 0,3; 2ᵉ *rép.* 3320ᶠ,625. J'additionne 1383,59 et 3320,625; total 4704ᶠ,215, que je retranche de 11068ᶠ,75. Reste 6364ᶠ,535 à payer par la troisième personne. *Réponses.* En chiffres ronds : 1383ᶠ,60; 3320ᶠ,60 et 6364ᶠ,55.

143. 19 ouvriers travaillant 12 heures par jour pendant 21 jours ont reçu ensemble 1197 fr. Combien chacun a-t-il gagné par heure?

21 j. de 12 h. font 12 × 21 = 252 h. par ouvr.; pour les 19 ouv. c'est 252 × 19 = 4788 h. pour 1197 fr. Pour 1 heure, c'est la 4788ᵉ partie; je divise 1197 par 4788. *Rép.* 0ᶠ,25.

144. Les arbres d'une allée de 378 mètres de long ont coûté 2310 fr. Ils sont espacés de 0ᵐ,45. Combien chaque arbre a-t-il coûté? *Rép.* :2ᶠ,75.

Il y a un arbre sur chaque longueur de 0ᵐ,45; il y a donc autant d'arbres dans l'allée qu'il y a de fois 0ᵐ,45 dans 378 m. Je divise et je trouve 840; 840 arbres ont coûté 2310 fr.; 1 arbre coûte la 840ᵉ partie de 2310ᶠ; je divise *Rép.* 2ᶠ,75.

145. Un fil de fer de 17ᵐ,94 doit être employé à faire des pointes de 0ᵐ,0325 de longueur. Combien en fournira-t-il de douzaines? *Rép.* : 46.

La longueur de 12 pointes est 0ᵐ,0325 × 12 = 0ᵐ,3900. On pourra faire autant de douz. de pointes qu'il y a de fois 0ᵐ,39 dans 17,94. Je divise. *Rép.* 46 douzaines.

146. Dans 1000 grammes d'eau de mer, il y a 65 gr. de sel. Dans quel poids de cette eau trouvera-t-on 2422ᵍʳ,55 de sel? *Rép.* dans 37270ᵍʳ.

Dans 1000 gr. d'eau il y a 65 gr. de sel; dans 1 gr. il y a

0^{gr},065; 2422^{gr},55 de sel se trouvent dans autant de gr. d'eau qu'il y a de fois 0,065 dans 2422,55 ; je divise.

147. Le litre de vin de Bourgogne pèse 0^{Kg},9915 et coûte 0^f,75. On demande le prix d'une barrique de ce vin pesant brut 251^{Kg},54, sachant que le fût vide pèse 47^{Kg},247 (à 0^f,01 près). *Rép.* . 154^f,53.

Poids net du vin : 251^{Kg},54 — 47^{Kg},247 = 204^{Kg}.293.

1 l. de ce vin, c'est-à-dire un poids de 0^{Kg},9915 coûte 0^f,75. 10000 fois plus ou 9915^{Kg} coûtent 7500 fr. ; 1^{Kg} coûte $\frac{7500^f}{9915}$ et 204^{Kg},293 coûtent $\frac{7500^f \times 204,293}{9915}$. On effectue la multiplication ; puis on divise. *Rép.* 154^f,53.

148. Un marchand a acheté 6 pièces de vin de 228 litres chacune. Il a payé 547^f,30 d'achat, 52 fr. de transport, 228 fr. de droits et 20 fr. de commission ; il trouve 5^{lit},4 de lie dans chaque pièce. Combien ce marchand doit-il vendre le litre de ce vin pour gagner 240 fr. sur le tout? Combien gagne-t-il ainsi pour 100? 1re *Rép.* : 0^f,86. 2e *Rép.* : 26^f,45 p. 0/0.

Le vin a coûté 547^f.30 + 52^f + 288^f + 26^f = 907^f,30. Le marchand doit le vendre 907^f,30 + 240^f = 1147^f,30. Sur chaque pièce de 228 l. il y a 5^l,4 de lie ; reste 222^l,6 ; 222,6 × 6 = 1335,6 ; 1335^l,6 se vendant 1147^f,30, j'aurai le prix d'un litre en divisant 1147^f,30 par 1335,6 (ex. 137). Je divise ; le quot. est 0^f,859. 1re *rép.* 0^f,86.

Le marchand a payé pour son vin 1147^f,30 — 240 = 907^f,30.

Pour 907^f,30 il gagne 240 fr. ; pour 1 fr. il gagne $\frac{240^f}{907,30}$; pour 100 fr., il gagne $\frac{24000^f}{907,30}$. Je divise. 2e *rép.* 26,45 pour 0/0.

SYSTÈME MÉTRIQUE.

UNITÉS DE LONGUEURS.

Comparaison des unités ; changements d'unités.

Les maîtres doivent proposer ces questions de *vive voix*, une à une, et sans ordre, ou par séries comme *devoir écrit*. Les enfants les résolvent aisément par les méthodes suivantes.

Avis important. Nous employons exclusivement dès à présent les notations abrégées m, am, cm, Mm, Km, etc., pour le mètre et pour les autres unités, comme nous l'avons fait tout de suite et partout dans l'*Arithmétique*. Il importe d'habituer les élèves à ces notations, qui sont aussi courtes que possible, et cependant claires et distinctes. Elles s'écrivent et se lisent aisément; ce sont évidemment les meilleures qu'on puisse adopter. Il serait bon de faire des dictées et des lectures spéciales sur ce sujet.

149. Combien le Mm vaut-il de Dm, de cm, de dm, de mm?

COMPARAISON DE DEUX UNITÉS.

1er Cas. L'unité à convertir est la plus grande. Ex. *Combien le Mm vaut-il de Dm?*

Je nomme en touchant mes doigts les unités inférieures au *Mm* jusqu'au *Dm* inclusivement: Km, Hm, Dm. J'ai touché 3 doigts; j'ajoute 3 zéros à 1, et je réponds : le Mm vaut 1000 Dm.

2e Cas. L'unité à convertir est la plus petite. Ex. *Dites la valeur du Dm en Mm.* Je nomme en touchant mes doigts les unités inférieures au Mm jusqu'au Dm inclusivement : Km, Hm, Dm. J'ai touché *trois* doigts. Je réponds par l'unité décimale du 3me ordre. Le Dm est 0,001 du Mm (*).

Démonstration. 1er Ex. Le Mm $= 10$ Km $= 100$ Hm $= 1000$ Dm. A mesure qu'on descend d'un ordre, il y a un zéro de plus ; après trois ordres, 1 est suivi de 3 zéros.

2e Ex. : 1 Mm $= 10$ Km $= 100$ Hm $= 1000$ Dm. Le Mm valant 1000 Dm, le Dm est la millième partie du Mm.

La marche à suivre dans les deux cas est évidente. C'est ainsi qu'on trouve et qu'on justifie une à une les réponses à faire dans les exercices 149, 150, 151, 152.

Voici les réponses aux questions de l'exercice 149.

1 Mm vaut 1000 Dm, 1000000 cm, 100000 dm, 10000000 mm.

(*) L'enfant reprend sur ses doigts, dixièmes, centièmes, millièmes, jusqu'au 3e doigt.

REMARQUE. Quand on *écrit*, il est souvent plus facile de déduire une
éponse d'une réponse précédente que d'appliquer la règle générale. Par
exemple (Ex. 149), j'ai déjà écrit qu'un Mm = 1000000 *cm*. Il est clair
qu'un Mm vaut 10 fois moins de *dm* que de *cm* ; je mets un zéro de
moins et j'écris, 100000 *dm*. Au contraire 1 Mm vaut 10 fois plus de
mm que de *cm*, j'ajoute donc un zéro, et j'écris 10000000 *mm*.

150. Dites la valeur du Km en Dm, en *cm*, en Mm, en *dm*?

1 Km vaut 100 Dm, 100000 *cm*, 0,1 Mm, 10000 *dm*.

151. Dites la valeur du *dm* en Hm, en Mm, en Km, en *m*, en *mm*.

1 *dm* vaut 0,001 Hm ; 0,00001 Mm, 0,0001 Km, 0,1 *m*,
100 *mm*.

152. Dites la valeur du *cm* en *mm*, en *dm*, en Hm, n Km, en Dm.

1 *cm* vaut 10 *mm* ; 0,1 *dm* ; 0,0001 Hm ; 0,00001 Km ; 0,001 Dm

CHANGEMENT D'UNITÉ.

153. Énoncez et écrivez en *m* chacune des longueurs suivantes :
$15^{Mm},28$; $3276^{Km},4832$; $453^{Hm},4076$; $59^{dm},43$; $276^{Dm},34$; $27^{cm},8$;
$736^{Mm},7$; $317^{mm},43$; $7^{cm},12$.

RÈGLE. *On cherche la valeur de l'unité à changer compara-*
tivement à l'unité nouvelle désignée. On multiplie ensuite le n.
donné par le n. qui exprime cette valeur, et on change le nom
de l'unité.

Cette multiplication se fait en ajoutant des zéros, ou en déplaçant la virgule suivant la règle du n° 89.

1er Ex. Convertir $15^{Mm},28$ en *m*. Par définition, $1^{Mm} =$
10000 m. Je multiplie le nombre donné par 10000 en avançant la virgule de 4 places sur la droite. Ce qui donne
152800^{m}.

DÉMONSTRATION. $15^{Mm},28 = 10000^{m} \times 15,28 = 15,28 \times$
$(10000)\, m = 152800^{m}$.

2e Ex. Convertir 158 Hm en *dm*. Je cherche la valeur de
l'Hm en *dm*. Dm, m, dm ; trois doigts touchés ; $1^{Hm} = 1000\, dm$;
Je multiplie par 1000. *Rép.* : 158000 *dm*. Ici on écrit des zéros
à droite.

3e Ex. : Convertir $315^{dm},4$ en Km. Je cherche la valeur du *dm* en **K***m* (H*m*, D*m*, *m*, *dm*; 4 doigts touchés); 1 *dm* = 0,0001 K*m*. On multiplie 315,4 par 0,0001, en reculant la virgule de 4 rangs vers la gauche. *Rép.* : 0^{Km},03154.

1 *dm* valant 0,0001 K*m*, 315^{dm},4 = 0^{Km},0001 × 315,4 = (315,4 × 0,0001) K*m*. Il faut donc multiplier 315 4 par 0,0001.

Ces exemples montrent la marche à suivre pour trouver et pour justifier chacune des conversions proposées dans les Ex. 153, 154 et 155.

Voici les réponses aux questions de l'Ex. 153.

Réponses. 152800 m.; 3276483^{m},2; 45340^{m},76; 5^{m},943; 2763^{m},4; 0^{m},278; 7367000 m.; 0^{m},31743; 0^{m},0712.

154. Énoncez et écrivez en K*m* : 327^{Dm},58; 315^{dm},4; 327^{Mm},84; 4^{Hm},5; 3241^{cm},21; 47^{m},84; 327812^{mm}.

Rép. 3^{Km},2758; 0^{Km},03154; 3278^{Km},4; 0^{Km},45; 0^{Km},0324121; 0^{Km},04784; 0^{Km},327812.

155. Écrivez et énoncez les longueurs du n° 153 et du n° 154 : 1° en H*m*; 2° en D*m*; 3° en *dm*.

Considérons d'abord les longueurs de l'exemple 153, et convertissons-les :

1° En H*m*. Il suffit de diviser par 100 les nombres de mètres ci-dessus trouvés (*Réponses*); car une longueur vaut 100 fois moins d'H*m* que de *m*.

Rép. 1528 H*m*; 32764^{Hm},832; 453^{Hm}.4076; 0^{Hm},05943; 27^{Hm}.634; 0^{Hm},00278; 73670 H*m*; 0^{Hm},0031743; 0^{Hm},000712.

2° En D*m*; 1 H*m* valant 10 D*m*, il suffit de multiplier chacun des n. précédents par 10, et de mettre D*m* au lieu de H*m*; 15280 D*m*; 327648^{Dm},31; 4534^{Dm},076; 0^{Dm},5943; 276^{Dm},34, etc.; 0^{Dm},0278; 736700 D*m*; 0^{Dm},031743; 0^{Dm},00712.

3° En *dm*; 1 m valant 10 *dm*, il suffit de multiplier par 10 chaque n. de m. de l'ex. 153 (*Réponses*), et de mettre *dm* au lieu de *m*. On obtient ainsi 1528000 *dm*; 32764832 *dm*, etc.

Considérons maintenant les longueurs de l'ex. 154 :

Connaissant ces longueurs en K*m*, on les convertit en Hm, en multipliant par 10 tous les n. de kilom., puisque 1 K*m* = 10 H*m*. On trouve ainsi 32^{Hm},758; 0^{Hm},3154; 32784 Hm; 4^{Hm},5; 0^{Hm},324121; 0^{Hm},4784; 3^{Hm},27812.

En D*m*; on multiplie les n. d'Hm par 10. On trouve ainsi :

327^{Dm},58 ; 3^{Dm},154 ; 327840Dm ; 45 Dm ; 3^{Dm},24124 ; 4^{Dm},784
32^{Dm},7812.

En *dm* ; on multiplie les n. de Dm par 100. 32758 *dm*
315^{dm},4 ; 32784000 *dm ;* 4500 *dm* ; 324^{dm},121 ; 478^{dm},4 ; 3278^{dm},12

AVIS AUX MAÎTRES.

Les élèves doivent être bien exercés aux changement:
d'unités qui sont très-fréquents dans la résolution des problèmes. Il faut savoir les faire à propos.

1er EXEMPLE. La réponse doit être faite en unités d'un ordr
désigné. Les nombres d'unités de la même espèce donné:
dans la question doivent être le plus souvent convertis er
unités de cet ordre désigné.

2e EXEMPLE. On donne le prix ou la valeur de l'unité d'un
certain ordre. Il faut rapporter les nombres d'unités de l:
même espèce à celle-là pour trouver le prix de ces nombre
d'unités.

C'est ce que nous ferons très-souvent dans la résolutior
des problèmes qui suivent.

PROBLÈMES.

156. 1^{toise} = 1^m,94904 ; 1^{pied} = 3^{dm},2484 ; 1^{pouce} = 2^{cm},707 ; 1^{ligne} =
2^{mm},256. Évaluer en *m* une longueur de 10^t 1^{pi} 10^{po} 10^l. *Rép.* 20^m,1085

Pour l'addition, on évalue en m, chacune des unités pré
cédentes, puis chaque partie de la somme demandée 10^t =
19^m,4904 ; 1^{pi} = 0^m,32484 ; 10^{po} = 0^m,2707 ; 10^l = 0^m,02256. Pui
on additionne. Total 20^m,10850.

157. Un homme a 5^{pi} 3^{po} 8^l ; quelle est sa taille en *m? Rép.*
1^m,72346.

On convertit le pied, le pouce, la ligne en m (ex. 156). o
multiplie par 5, par 3, par 8 et on additionne. Total 1^m,72346

158. Un voyageur parcourt d'un pas réglé 1 Hm par minute. Com
bien de temps mettra-t-il pour parcourir 2^{Mm} + 4^{Km} + 8^{Hm}? *Rép* : 4^h 8^m

2^{Mm} + 4^{Km} + 8^{Hm} = (200 + 40 + 8)^{Hm} = 248^{Hm}, parcouru
en 248^m. On divise par 60, et on trouve 4^h 8^m.

159. La circonférence de la Terre étant de 40000Km., combie
faudrait-il de jours pour parcourir cette circonférence à vol d'oiseau ave
une vitesse de 12^m,8 par seconde? *Rép.* 36^{j}4^{h}3^{m}20^s.

40000^{Km} = 40000000^m; il faut autant de secondes qu'il y a de fois 12^m,8 dans 40000000^m. Je divise. Il faut 3125000 secondes qu'on convertit en j, h, m, s, comme il a été expliqué dans les Ex. 76 et 84.

160. Le son parcourt 337^m par seconde. A quelle distance se trouvent des canons dont on entend l'explosion 18^s,35 après avoir vu la lumière?

Ces canons se trouvent à une distance égale à 337^m × 18,35 = 6183^m,95.

161. Un piéton mesure sa route en comptant les tas de pierrailles longs de 1^m,20 et régulièrement espacés de 6^m,5 ; il s'arrête au 325e tas. On demande en Km la distance parcourue. *Rép.* 2494^m,8.

Du commencement du 1er tas au commencement du 2e la distance est 1^m,2 + 6^m,5 = 7^m,7. Arrivé au commencement du 325e tas, il a parcouru 324 fois 7^m,7. Je multiplie.

162. Un train express dont la vitesse est de 15^m par seconde, part de Paris pour Bordeaux à 8^h 20^m du matin. La distance est de 476^{Km},2. A quelle heure arrivera-t-il? *Rép.* à 5^h 9^m 7^s du soir.

476^{Km},2 = 476200^m. Le train mettra pour faire la route autant de secondes qu'il y a de fois 15^m dans 476200^m. Je divise. Le quotient est 31747^s en forçant le dernier chiffre. Il faut extraire les h. comme il a été expliqué ex. 76 ; on trouve 8^h 49^m 7^s. Le train est parti de Paris à 8^h 20 ; 8^h plus tard il est 16^h 20^m ou bien 4^h 20 de l'après-midi. Ajoutons 49^m 7^s; nous trouvons 5^h 9^m 7^s.

163. Ce train arrive à une station à 11^h 42^m. Combien a-t-il fait de chemin. *Rép.* 181^{Km},8.

De 8^h 20 à 11^h 42 il y a 3^h 22^m. Je convertis en min., puis en secondes (Ex. 56). 3^h 22^m = 202^m = 60^s × 202 = 12120^s. En 12120^s le train parcourt 15^m × 12120 = 181800^m = 181^{Km},800.

163 *bis*. On arrive à une station située à 288^{Km} de Paris. Quelle heure est-il? *Rép.* 1^h 40^m du soir.

288^{Km} = 288000^m. C'est la question de l'ex. 162. Le train met pour arriver là un n. de s. = 288000 : 15 = 19200^s à convertir en h. (Ex. 76). On trouve 5^h 20^m; 8^h 20^m et 5^h 20^m font 13^h 40^m ou 1^h 40^m après midi.

164. L'eau de la Seine parcourt en moyenne 38ᵐ,333 par minute. On demande le temps qu'elle emploie pour aller de Paris à Rouen, sachant qu'un bateau a fait ce voyage en 9 jours avec une vitesse de 4ᴷᵐ8, à l'heure?

9 j. de 24 h. font $24^h \times 9 = 216^h$. Le bateau a fait dans ce temps $4^{Km},8 \times 216 = 10368^{Km} = 10368000^m$. Pour parcourir ce chemin l'eau met autant de minutes qu'il y a de fois 38ᵐ,333 dans 10368000. Je divise. Le quotient est 27047ᵐ. J'extrais les h. et les j. (Ex. 84). *Rép.* 18ʲ 18ʰ 47ᵐ.

165. La vitesse d'un bœuf de labour étant en moyenne de 0ᵐ,65 par seconde, combien faudra-t-il de temps pour labourer un champ de 455ᵐ de longueur sur 18ᵐ de large, en raies de 36ᶜᵐ?

Je cherche d'abord combien il y a de raies de 36ᶜᵐ à faire sur la largeur ; il y a autant de raies qu'il y a de fois 36 cm. dans 18ᵐ = 1800 cm. Je divise; le quotient est 50. Le champ sera divisé dans le sens de la largeur en 50 raies de 455ᵐ de long. Le bœuf parcourra donc $455^m \times 50 = 22750^m$. Il mettra à les parcourir autant de secondes qu'il y a de fois 0ᵐ,65 dans 22750ᵐ. Je divise. Le quotient est 35000. Je convertis 35000 s. en h. en m. et en s. (Ex. 84). *Rép.* 9ʰ 43ᵐ 20ˢ.

166. Un fil de 78ᵐ de long est employé à faire des pointes de 3ᶜᵐ,25 de long qui se vendent 5 centimes la douzaine. Pour combien en fera-t-on ?

Une douz. de pointes emploie $3^{cm},25 \times 12 = 39$ cm. de fil. On fait autant de douz. qu'il y a de fois 39 cm. dans 78ᵐ = 7800 cm. Je divise, et je trouve 200 douz.; à 5 c., cela fait $5^c \times 200 = 1000$ c. *Rép.* Pour 1000 centimes.

167. Le sommet de la lanterne du Panthéon est à 163ᵐ,9 au-dessus du niveau de l'Océan; le sol à 60ᵐ,6 ; la lanterne est haute de 6ᵐ,59. On y arrive par des marches égales de 19ᶜᵐ de hauteur. Combien y en a-t-il? *Rép.* 509.

De la hauteur totale 163ᵐ,9, il faut retrancher 60ᵐ,6 et 6ᵐ,59, en tout 67ᵐ,19 ; il reste 96ᵐ,71 pour la hauteur de l'escalier. Celui-ci a autant de marches qu'il y a de fois 19 cm. dans 96ᵐ,71 = 9671 cm. Je divise. *Rép.* 509 marches.

168. Les arbres d'une allée de 756ᵐ sont espacés de 0ᵐ,45, et ont coûté 4620 fr. Quel est le prix d'un arbre? *Rép.* 2ᶠ,75.

Il y a autant d'arbres qu'il y a de fois 0ᵐ,45 dans 756ᵐ. (V. Ex. 144.) Je divise. Il y a 1680 arbres pour 4620 fr. Chaque arbre coûte la 1680ᵉ partie de 4620 fr. Je divise. *Rép.* 2ᶠ,75.

UNITÉS DE SURFACES.

Comparaison des unités; Changement d'unité.

169. Dites la valeur d'un *mq* en *dmq, cmq, mmq*, Dmq, Kmq.

Un *mq* vaut 100 dmq, 10000 cmq, 1000000 mmq, 0,01 Dmq, 0,000001 Kmq.

SOLUTIONS DÉVELOPPÉES. On suit la marche indiquée dans l'exercice 149. Il faut seulement tenir compte de ce que les unités de surface sont de 100 en 100 plus grandes ou plus petites les unes que les autres. (*On double le nombre des doigts touchés.*)

1er CAS. *L'unité à convertir est la plus grande.*

Ex. : Combien le Kmq vaut il de dmq? On dit en touchant ses doigts : Hmq, Dmq, mq, dmq. On a touché *quatre* doigts. On fait suivre 1 de *huit* zéros, et on répond : un Kmq vaut 100000000 dmq.

2e CAS. *L'unité à convertir est la plus petite.*

Ex. Combien un *dmq* vaut-il d'Hmq? On dit : Dmq, mq, dmq; on a touché *trois* doigts; on répond par la *sixième* unité décimale : 1 dmq vaut 0,000001 d'Hmq.

C'est ainsi qu'on résout une à une les questions proposées.

DÉMONSTRATION. 1er CAS. 1 Hmq = 100 Dmq = 10000 mq = 1000000 dmq (deux zéros de plus pour chaque ordre). Donc, etc.

2e CAS. *Idem.*

169 *bis*. Dites la valeur d'un *cmq* en *mq, dmq, mmq*, Dmq.

1 cmq = 0,0001 mq, 0,01 dmq, 100 mmq, 0,000001 Dmq.

170. Quelle différence y a-t-il entre un *dmq* et 0,1 de *mq*; entre un *cmq* et 0.01 de *mq*; entre un *mmq* et 0,001 de *mq*?

Un *dmq* est la centième partie du mq et non la dixième partie. Un mq contient 100 dmq, et seulement 10 dixièmes de mq. Un cmq est la dix-millième partie et non la centième partie du mq; un mq contient 10000 dmq, et seulement 100 centièmes de mq. Un mmq est la millionième partie et non la millième partie du mq; etc.

171. Dites la valeur d'un Kmq en ares, en Ha, en *mq*, en *dmq*.

Dans cette question et dans les suivantes, il ne faut pas

oublier que l'are est un **Dmq**, et l'Ha un **Hmq**. On peut donc appliquer la règle.

1 Kmq vaut 10000 ares, 100 Ha, 1000000 mq, 100000000 dmq.

172. Combien un Ha vaut-il de *mq*, de *dmq*, *de* **Kmq**, d'**Hmq**, de **D**mq?

L'Ha ou l'Hmq vaut 10000 mq, 1000000 dmq, 0,01 de Kmq, 1 Hmq, 100 Dmq.

173. Combien un are vaut-il de *mq*, de *dmq*, de *mmq*, de **Kmq**, l'Hmq.?

Un are ou 1 Dmq vaut 100 mq, 10000 dmq, 100000000 mmq, 0,0001 Kmq, 0,01 Hmq.

174. Énoncez, puis écrivez en *mq* les surfaces suivantes: 3276^{Kmq},48; 32^{Ha},4376; 176^{a},496; 389^{Ha},892; 4279^{cmq},7; 8376^{mmq},31; 4^{dmq},2892; 3247^{mmq}; 431^{cmq},21; 31^{Mmq},276.

Rép. 3276480000 mq; 324376 mq; 17649^{mq},6; 3898920 mq; 0^{mq},42797; 0^{mq},00837631; 0^{mq},042892; 0^{mq},003247; 0^{mq},043121; 3127600000^{mq}.

EXPLICATION. On suit la règle ou la marche indiquée dans l'Ex. 153.

1er CAS. Les unités à convertir sont les plus grandes.

Ex. : Convertir 176^{a},496 en *cmq*. L'are est un D*mq*; on dit : *mq, dmq, cmq*; on a touché *trois doigts*; l'are = 1000000 *cmq*. On multiplie par 1000000 en avançant la virgule de *six* rangs vers *la droite*. 176^{a},496 = 176496000 *cmq*.

2e CAS. Les unités à convertir sont les plus petites.

Ex. : Convertir 3247 *mmq* en ares (en D*mq*). On dit : *mq, dmq, cmq, mmq*; on a touché *quatre* doigts; le *mmq* = 0,00000001 d'*a*. Il faut multiplier par 0,00000001 en reculant la virgule de *huit* rangs vers la gauche. 3247 *mmq* = 0^{a},00003247.

C'est ainsi qu'on résout les questions proposées dans les exercices 174, 175,... 178.

Démonstration. On démontre comme pour les longueurs.

175. Écrivez et énoncez en ares les mêmes surfaces.

Si cette question était faite isolément, on suivrait la marche ordinaire. Ayant résolu la question précédente, on peut simplifier comme il suit.

L'are étant 100 fois plus grand que le *mq*., est contenu

100 fois moins de fois dans les mêmes surfaces. Il suffit donc de rendre 100 fois plus petits les nombres de l'ex. 174 (*Réponses*) et de mettre ares ou a au lieu de mq.

Rép. 32764800^a; 3243^a,76; 176^a,496; 38989^a,2; 0^a,0042797; 0^a,0000837631 ; 0^a,00042892 ; 0^a,00003247 ; 0^a,00043121 ; 31276000^a.

176. Convertir en Ha : 5139^{mq},49; 24^{Kmq},537; 7^{Mmq},859; 23674^{mq},81; 23762^{dmq},84.

Rép. : 0^{Ha},513949; 2453^{Ha},7; 78590 Ha ; 2^{Ha},367481; 0^{Ha},02376284.

177. Énoncez et écrivez en *dmq* : 18^{Ha},4376; 296^{mq},481; 172^a,819; 17^{cmq},81; 837^{mmq},8; 7^{cmq},8; 0^{mq},03817; 0^a,0000581.

Réponses. 18437600^{dmq}; 29648^{dmq},1 ; 1728190^{dmq}; 0^{dmq},1781 ; 0^{dmq},08378; 0^{dmq},078 ; 3^{dmq},817 ; 0^{dmq},581.

178. Énoncez chaque surface de l'exercice 174 et des suivants rapportée au *mq* d'après la règle du n° 95 de l'Arithm.

On écrit préalablement chaque surface convertie en *mq*. Puis on applique à chaque nombre ainsi obtenu la règle du n° 95. (Appliquez).

Problèmes et calculs.

179. 1 toise carrée $= 3^{mq}$,7987, 1$^{pi\cdot q} = 10^{dmq}$,55 ; 1$^{po\cdot q} = 7^{cmq}$,3278; 1$^{li\cdot q} = 5^{mmq}$,0557. Combien valent en *mq*. 1$^{t\cdot q} + 10^{pi\cdot q} + 100^{po\cdot q} + 100^{li\cdot q}$?
Rép. : 4^{mq},92748357.

Il faut convertir tous les n. à additionner en unités de même nom, ici en *mq*. 1$^{t\cdot q} = 3^{mq}$,7987; 10$^{pi\cdot q} = 105^{dmq}$,5 $= 1^{mq}$.055; 100$^{po\cdot q} = 732^{cmq}$,78 $= 0^{mq}$,0073278 ; 100$^{li\cdot q} = 505^{mmq}$,57 $= 0^{mq}$,00050557. On écrit ces valeurs et on additionne.

180. On a déjà pavé 2476^{mq} 7^{dmq}84^{cmq} d'une rue dont la superficie totale est de 6000^{mq}. Combien en reste-t-il à paver? *Rép.* : 3523^{mq}92^{dmq}16^{cmq}.

On soustrait 2476^{mq}7^{dmq}84^{cmq}, de 6000^{mq}00^{dmq}00^{cmq}.

180 *bis.* Les pavés ont 546^{cmq} de surface et coûtent 40 centimes la pièce. Combien coûte le pavage de la rue? *Rép.* 4395640 centimes.

Il faut autant de pavés qu'il y a de fois 546^{cmq} dans 6000^{mq} $= 60000000^{cmq}$. Je divise, et je force le dernier chiffre du quotient entier. Il faut 109891 pavés à 40 c. On multiplie.

181. On a lambrissé un appartement qui renferme les superficies suivantes : 1° $4^{mq}12^{dmq}4^{cmq}$; 2° $8^{mq}14^{dmq}2^{cmq}$; 3° $9^{mq}4^{dmq}5^{cmq}$; 4° $7^{mq}3^{dmq}40^{cmq}$. Dites le total et ce qui est dû à l'ouvrier à raison de $5^{r},75$ le *mq*.

On convertit tous les n. donnés en *mq*. et en décimales du *mq* (n° 96), puis on additionne : $4^{mq},1204$; $8^{mq},1402$; $9^{mq},0405$; $7^{mq},0340$. *Total* $28^{mq},3351$ à $5^{r},75$ le *mq*. On multiplie. *Réponse* $162^{r},95$.

182. Un menuisier a planchéié deux chambres, l'une de $18^{mq}5^{dmq}18^{cmq}$, l'autre de $20^{mq}45^{dmq}$. On lui a payé le tout 364 fr. Combien a-t-il reçu pour chacune ? *Rép.* : 1° $170^{r},67$; 2° $193^{r},33$.

$18^{mq},0518 + 20^{mq},45 = 38^{mq},5018$ qui ont coûté 364 fr. Je cherche le prix d'un mq..en divisant 364 par 38,5018 (n° 76) ; le *mq* coûte $9^{r},454$. On a payé pour la 1re chambre $9^{r},454 \times 18,0518$ et pour la 2e, $9^{r},454 \times 20,45$. J'effectue ces multiplications.

183. Un pavé de 546^{cmq} mis en place coûte 40 centimes. Le pavage d'une rue coûte $28334^{r},40$. Quelle est la superficie de cette rue en *mq, dmq, cmq* ? *Rép.* $3867^{mq}64^{dmq}56^{cmq}$.

On a employé autant de pavés qu'il y a de fois 40 c. dans $28334^{r},40 = 2833440^{c}$. Je divise et je trouve 70836 pavés de 546^{cmq}. La surface de la rue est $546^{cmq} \times 70836 = 38676456^{cmq} = 3867^{mq}64^{dmq}56^{cmq}$.

184. La surface d'un mur, d'un plafond, d'un parquet, d'un plancher ordinaire (de forme rectangulaire) s'évalue en multipliant la longueur par la largeur ou la hauteur. (V. le n° 94 ou les *Notions géométriques*.)

185. Combien coûtera la construction d'un mur ayant $31^{m},54$ de longueur et $2^{m},8$ de hauteur, à raison de $4^{r},20$ le *mq* ? *Rép.* $370^{r},91$.

La surface $= (31,54 \times 2,8)^{mq} = 88^{mq},312$ qui coûtent $4^{r},20 \times 88,312$. Je multiplie.

186. Combien coûtera le parquet d'une chambre de $4^{m},5$ de long et $3^{m},84$ de large, à raison de $12^{r},60$ le *mq* ? *Rép.* $217^{r}, 728$.

La surface est $(4,5 \times 3,84)^{mq} = 17^{mq},28$ qui coûtent $12^{r},60 \times 17,28 = 217^{r},728$.

187. Une chambre a $5^{m},42$ de long, $4^{m},18$ de large et $3^{m},10$ de hauteur. On la tapisse avec du papier gris qui revient tout collé à 5 centimes le *mq*, et du papier de tenture qui revient de même à 1ᶠ,20 le *cmq*. Combien coûtera le tout? *Rép.* : 74ᶠ,40.

La chambre a deux murs dans le sens de la longueur et deux en largeur. Les surfaces à tapisser sont 1° 2 fois (5,42 × 3.10)ᵐᑫ = 33ᵐᑫ,604 ; 2° 2 f. (4,18 × 3,10)ᵐᑫ = 25ᵐᑫ,916. Total 59ᵐᑫ,52 qui coûtent 0ᶠ,05 + 1ᶠ,20 = 1ᶠ,25 le mq. Je multiplie.

188. Combien faudra-t-il de planches de 2ᵐ,5 de long et 24ᶜᵐ de large pour planchéier une chambre de 4ᵐ,25 de long sur 3ᵐ,80 de large? *R.* **27.**

Chaque planche recouvre une surface de (2,5 × 0,24)ᵐᑫ = 0ᵐᑫ,60. La surface de la chambre est (4,25 × 3,80)ᵐᑫ = 16ᵐᑫ,15. Il faut autant de planches qu'il y a de fois 0,60 dans 16,15. Je divise. *Réponse* 27 planches.

Surfaces agraires.

189. Quel est le prix de 47ᵃ,875 à 1ᶠ,25 le *mq*? *Rép.* 5984ᶠ,375.

L'are (100 *mq*) coûte 125ᶠ; 47ᵃ, 875 coûtent 125ᶠ × 47,875.

Oʙsᴇʀᴠᴀᴛɪᴏɴ ᴘʀᴀᴛɪǫᴜᴇ. — *On convertit toujours la surface en unités de la demande.*

190. Un terrain de 578ᵐᑫ,84 a été vendu à Paris 26047ᶠ,80. A combien revient l'hectare? *Rép.* 450000ᶠ.

578ᵐᑫ,84 = 0ᴴᵃ, 057884 ont été payés 26047ᶠ,80. J'aurai le prix d'un Ha. en divisant 26047ᶠ,80 par 0,057884 (n° 76). Je divise.

191. La récolte d'un champ est entièrement détruite sur une étendue de 42 centiares. Quelle est la valeur du dégât, si la récolte est évaluée à 480 fr. l'hectare? *Rép.* 2ᶠ,016.

42 centiares = 0ᴴᵃ,0042 valent 480ᶠ × 0,0042 = 2ᶠ,016.

192. On offre à un propriétaire 20000ᶠ pour un terrain de 2ᵃ,5 ; il refuse. Un jury d'expropriation lui alloue 84ᶠ par *mq*. Combien a-t-il gagné en refusant? *Rép.* 1000ᶠ.

2ᵃ,5 = 250ᵐᑫ qu'on paye 84ᶠ × 250 = 21000ᶠ. Il a gagné 1000ᶠ.

193. On vend une propriété composée d'un verger de 42ᵃ,5, d'un pré de 2ᴴᵃ,12ᵃ,7ᶜᵃ, d'un jardin de 18ᵃ,9ᶜᵃ et de 3ᴴᵃ,49ᵃ52ᶜᵃ de terres arables au prix moyen de 1400ᶠ l'hectare. Quel est le prix total? *Rép.* 8710ᶠ,52.

On convertit tout en **Ha** (n° 96) et on additionne : $0^{Ha},425$; $2^{Ha},1207$; $0^{Ha},1809$; $3^{Ha},4952$. Total $6^{Ha},2218$ qui valent $1400^f\times$ 6,2218.

194. Un terrain de $42^{Ha}24^a32^{ca}$ a été cultivé en 32 jours par 40 ouvriers gagnant chacun $2^f,40$ par jour. Combien a-t-on payé par are?

Les 40 ouvriers ont fait $32\times40=1280$ journées qui ont été payées $2^f,40\times1280=3072$ fr. D'ailleurs $42^{Ha}\ 24^a\ 32^{ca}=4224^a,32$. Pour avoir le prix de la culture d'un are, je divise 3072^f par 4224,32 (Ex.) *Rép.* : $0^f,727$.

195. On échange un terrain de $42^a,85$, estimé $0^f,80$ le *mq.* contre un autre de $1^{Ha}1^a8^{ca}$. Combien paye-t-on l'are de celui-ci? *Rep.* $33^f,91$.

$42^a,85=4285^{mq}$ qui valent $0^f,8\times4285=3428^f$. $1^{Ha}1^a8^{ca}=101^a,08$ du second terrain ont donc été payés 3428^f. Pour avoir le prix de l'are, je divise (n° 76).

196. La population de la France étant de 37382225 habitants et sa surface de 54239679^{Ha}, quelle est la population moyenne par Kmq? $R.68^{hab},92$.

$54239679^{Ha}=542396^{Kmq},79$. Si je connaissais le n. des hab. d'un Kmq, en multipliant ce n. par 542396,79 j'aurais pour produit 37382225. Je trouverai donc le n. des habitants d'un Kmq, en divisant 37382225 par 542396,79. *Réponse* 68,92, à peu près 69.

197. Cette moyenne est-elle dépassée pour le département du Nord dont la population est de 1303380 habitants et la superficie 568087^{Ha}? *Rép.* oui.

On trouve de la même manière, $229^{hab},43$ par Kmq.

197 *bis*. $15^{Ha},50$ de terre ont fourni en moyenne, par Ha, 36 hectolitres de froment pesant chacun 75 kilog., et vendus à raison de $31^f,20$ les 180 kilog. Trouver le bénéfice du cultivateur, sachant que ses frais se sont montés à 175 fr. par Ha. *Rép.* $4541^f,50$.

$15^{Ha},5$ ont fourni $36^{Hl}\times15,5=558^{Hl}$, pesant $75^{Kg}\times558=41850^{Kg}$ Je cherche combien de fois 180^{Kg} dans 41850 (je divise), le quotient est 232,5. Le blé a donc été vendu $31^f,20\times232,5=7254^f$. D'ailleurs les frais se sont montés à $175^f\times15,5=2712^f,50$. Je les soustrais de 7254^f pour connaître le bénéfice.

197 *ter*. Combien peut-on planter de groseilliers, espacés de $2^m,50$, dans un terrain de 8ᵃ,875? (Chaque arbre occupe un carré de 2ᵐ,5 de côté, V. nº 94.) *Rép. 142.* ·

L'espace occupé par chaque arbre est de $(2,5 \times 2,5)^{mq}$, = 6ᵐᑫ,25. On peut planter autant d'arbres qu'il y a de fois 6ᵐᑫ,25 dans 8ᵃ,875 = 887ᵐᑫ,5. Je divise. *Réponse* : 142.

UNITÉS DE VOLUME.

Numération et changement d'unité.

198. Dites la valeur d'un D*mc* en *mc*, en *dmc*, en *cmc*, en *mmc*.

Réponses. Un D*mc* vaut 1000 *mc*, = 1000000 *dmc*, = 1000000000 *cmc*, = 1000000000000 *mmc*.

CONPARAISON DE DEUX UNITÉS. On suit la marche indiquée dans l'ex. 149; mais chaque unité de volume valant 1000 fois l'unité immmédiatement inférieure, il faut *tripler* le nombre des doigts touchés.

1ᵉʳ Ex. Combien un D*mc* vaut-il de *cmc*? Je nomme en touchant mes doigts les unités inférieures au D*mc* jusqu'au *cmc* inclus, de cette manière : *mc*, *dmc*, *cmc*. J'ai touché *trois* doigts; j'ajoute 3 fois *trois* ou *neuf* zéros à 1, et je réponds; un D*mc* = 1000000000 *cmc*.

On démontre comme pour les longueurs.

2ᵉ Ex. Quelle est la valeur du *cmc* en D*mc*? Je nomme sur mes doigts les unités inférieures au D*mc* jusqu'au *cmc* inclusivement : *mc*, *dmc*, *cmc*; *trois* doigts touchés. Je réponds par la *neuvième* unité décimale; 1 *cmc* = 0,000000001 de D*mc*.

En effet, d'après le 1ᵉʳ ex. : 1 D*mc* = 1000000000 *cmc*. Donc 1 *cmc* = 0^{Dmc},000000001; etc.

On résout ainsi les questions analogues proposées.

199. Dites la valeur du *mc*. en D*mc*., en *dmc*., en *cmc*., en *mmc*.

1ᵐᶜ = 0^{Dmc},001 = 1000^{dmc} = 1000000^{cmc} = 1000000000^{mmc}.

200. Quelle différence y a-t-il entre un *dmc*, et 0,1 de *mc*., entre un *cmc*. et 0,01 de *mc*., entre un *mmc*. et 0,001 de *mc*.?

Un *dmc* n'est pas un 10ᵉ, mais 0,001 de *mc*; ou bien 1 *mc* qui vaut 10 dixièmes de *mc*, vaut 1000 *dmc*. De même 1 *cmc* n'est pas le centième, mais = 0,000001 de *mc*; ou bien 1ᵐᶜ qui vaut 100 centièmes de *mc* vaut 1000000ᶜᵐᶜ. De même pour le *mmc*.

201. Dites la valeur d'un *dmc* en *cmc*, en *mmc*, en *Dmc*, en *mc*.

1 *dmc* = 1000 *cmc* = 1000000 *mmc* = 0,000001 de Dmc = 0,001 de *mc*.

202. Mêmes questions pour le *cmc*, et le *mmc*.

1 *cmc* = 1000 *mmc* = 0,001 de *dmc* = 0me,000001 = 0^{Dmc},000000001.

1 *mmc* = 0^{cmc},001 = 0^{dmc},000001 = 0^{mc},000000001 = 0^{Dmc},000000000001.

203. Énoncez, puis écrivez en *mc* les volumes suivants : 437^{Hmc},37 ; 49^{Dmc},84 ; 0^{Dmc},00249 ; 23^{dmc},49 ; 2425^{cmc},841 ; 3276432 *mmc*.

CHANGEMENT D'UNITÉ. (Comme dans l'ex. 143.) *On cherche la valeur de l'unité à changer comparativement à l'unité nouvelle désignée ; puis on multiplie le nombre donné par celui qui exprime cette valeur.*

1er Ex. : Convertir 179^{Dmc},8471 en *cmc*. Je cherche la valeur du Dmc en *cmc*, comme il a été expliqué à l'ex. 198 ; un Dmc = 1000000000 *cmc*. Puis, d'après la règle précédente, je multiplie le n. donné par 1000000000 en avançant la virgule de 9 places vers la droite, et je change le nom de l'unité. Je trouve ainsi 179847100000 *cmc*.

En effet, 179^{Dmc},8471 = 1000000000 *cmc* × 179,8471 = (179,8471 × 1000000000) *cmc* : nous n'avons fait qu'effectuer cette multiplication (n° 62).

2e Ex. Convertir 2425^{cmc},841 en *mc*. Je cherche la valeur du *cmc* en *mc* (comme avant l'ex. 198, 2e ex) ; 1 *cmc* = 0,000001 de *mc*. Puis, d'après la règle précédente, je multiplie le n. donné par 0,000001 en reculant la virg. de 6 rangs vers la gauche et je change le nom de l'unité. Je trouve ainsi : 0^{mc},002425841.

En effet 2425^{cmc},841 = 0^{mc},000001 × 2425,841 = (2425,841 × 0,000001) *mc*. Nous n'avons fait qu'effectuer cette multiplication.

On résout de même, une à une, toutes les questions analogues proposées.

Voici les réponses aux questions de l'ex. 203.

Réponses. 437370000 mc ; 49840 mc ; 2^{mc},490 ; 0^{mc},02349 ; 0^{mc},002425841 ; 0^{mc},003276432.

204. Énoncez puis écrivez en *dmc* les volumes suivants : 795^{Dmc},4 ; 0^{mc},0179 ; 2376^{mmc},41 ; 24^{cmc},2376 ; 23761^{cmc}, 81.

795400000^{dmc}; $17^{dme},9$; $0^{dme},00237641$; $0^{dme},0242376$; $23^{dme},76181$.

205. Ayant rapporté les volumes des n°s 203 et 204 au *mc*, décomposez, puis lisez la partie décimale tranche par tranche en *dmc, cmc, mmc* (n° 104). De même les nombres suivants : $41^{mc},4376$; $32^{mc},07409$; $0^{mc},5325613$; $0^{mc},00453216$.

On écrit en *mc* chacun des volumes indiqués, puis on applique la règle du n° 104.

Ex. : $79^{Dmc},83764327 = 79837^{mc},64327$; on complète la partie décimale à six chiffres, puis on la sépare en tranches : $49837^{mc},643.270$, et on lit $79837^{mc}643^{dmc}270^{cmc}$. On fait de même pour les autres volumes proposés.

Calculs et problèmes.

206. $1^{t.cube} = 7^{mc},4039$; $1^{pi.cube} = 34^{dme},28$; $1^{po.cube} = 19^{cme},836$; $1^{li.cube} = 11^{mmc},48$. Évaluer en *mc* : $1^{t.c} + 100^{po.c} + 100^{po.c}\,100^{li.c}$.

On convertit tous les volumes à additionner en *mc*. $1^{t.c} = 7^{mc},4039$; $100^{pi.c} = 3428^{dmc} = 3^{mc},428$; $100^{po.c} = 1983^{cmc},6 = 0^{mc},0019836$; $1000^{li.c} = 11480^{mmc} = 0^{mc},000011480$. Puis on additionne tous ces nombres de *mc*. *Total :* $10^{mc},833895080$.

207. On demande le prix d'une voie de bois de 56 pieds cubes à raison de 48^f le *mc* (V. l'exercice précédent). *Rép.* : $92^f,15$.

$1^{pi.c} = 34^{dmc},28 = 0^{mc},03428$; $56^{pi.c} = 0^{mc},03428 \times 56 = 1^{mc},91968$ qui valent $48^f \times 1,91968 = 92^f,15$.

208. A raison de 36 fr. les 144 *dmc*, combien vaut une table de marbre de 116854 *cmc.*? *Rép.* : $29^f,21$.

1 *dmc* vaut $36^f : 144 = 0^f,25$; $116854^{cmc} = 116^{dmc},824$ valent $0^f,25 \times 116,854$. Je multiplie.

209. Combien valent, à raison de 54 fr. le *mc*, trois poutres contenant : la 1re, $1^{mc}32^{dmc}5^{cmc}325^{mmc}$; la 2e, $1^{mc}210^{dmc}54^{cmc}$; la 3e, $1^{mc}42^{dmc}58^{cmc}$?

On convertit les longueurs en *mc* (n° 105), et on les additionne : $1^{mc},032005325$; $1^{mc},210054$; $1^{mc},042058$ *Total* : $3^{mc},284117325$ qui valent $54 \times 3,284117325$. *Rép.* : $177^f,35$.

210. Trois voituriers ont transporté 284 *mc* de déblais. Le 1er en a transporté $92^{mc}54^{dmc}715^{cmc}$; le 2e $68^{mc}427^{dmc}40^{cmc}$. Combien le 3e ?

Le *mc* a été payé 0ʳ,75, combien chacun a-t-il reçu ?

J'additionne les n. de *mc* transportés par les 2 ouvriers.

$$92,054718 \qquad 284,$$
$$68,427040 \qquad 160,481758$$
$$\overline{\qquad\qquad\qquad}$$
$$123,518242$$

j'écris la somme sous 284, et je soustrais. 1ʳᵉ *Rép.* : 123ᵐᶜ,518242.

2° Je multiplie chacun des 3 n. de *mc* par 0ʳ,75 *Rép.* : 69ʳ,05 ; 51ʳ,30 ; 92,65 On vérifie en additionnant les trois prix qui doivent donner pour somme 0ʳ,75 × 284 = 213ʳ.

211. On demande le prix d'un bloc de marbre d'Italie de 2ᵐ,80 de hauteur, 1ᵐ,45 de largeur et 0ᵐ,75 d'épaisseur, acheté à raison de 2480 fr. le *mc*. (Le volume est le produit des 3 dimensions). *Rép.* : 7551ʳ,60.

On fait le produit des trois dimensions qui est 3ᵐᶜ,045 ; à 2480ʳ le *mc*, 3ᵐᶜ,045 coûtent 2480ʳ × 3,045 = 7551ʳ,60.

212. La façade d'une maison faite en pierre de taille a 524ᵐᑫ,42 de surface et 0ᵐ,48 d'épaisseur moyenne. On demande ce qu'elle a coûté à raison de 108 fr. le *mc*. (Le volume du mur en *mc*. est le produit de la surface par l'épaisseur). *Rép.* : 27185ʳ,93.

Le volume est égal à (524,42 × 0,48) *mc* = 251ᵐᶜ,7216 qui, à 108ʳ le *mc*, ont coûté 108ʳ × 251,7216 = 27185ʳ,93.

213. *Bois de chauffage.* Combien de stères de bois dans la somme suivante : 3ᵈˢᵗ + 23ˢᵗ + 19ᶜˢᵗ + 47ᴅˢᵗ + 3ᴅˢᵗ,53 + 3ˢᵗ,85 ? = *Rép.* : 532ˢᵗ,64.

On convertit toutes les quantités de bois en st. et on additionne 0ˢᵗ,3 + 23ˢᵗ + 0ˢᵗ,19 + 470ˢᵗ + 35ˢᵗ,3 + 3ˢᵗ,85 = 582ˢᵗ,64.

214. Un marchand a acheté 49ˢᵗ,24 de bois à 42 fr. le *st*, 9ᴅˢᵗ,48 à 48 fr. le *st* ; 39 demi D*st* à 44ʳ,50 le *st*. Il vend les 0,7 du tout avec un bénéfice de 15 p. 100. Combien reçoit-il ? *Rép.* : 12313ʳ,27.

1° 42ʳ × 49,24 = 2068ʳ,08 ; 2° 48ʳ × 94,8 = 4550ʳ,40 ; 3° 44ʳ,50 × 195 = 867ʳ,50. *Total*, 15295ʳ,98. A ce prix j'ajoute ses 0,15, ou 15295ʳ.98 × 0,15 = 2294ʳ,40. *Total* : 17590ʳ,38 dont je prends les 0,7 ; 17590ʳ,38 × 0,7 = 12313ʳ,266.

215. Un terrain de 156ᴴᵃ,8ᵃ,13ᶜᵃ rend 108 *st* de bois taillis par Ha. Combien vaut la coupe vendue à raison de 22ʳ,50 le *st* ? *Rép.* : 379277ʳ,56.

156ᴴᵃ 8ᵃ 13ᶜᵃ = 156ᴴᵃ, 0813 qui rendent 108ˢᵗ × 156,0813 = 16856ˢᵗ,7804 qui se vendent 22ʳ,50 × 16856,,7804 = 379277ʳ,56.

216. On demande combien on peut mettre de stères de bois dans un bûcher qui a 8ᵐ,4 de long, 4ᵐ,85 de large et 3ᵐ,6 de hauteur *Rép.* 146ˢᵗ,664.

1 *st* est un *mc*; je cherche la contenance ou le volume du bûcher en *mc*; elle est égale à (8,4 × 4,85 × 3,6) (Ex. 217).

217. Un tas de bois de 8ᵐᶜ,4 a pour base un carré de 1ᵐ,8 de côté. Quelle est sa hauteur ? (Le volume d'un tas est le produit de ses 3 dimensions) (V. le n° 103 du texte et les *Notions géométriques*, à la fin du livre). R. 2ᵐ,592.

La base est égale à $(1,8)^2 = 3$ᵐᵟ,24. Le volume du tas qui est 8ᵐᶜ,4 est égal à sa base 3,24 × sa hauteur. J'aurai donc la hauteur en divisant 8,4 par 3,24.

Mesures de capacité.

218. Dites la valeur de l'H*l* en *l*, en D*l*, en *dl*, en *cl*.

COMPARAISON DE DEUX UNITÉS. On suit la même marche que pour les longueurs.

1ᵉʳ **Ex.** : Combien l'H*l* vaut-il de *cl* ? On dit sur ses doigts : D*l*, *l*, *dl*, *cl*; 4 doigts touchés. Je mets 4 zéros après 1, et je réponds : l'H*l* vaut 10000 *cl*.

2ᵉ **Ex.** : On demande la valeur du *dl* en H*l*. Je dis, à partir de l'H*l* exclusivement : D*l*, *l*, *dl*; 3 doigts touchés : l'H*l* vaut 1000 *dl* et le *dl* est 0,001 de l'H*l*.

On démontre comme pour les longueurs.

On résout ainsi une à une les questions proposées :

Rép. de l'ex. 218. Un H*l* vaut 100 *l*, 10 D*l*, 1000 *dl*, 10000 *cl*.

219. Dites sa valeur en *mc*, en D*mc*, en *cmc*.

1 *l* est un *dmc*; le *mc* valant 1000 *dmc* vaut 1000 *l* ou 10 H*l*.

Le D*mc* = 1000 *mc* vaut 10000 H*l*. Donc, l'H*l* est 0,1 de *mc*, et 0,0001 de D*mc*. L'H*l* valant 100 *l* ou 100 *dmc* vaut 100000 *cmc*.

220 Dites la valeur d'un D*l* en *dl*, en *cl*, en H*l*, en *mc*, en *cmc*, en *dmc*. Dites la valeur d'un *dl* en *l*, en D*l*, en *cl*, en *dmc*, en *cmc*.

Un D*l* vaut 100 *dl*, 1000 *cl*, 0,1 d'H*l*.

Le *l* est 0,001 de *mc*; le D*l* vaut 10 millièmes ou 0,01 de *mc*. Le D*l* vaut 10 *l*, ou 10 *dmc*, ou 10000 *cmc*.

Un *dl* est 0,1 de *l*, 0,01 de D*l*, vaut 10 *cl*; 0,1 de *l* ou 0,1 de *dmc* et 0,1 de 1000 *cmc* ou 100 *cmc*.

221. Énoncez en litres les contenances suivantes : 249Hl,3 ; 39dl,24 ;
47Dl,5 ; 3cl,45 ; 9dl,8.

CHANGEMENT D'UNITÉ. On applique la règle donnée dans
l'ex. 153.

Réponses : 24930 *l* ; 3l,924 ; 475 *l* ; 0l,0345 ; 0l,98.

222. Énoncez les mêmes, 1° en D*l*, 2° en *dl*, 3° en H*l*, 4° en *cl*.

Réponses : 1° 2493 D*l* ; 0Dl,3924 ; 47Dl,5 ; 0Dl,00345 ; 0Dl,098.
2° 249300 *dl* ; 39dl,24 ; 4750 *dl* ; 0dl 345 ; 9dl,8.
3° 249Hl,3 ; 0Hl,03924 ; 4Hl,75. 0Hl,000345 ; 0Hl,0098.
4° 2493000 *cl* ; 392cl,4 ; 47500 *cl* ; 3cl,45 ; 98 *cl*.

223. Convertir en H*l* : 78mc,34 ; 196dmc,21 ; 23784cmc,10 ; 0mc,897 ;
0mc,00379.

On convertit d'abord ces nombres en *dmc*, c'est-à-dire en *l*,
puis un *l* étant 0,01 d'H*l*, on multiplie tous les n. obtenus par
0,01, c'est-à-dire qu'on les divise par 100, en déplaçant ou
en mettant la virgule.

1° *Rép.* en *l* : 78340l ; 196l.21 ; 23l,7841 ; 897 *l* ; 3l,79.

Rép. en H*l* : 783Hl,4 ; 1Hl,9621 ; 0Hl,237841 ; 8Hl,97 ; 0Hl,0379.

PROBLÈMES ET CALCULS.

224. 1 muid valait 2 feuillettes ; 1 feuillette, 2 quartauts ; 1 quartaut,
9 veltes ; 1 velte, 8 pintes ; 1 pinte = 0l,9313. On demande la valeur en
H*l* de 1 muid + 1 quartaut + 10 veltes + 10 pintes.

1 muid = 2f = 4q ; 1m + 1q = 5 q. qui valent 9 v. × 5 = 45 v. ;
45 v. + 10 v. = 55 v. qui valent 8 pintes × 55 = 440 p. ; 440 p. +
10 p. = 450 p. qui valent 0l,9313 × 450 = 419l,085 = 4Hl,19085.

225. Un marchand a acheté 44Hl,5 d'huile à 0f,75 le *l*., payable à trois
mois, ou bien comptant avec une remise de 5 p. 0/0. Il paye comptant.
Combien doit-il vendre le litre pour gagner 8 p. 0/0 ? (V. n° 72).

44Hl,5 = 4450 *l* à 0f,75 le *l*, valent 0f,75 × 4450 = 3337f,50.
Il faut en déduire les 0,05 ou 3337f,50 × 0,05 = 166f.875 ; prix
net d'achat, 3170f,625.   Le marchand veut gagner 8 p. 0/0 ou
0,08 ; 3170f,625 × 0,08 = 253f.650.   Il devra vendre 3170f,625
+ 253f,650 = 3424f,275 les 4450*l*. Pour avoir le prix d'un *l*, je
divise. *Rép.* : 0f,769.

226. On demande le prix de 17 *l.* de graine de trèfle à 24 fr. le double D*l* ?

2D*l* valent 24ᶠ ; 1D*l.* 12ᶠ ; 1 *l*, 1ᶠ,20 ; 17 *l*, 1ᶠ,20 × 17 = 20ᶠ,40.

227. Un culivateur vend 38 sacs de froment à 17ᶠ,50 l'H*l* ; 42 *id.* de seigle à 12ᶠ,80. Chaque sac contient 8 doubles D*l*. Quelle est sa recette ?

8 doubles D*l* = 20 *l* × 8 = 160 *l* = 1ᴴˡ,6. Les 38 sacs contiennent 1ᴴˡ,6 × 38 = 60ᴴˡ,8 qui valent 17ᶠ.50 × 60,8 = 1064 fr. Les 42 sacs contiennent 1ᴴˡ,6 × 42 = 67ᴴˡ,2, qui valent 12ᶠ,80 × 67,2 = 860ᶠ,16. *Recette totale* : 1924ᶠ,16.

228 Un médecin prescrit une boisson à la dose exacte de 6 centilitres. On n'a pour la mesurer qu'un double *Dl.* dont la hauteur est 65 *mm*. Jusqu'à quelle hauteur remplira-t-on cette mesure ? *Rép.* 19ᵐᵐ,5.

2 *dl* ou 20 *cl* de boisson occupant dans la mesure une hauteur de 65 *mm.*, 1 *cl* occupe une hauteur de 65ᵐᵐ : 20 = 6ᵐᵐ.5 : 2 = 3ᵐᵐ,25 ; 6 *cl* occuperont une hauteur de 3ᵐᵐ,25 × 6 = 19ᵐᵐ,5.

229. Un cultivateur a 5ᴴᵃ48ᵃ de terre plantés en pommiers à raison de 75 pommiers par H*a*. Chaque arbre donne 18 D*l* de pommes et chaque H*l* de pommes 45 *l* de cidre Il réserve 24 H*l* de cidre pour sa consommation, et vend le reste 6ᶠ,30 l'H*l*. Combien reçoit-il ? *Rép.* : 1946ᶠ,13.

5ᴴᵃ,48 contiennent 75 p. × 5,48 = 411 pommiers qui donnent 18 D*l* × 411 = 7398 D*l* = 739ᴴˡ,8 de pommes qui fournissent 45 *l* × 739,8 = 33291 *l* = 332ᴴˡ,91 de cidre dont le cultivateur réserve 24 H*l*. Restent 308ᴴˡ,91 qui valent 6ᶠ,30 × 308,91.

230. Dans un double D*l* dont la profondeur est 294 *mm*, il y a du blé jusqu'à la hauteur de 108 *mm.* Ce blé se vend 18ᶠ,50 l'H*l*. Pour combien y en a-t il ? *Rép.* : 1ᶠ,36.

A la hauteur de 294 *mm*, il y a 2 D*l*, ou 20 *l*, ou 0ᴴˡ,20 de blé ; à la hauteur de 1ᵐᵐ, il y a $\dfrac{0^{Hl},2}{294}$; à 108ᵐᵐ, $\dfrac{0^{Hl},2 \times 108}{294} = 0^{Hl},07347$ qui valent 18ᶠ,50 × 0,07347 = 1ᶠ,36.

231. Sachant que la contenance du litre est égale à la surface du fond multipliée par sa profondeur égale à 172ᵐᵐ,04, on demande en *mmq* la surface du fond. *Rép.* : 5812 *mmq*.

1 *l* ou 1 *dmc* = 1000000 *mmc*. Cette contenance 1000000 *mmc* = la surface du fond × 172,04. J'aurai la surface du fond en *mmq* en divisant 1000000 par 172,04. Je divise. *Rép.* 5812 *mmq*.

232. De même pour le demi-litre dont la profondeur est 136ᵐᵐ,56.

1 demi-litre = 500000 *mmc*. Je divise 500000 par 136,56. *Rép.* : 3661 *mmq*.

233. On a acheté 32 barils d'huile contenant chacun 1ᴴˡ8ᴰˡ5ˡ à raison de 180 fr. les 100 kilogrammes avec 5 p. 0/0 de remise si on paye comptant. L'Hl d'huile pèse 89ᴷᵍ et l'acheteur paye comptant. Quelle somme donne-t-il ? *Rép.* : 9009ᶠ,65.

1ᴴˡ 8ᴰˡ 5ˡ = 1ᴴˡ85, qui pèsent 89ᴷᵍ × 1,85 = 164ᴷᵍ,65. L'huile des 32 barils pèse 164ᴷᵍ,65 × 32 = 5268ᴷᵍ,8. A 180 fr. les 100 kilog., c'est 1ᶠ,80 le kilog.; 5268ᴷᵍ,8 valent 1ᶠ,8 × 5268, 8 = 9483ᶠ,84. La remise de 5 p. 0/0 = 9483ᶠ,84 × 0,05 = 474ᶠ,192, à déduire de 9483ᶠ,84. Reste à payer net : 9009ᶠ,648.

234. Pour trouver la contenance d'un vase ou d'un fût quelconque, on pèse vide et plein d'eau. La différence des deux poids, évaluée en litres raison d'un litre par Kg., fait connaître la contenance cherchée.

235. Un tonneau vide pèse 53 ᴷᵍ,5, et plein d'eau 268ᴷᵍ,75. Quelle est sa contenance ? *Rép.* : 215ˡ 25.

Le poids de l'eau est évidemment 268ᴷᵍ,75 — 53ᴷᵍ,5 = 215ᴷᵍ,25. Or 1 kilog. d'eau c'est 1 litre d'eau ; donc le tonneau contient 215ˡ,25.

236. Une cruche vide pèse 472ᴰᵍ,5 et pleine d'eau 238ᴴᵍ. On la remplit de lait à 0ᶠ,15 le litre. Pour combien y en a-t-il ? *Rép.* 2ᶠ,86.

238 H*g* = 23ᴷᵍ,8 ; 472ᴰᵍ,5 = 4ᴷᵍ,725. La différence, 19ᴷᵍ,075, est le poids de l'eau qui remplirait le vase. Celui-ci contient donc 19ˡ,075 de lait, qui valent 0ᶠ,15 × 19,075 = 2ᶠ,86.

237. Une petite bouteille pèse vide 0ᴷᵍ,0485, pleine d'eau 0ᴷᵍ,2335. Quelle est sa contenance ? *Rép.* : 0ˡ,185.

La différence est 0ᴷᵍ,185, qui indique une contenance de 0ˡ,185.

238. Un corps irrégulier plongé dans l'eau fait sortir 5ᵈˡ 4ᶜˡ de ce liquide. Quel est le volume de ce corps ? *Rép.* : 540ᶜᵐᶜ, ou 0ᵈᵐᶜ,54.

5ᵈˡ4ᶜˡ = 54ᶜˡ = 0ˡ,54 = 0ᵈᵐᶜ,54 = 540 *cmc*.

POIDS.

Comparaison de deux unités. On suit la même marche que pour les longueurs.

1ᵉʳ ex. : Combien le K*g* vaut-il de *cg*? On dit sur ses doigts : H*g*, D*g*, *g*, *dg*, *cg* ; on a touché 5 doigts ; on ajoute 5 zéros à 1 et on répond : le K*g* vaut 100000 *cg*.

2ᵉ ex. : On demande la valeur du *cg* en H*g*. On dit en partant de 1 H*g* exclusivement : D*g*, *g*, *dg*, *cg*. On a touché 4 doigts. L'H*g* vaut 10000 *cg* ; par suite le *cg* est 0,0001 d'H*g*.

On démontre comme pour les longueurs (Ex. 153).

On résout ainsi, une à une, les questions analogues proposées.

239. Dites la valeur du K*g* en D*g*, en H*g*, en *dg*, en *cg*, en M*g*.
— du M*g*, en K*g*, en D*g*, etc. *Id.* du *g* en K*g*, en H*g*, en *cg*, en *mmg*.

1 K*g* vaut 100 D*g*, 10 H*g*, 10000 *dg*, 100000 *cg*, 0ᴹᵍ,1.
1 M*g* vaut 10 K*g*, 1000 D*g*, 100 H*g*, 100000 *dg*, 1000000 *cg*.
1 *g* vaut 0ᴷᵍ,001 ; 0ᴴᵍ,01 ; 100 *cg* ; 1000 *mmg*.

240. Énoncez puis écrivez en K*g* les poids suivants: 3274ᵍ,7 ; 328ᴴᵍ,54 ; 3256ᴰᵍ,19 ; 7ᴴᵍ,49 ; 49ᵍ,76 ; 1761ᵈᵍ,84 ; 312798ᶜᵍ.

CHANGEMENT D'UNITÉ. On cherche la valeur de chaque unité proposée en K*g*, puis on applique la règle donnée pour les longueurs (Ex. 153). Ainsi : 1ᵉʳ ex. : 1 *g* est 0,001 de K*g* ; on multiplie par 0,001, c'est-à-dire on recule la virgule de 3 places vers la gauche.

Réponses : 3ᴷᵍ,2747 ; 32ᴷᵍ,854 ; 32ᴷᵍ,5619 ; 0ᴷᵍ,749 ; 0ᴷᵍ,04976 ; 0ᴷᵍ,176184 ; 3ᴷᵍ,12798.

241. Énoncez les mêmes poids, 1° en *g*, — 2° en H*g*, — 3° en *dg*.

1° 3274ᵍ,7 ; 32854ᵍ ; 32561ᵍ,9 ; 749ᵍ ; 49ᵍ,76 ; 176ᵍ,184 ; 3127ᵍ,98.
2° 32ᴴᵍ,747 ; 328ᴴᵍ,54 ; 325ᴴᵍ,619 ; 7ᴴᵍ,49 ; 0ᴴᵍ,4976 ; 1ᴴᵍ,76184 ; 31ᴴᵍ,2798.
3° 32747 *dg* ; 328540 *dg* ; 325619 *dg* ; 7490 *dg* ; 497ᵈᵍ,6. 1761ᵈᵍ,84 ; 31279ᵈᵍ,8.

Ayant converti en *g*, je dis 1 *g* = 0,01 d'H*g* et 1*g* = 10 *dg*.

Pour passer des n. trouvés 1° à 2° je multiplie par 0,01, ou je divise chaque nombre par 100, et je mets H*g*. Pour passer de 1° à 3° je multiplie chaque n. par 10, et je mets *dg*.

242. Quels poids marqués emploiera-t-on pour peser 30 *g* ; 0ᴷᵍ,125 ; 0ᴷᵍ,20 ; 600 *g* ; 234 *g* ; 4ᴷᵍ,239 ; 3569 *g* ; 248 *g* ; 18ᴰᵍ,47 ; 19ᴴᵍ,49?

Voyez la remarque du n° 112 sur la série des poids marqués.

Réponses : 30 g (2Dg, 1Dg); 0^{Kg},125 ou 125 g (1Hg, 2Dg, 5 g); 0^{Hg}.20 ou 200 g (2Hg); 600 g (5Hg, 1Hg); 234 g (2Hg, 2Dg, 1Dg, 2g, 2g); 4^{Kg},239 (2Kg, 1Kg, 1Kg, 2Hg, 2Dg, 1Dg, 5 g, 2 g, 2g); 3569g (2Kg, 1Kg, 5Hg, 5Dg, 1Dg, 5 g, 2 g, 2y); 248 g (2Hg, 2Dg, 1Dg, 1Dg, 5 g, 2g, 1 g); 18^{Dg},47 ou 184^{g},7 (1Hg, 5Dg, 2Dg, 1Dg, 2 g, 2g, 5 dg, 2 dg); 19^{Hg},49 = 1949 g (1Kg, 5Hg, 2Hg, 1Hg, 1Hg, 2 Dg, 1Dg, 1 Dg, 5 g, 2g, 2g).

243. Combien un *mc* d'eau pèse-t-il de Kg? Combien le D*mc* d'eau pèse-t-il de quintaux, de Mg, de tonnes?

1 l ou 1 dmc d'eau pèse 1 Kg; 1 mc = 1000 dmc pèse 1000 Kg. Le Dmc = 1000 mc, pèse 1000000 Kg = 10000 quintaux = 100000 Mg = 1000 tonnes.

244. Combien 1000 Hl d'eau pèsent-ils de Kg, de quintaux, de tonnes?

1 l pèse 1 Kg; 1 Hl pèse 100 Kg; 1000 Hl pèsent 100000 Kg = 1000 quintaux = 100 tonnes.

CALCULS ET PROBLÈMES.

245. L'ancienne livre poids valait 0^{Kg},48951; l'once, 30^{g},59, le gros, 382^{rg},4. Évaluez en Kg, 7$^{liv.}$ + 6^{onces} + 5^{gros}. *Rép.* : 3^{Kg},629.

On convertit la valeur de chaque unité proposée en Kg, puis on multiplie.

$$7 \text{ livres valent.} . . \; 0^{Kg},48951 \times 7 = 3^{Kg},42657$$
$$6 \text{ onces valent.} . . \; 0,03059 \times 6 = 0,18354$$
$$5 \text{ gros valent.} . . . \; 0,003824 \times 5 = 0,01912$$
$$\text{Total.} . . . . . \; 3^{Kg},62923$$

246. A 360^f le quintal métrique de café, combien les 125 gr? R. : 0^f,45.

100 Kg valent 360 fr.; 1 Kg, 3^f,60; 125 g ou 0^{Hg},125 valent 3^f,60 × 0,125 = 0^f,45.

247. 62^r,5 de café ont coûté 0^f,20. Combien le Kg? *Rép.* : 3^f,04.

1 g a coûté $\dfrac{0^f,20}{62,5}$; 1 Kg ou 1000 g coûtent $\dfrac{0^f,20 \times 1000}{62,5} = \dfrac{200}{62,5} = 3,04$.

248. Le litre d'eau de mer pèse 102^{Dg},6. Exprimez en Hl la quantité d'eau de mer que pèse une tonne. *Rép.* : 9^{Hl},74.

102^{Dg},6 = 1026 gr. d'eau de mer remplissent 1 l; 1 gr. remplit $\dfrac{1\ l}{1026}$; 1 tonne = 1000 Kg = 1000000 gr. remplit $\dfrac{1000000\,l}{1026} = \dfrac{10000\ Hl}{1026}$. Je divise. *Rép.*. 9^{Hl},74 à 1 l près.

249. Dans un Kg d'eau de mer il y a 65 g de sel. Combien y a-t-il de sel dans 1^{Hl} + 5^{Dl} + 8^l ? (V. l'exerc. précédent.) *Rép.* : 10^{Kg},537.

1^{Hl} 5^{Dl} 8^l = 158^l; 1 l pèse 102^{Dg},6 = 1^{Kg},026; 158 l pèsent 1^{Kg},026 × 158 = 162^{Kg},108 qui, à 65 gr. par Kg, renferment 65 g × 162,108 = 10537^{gr},02 de sel.

250. Un vase rempli d'eau de mer pèse 45^{Kg},25 et vide 6^{Kg},15. Combien contient-il de litres? *Rép.* : 38^l,10.

Poids net de l'eau de mer : 45^{Kg},25 — 6^{Kg},15 = 39^{Kg},10. Le litre d'eau de mer pèse 1^{Kg},026; il y a dans le vase autant de litres d'eau qu'il y a de fois 1^{Kg},026 dans 39^{Kg},10. Je divise. *Rép.* : 38^l,10 à 0,01 près

251. Le lait donné à un veau produit, dit-on, 7 p. 0/0 de son poids en viande. Cette viande valant 1^f,15 le Kg et le Dl de lait pesant 10^{Kg},300, combien valent 43^l,5 de lait ainsi employés? *Rép.* 3^f,61.

1 l de lait pèse 1^{Kg},03; 43^l,5 pèsent 1^{Kg},03 × 43,5 = 44^{Kg},805. Je prends les 0,07 de ce poids; 44^{Kg},805 × 0,07 = 3^{Kg},13635. Le lait produit 3^{Kg},13635 de viande qui, à 1^f,15 le Kg, se vendent 1^f,15 × 3,13635 = 3^f,61 à 0,01 près.

252. On donne 20 fr. à une servante pour aller chercher 2^{Kg},5 de bougie, à 2^f,80 le Kg, 0^{Kg},125 de café à 3^f,20, 2^{Kg},625 de sucre à 0^f,65 les 500 g., 1^{Kg},75 de vermicelle à 0^f,40 les 5Hg. Combien doit-elle rapporter? *Rép.* : 7^f,75.

Bougie. . .	2^{Kg},5	à 2^f,80 le Kg,	2^f,80 × 2,5	= 7^f,00
Café. . . .	0 ,125	à 3^f,20	3^f,20 × 0,125	= 0 ,40
Sucre. . . .	2 ,625	à 1^f,30	1^f,30 × 2,625	= 3 ,45
Vermicelle	1 ,75	à 0^f,80	0^f,80 × 1,75	= 1 ,40
			Total.	12^f,25

A prendre sur 20^f. Elle rapportera 20^f — 12^f,25 = 7^f,75.

253. Un ouvrier consomme ordinairement 15 Hg de pain frais par jour et seulement 13 Hg de pain rassis. Le pain coûtant 0ᶠ,38 le Kg, on demande l'économie que feraient 3 ouvriers (le père et les deux fils) s'ils mangeaient du pain rassis au lieu de pain frais : 1° pendant une semaine; 2° pendant un mois; 3° pendant une année de 365 jours. *Rép.* : 1° 1ᶠ,60; 2° 6ᶠ,84; 3° 83ᶠ,22.

1 ouvrier économiserait 2 Hg; 3 ouv., 6 Hg ou 0ᴷᵍ,6 valant 0ᶠ,38 × 0,6 = 0ᶠ,228 par jour. 1° pour 7 j. 0ᶠ,228 × 7 = 1ᶠ,596; 2° pour 30 j., 6ᶠ,84; 3° pour 365 j. 0,228 × 365 = 83ᶠ,22.

254. Un boucher a acheté une douzaine de moutons qui lui ont coûté chacun 16ᶠ,20 d'achat, 1ᶠ,80 de droits d'octroi, 0ᶠ,50 d'abattage, et 0ᶠ,90 d'autres frais. Chaque mouton a fourni 19ᴷᵍ,2 de viande, 276 Dg de suif qui se vend 0,85 le Kg, et 258 Dg de peau vendue 0ᶠ,75 le Kg. Combien doit-il vendre le Kg de viande pour gagner 15 p. 0/0 sur ses déboursés? *R.* 0ᶠ,94.

Prix de revient : 16ᶠ,20 + 1ᶠ,80 + 0ᶠ,50 + 0,90 = 19ᶠ,40. Il veut gagner 15 p. 0/0 ou les 0,15 de 19ᶠ,40 = 19,40 × 0,15 = 2ᶠ,91. Il doit donc revendre chaque mouton 19ᶠ,40 + 2ᶠ,91 = 22ᶠ,31. Outre les 19ᴷᵍ,2 de viande, il vend : 1° 276 Dg ou 2ᴷᵍ,76 de suif à 0ᶠ,85 le Kg, pour 0ᶠ,85 × 2,76 = 2ᶠ,346; 2° 258 Dg = 2ᴷᵍ,58 de peau à 0ᶠ,75 le Kg pour 0ᶠ,75 × 2,58 = 1ᶠ,935; total, 4ᶠ,28. Je retranche 4ᶠ,28 de 22ᶠ,31 : il reste 18ᶠ,03 à retirer de la vente des 19ᴷᵍ,2 de viande. Chaque Kg devra être vendu 18ᶠ,03 : 19,2. Je divise (n° 76). *Rép.* : 0ᶠ,94.

MONNAIES.

255. Combien de fr. pèsent 1 Kg? Combien de pièces de 20 c., de 50 c., de 2 fr., de 5 fr., de pièces de billon de 5 c., de 2 c., de 1 c., de 10 c.?

1 fr. *d'argent monnayé* pèse 5 gr.; 20 c., 1 gr.; 50 c., 2ᵍ,5; 2 fr., 10 gr.; 5 fr., 25 gr. Il faut autant de fr. pour peser 1 Kg. ou 1000 gr. qu'il y a de fois 5 dans 1000; je divise. Je divise de même successivement 1000 par 1, par 2, 5, par 10 et par 25. *Réponses* : 200; 1000; 400; 100; 40.

1 c. de *monnaie de billon* pèse 1 gr.; 5 c., 5 gr., etc. Je divise donc encore 1000 par 5 par 2, par 1 et par 10. *Réponses* : 200; 500; 1000; 100.

256. Un sac qui pèse 0ᴷᵍ,2185 contient le plus possible de pièces de 5 fr., puis l'appoint en pièces de 2 fr., de 1 fr., de 50 c. et de 20 c. Combien de pièces de chaque valeur? *Rép.* 8 de 5 fr., 1 de 2 fr., 1 de 1 fr., 1 de 50 c., 1 de 20 c.

5 fr. pesant 25 gr., il y a autant de pièces de 5 fr. qu'il y a

de fois 25 gr. dans 0^{Kg},2185 = 218^g,5. Je divise 218,5 par 25 ;
je trouve 8 pièces de 5 fr. et 18^g,5 de reste. Dans ce reste, il y
a une pièce de 2 fr., 10 gr. ; une de 1 fr., 5 gr. ; une 50 c.,
2^g,5 ; et enfin une de 20 c., 1 gr.

257. Un baril plein de pièces de monnaie pèse brut 120^{Kg},734. Les pièces
de 5 fr. pèsent 30^{Kg},625 ; il y a 2000 pièces de 2 fr., 1000 de 1 fr.; les
pièces de billon pèsent 3^{Kg},800 ; le reste est en pièces d'or de 20 fr. Le fût
pèse 6^{Kg},709. On demande la valeur du billon, le nombre des pièces de 5 fr.
et celui des pièces de 20 fr.? *Rép.* 38 fr. ; 1225 p. de 5 fr. et 8463 de 20 fr.

Toute la monnaie pèse 120^{Kg},734 — 6^{Kg},709 = 114^{Kg},025.

La pièce de 5^f pesant 25 gr., il y a autant de pièces de 5 fr.
qu'il y a de fois 25 gr. dans 30^{Kg},625 = 30625 gr. ; je divise
et je trouve 1225 pièces (*). Les pièces de billon pesant
3^{Kg},800 = 3800 gr. valent 3800 c. ou 38 fr.

Il ne reste plus à trouver que le n. des pièces de 20 fr. je
cherche leur poids. Les pièces de 5 fr. pèsent 30^{Kg},625. Les 2000
pièces de 2 fr. pèsent 10 gr. × 2000 = 20000 gr. = 20 kilog.
1000 p. de 1 fr. pèsent 5 gr. × 1000 = 5000^g = 5 kilog. Le
billon 3^{Kg},800. J'ajoute tous ces poids ; total : 59^{Kg},425 que je
retranche de 114^{Kg},025. Le reste 54^{Kg},600 est le poids des
pièces de 20 fr. D'après le tableau du n° 115, une pièce de
20 fr. pèse 6^g,45161 ; j'aurai le n. des p. de 20 fr. en cherchant
combien de fois 6^g,45161 dans 54^{Kg},600 = 54600 gr. Je divise.

6,45161 n'étant qu'un poids approché, on ne trouve ce dernier n. qu'à une unité près. Pour trouver la dernière réponse,
il vaut mieux s'appuyer sur ce qui est dit dans l'Ex. 262.

A poids égal, la monnaie d'or vaut 15,5 fois plus que l'argent. 5 gr. d'argent valant 1 fr., 5 gr. d'or valent 15^f,5 et
1 gr. d'or vaut 15^f,5 : 5 = 3^f,1 ; par suite 54600 gr. d'or valent 3^f,1 × 54600 = 169260 fr. Pour avoir le nombre des
pièces de 20 fr., je divise 169260 par 20. *Rép. :* 8463.

258. Combien y a-t-il de Kg et de *g* d'étain, de zinc et de cuivre dans
cette monnaie : 39 décimes, 43 pièces de 5 c., 37 doubles centimes et 43 c.?

J'évalue le tout en centimes : 390 c. + 215 c. + 74 c. +
43 c. = 722 c. pesant 722 gr. Or d'après le n° 115, dans

(*) Ces *blancs*, que nous continuerons à employer, marquent la division
du raisonnement ou de la solution en parties principales. Ils indiquent des
pauses, des repos plus grands que ceux qu'indique un simple point (.).

100 gr. pesant de monnaie de cuivre, il y a 95 gr. de cuivre, 4 gr. d'étain et 1 de zinc; c'est-à-dire que dans cette monnaie le poids du cuivre vaut 0,95 du poids total, le poids de l'étain, 0,04, et celui du zinc, 0,01. Je multiplie donc 722 gr. par 0,95, par 0,04 et par 0,01. *Rép.* ; 685^g,9, 28^g,88 et 7^g,22.

259. Combien y a-t-il d'argent pur et combien de cuivre dans un sac qui renferme 275 pièces de 5 fr., 537 de 2 fr. et 896 de 1 fr.?

Il y a 275 pièces de 5 fr. valant 5 fr. $\times$ 275 = 1375 fr., plus 537 p. de 2 fr., valant 1074', plus 896 fr. ; j'additionne. Total 3345 fr. pesant 5 gr. $\times$ 3345 = 16725 gr..

Sur 10 gr. d'argent monnayé, il y a 9 gr. d'argent pur et 1 gr. de cuivre; c'est à-dire que les 0,9 d'un poids d'argent monnayé sont de l'argent pur, et 0,1 est du cuivre. Je prends donc les 0,9 et 0,1 de 16725 gr., et je trouve ces *Rép.* : 15052^g,5 d'argent pur et 1672^g,5 de cuivre.

260. Combien y a-t-il d'or pur, d'argent pur, de cuivre, d'étain et de zinc dans le baril dont il est question dans l'exercice 257?

Poids total de l'argent.: 30^{Kg},625 + 25^{Kg} = 55^{Kg},625 qui contiennent 55^{Kg},625 $\times$ 0,9 = 50^{Kg},0625 d'argent pur et 5^{Kg},5625 (le 10e) de cuivre.   Poids de l'or : 54^{Kg},6 qui contiennent 54^{Kg},6 $\times$ 0,9 = 49^{Kg},140 d'or pur, et 5^{Kg},46 de cuivre.

Poids du billon : 3^{Kg},8, qui contiennent 3^{Kg},8 $\times$ 0,95 = 3^{Kg},61 de cuivre, 3^{Kg},8 $\times$ 0,04 = 0^{Kg},152 d'étain et 3^{Kg},8 $\times$ 0,01 = 0^{Kg},038 de zinc.

On additionne les trois poids de cuivre; total 14^{Kg},6325.

Rép. : argent, 50^{Kg},0625; or, 49^{Kg},140; cuivre, 14^{Kg},6325; étain, 0^{Kg},152; zinc, 0^{Kg},038.

261. Évaluez en centimes la tolérance de poids sur les pièces d'argent (n° 117). *Rép.* 1^c,5; 1^c; 0^c,5; 0^c,35; 0^c,2.

Le franc pèse 5 gr.   Un gr. d'argent monnayé vaut le cinquième d'un fr. ou 20 c. La tolérance de 0^g,075 sur les pièces de 5' équivaut à 20 c. $\times$ 0,075 = 1^c,5.   Pour les pièces de 2', elle vaut 20^c $\times$ 0,05 = 1^c; etc. 1^c,5; 1^c; 0^c,5; 0^c,35; 0^c,2.

262. La monnaie d'or, à valeur égale, pèse 15,5 fois moins que la monnaie d'argent, et la monnaie de bronze 20 fois plus. Que pèsent 1000 fr. d'or? Quelle est la valeur du gramme d'or monnayé? Combien de pièces de 20 fr. pèsent un Kg.? Que pèsent 125 fr. de bronze?

1 fr. d'argent pèse 5 gr. ; 1000 fr. pèsent 5000 gr. ; 1000 fr. d'or monnayé pèsent $\dfrac{5000}{15,5} = \dfrac{50000}{155}$. Je divise 1ʳᵉ *rép.* : 322ᵍ,58.

A poids égal, l'or vaut 15,5 fois autant que l'argent; or 5 gr. d'argent valent 1 fr.; 5 gr. d'or valent 15ᶠ,5, et 1 gr. d'or 15ᶠ,5 : 5 = 3ᶠ,1. Par suite, 1 kilog. ou 1000 gr. d'or valent 3100ᶠ.

Je cherche combien il y a de pièces de 20ᶠ dans 3100ᶠ; 3100 : 20 = 155; 155 pièces de 20 fr. pèsent 1 kilog.

Bronze. 125 fr. = 12500 c.; chaque centime pèse 1 gr.; 12500 c. pèsent 12500 gr. = 12ᴷᵍ,500.

263. Combien d'or pur et combien de cuivre dans 6840 fr. en or?

3ᶠ,1 d'or pèsent 1ᵍ; 1ᶠ pèse 1ᵍ : 3,1 ; 6840ᶠ pèsent 6840ᵍ : 3,1 = 2206ᵍ.45. Les 0.9 de ce poids sont de l'or pur ; 2206,45 × 0,9 = 1985ᵍ, 805; l'autre 10ᵉ, 220ᵍ,645 est du cuivre.

264. Évaluer en centimes la tolérance du poids sur les pièces d'or (n°117)?

1 gr. d'or vaut 3ᶠ,1. On multiplie 3ᶠ,1 ou 310 c. par toutes les tolérances indiquées n° 117 pour les pièces d'or. *Rép.* : 9ᶜ,92; 4ᶜ,03; 1ᶜ,98; 1ᶜ,488.

265. Combien fera-t-on de pièces d'or de 20 fr. avec un morceau d'or pur pesant 2ᴷᵍ,430, et combien faudra-t-il ajouter de cuivre pour la fabrication?

Rép. 270ᵈ de cuivre; on fera 418 pièces de 20ᶠ et 1 de 10ᶠ.

Le poids de l'or pur, 2ᴷᵍ,430, compose les 0,9 du poids de l'alliage, dont on fait la monnaie; 0,1 de ce poids de l'alliage ou le poids du cuivre = 2ᴷᵍ,430 : 9 = 0ᴷᵍ,270. Le poids total de l'alliage = 2ᴷᵍ.700 gr. = 2700ᵍ. Nous savons que le gr. d'or monnayé vaut 3ᶠ,1 ; 2700 g. valent 3ᶠ,1 × 2700 = 8370 fr. Pour savoir le nombre des pièces de 20 fr., je divise par 20. Je trouve 418 pièces de 20 fr. et une de 10 fr.

266. Résoudre la même question pour le même poids d'argent converti en pièces de 5 fr. *Rép.* 108 pièces.

Une pièce de 5 fr. pèse 25 gr.; je divise 2700 par 25 pour avoir le n. de pièces de 5 fr. demandé. *Rép.* : 108 pièces.

267. On a mis 34 pièces de 2 fr. les unes à la suite des autres. Combien faut-il ajouter de pièces de 5 fr. pour faire une longueur de 2ᵐ,694? *R.* 48.

Les pièces de 2 fr. occupent une longueur de 27ᵐᵐ × 34 = 918 *mm.* Je retranche de 2ᵐ,694; il reste 1776 *mm.* pour les pièces de **5 fr.** On mettra autant de ces pièces qu'il **y a** de fois 37 *mm* dans 1776 *mm.*; Je divise. *Rép.* 48.

268. On met à la suite les unes des autres **2** pièces de **100ᶠ, 4** de **50ᶠ, 8** de **20ᶠ, 9** de **10ᶠ** et deux pièces d'or de **5ᶠ.** Combien faut-il ajouter de pièces d'argent de **2ᶠ** pour compléter une longueur de **1ᵐ,23?**

Je prends le tableau du n° 115, et je trouve pour les 2 p. de 100ᶠ, 35 × 2 = 70 *mm.*; pour les 4 de 50 fr., 28ᵐᵐ × 4 = 112ᵐᵐ; pour les 8 de 20 fr., 21ᵐᵐ × 8 = 168ᵐᵐ; pour les 9 de 10 fr., 19ᵐᵐ × 9 = 171 *mm*, et enfin pour les 2 de 5 fr., 17ᵐᵐ × 2 = 34ᵐᵐ. J'ajoute toutes ces longueurs; *total* 555ᵐᵐ Je retranche de 1ᵐ,23 = 1230 *mm*; il reste 675 *mm.* Pour occuper cette longueur, il faut autant de pièces de 2 fr. qu'il y a de fois 27ᵐᵐ dans 675ᵐᵐ; Je divise. *Rép.* : 25.

269. Le diamètre d'une pièce de 5 fr. est 37 *mm.* Le budget des dépenses de la France pour 1862 est 1969769030 fr. Évaluer en K*m*, la longueur d'une suite de pièces de 5 fr. équivalant à cette somme, placées à la file et au contact les unes des autres. *Rép.* 14576ᴷᵐ291ᵐ.

Il y a autant de pièces de 5 fr. qu'il y a de fois 5 dans 1969769030 fr.; je divise, et je trouve, 393953806 p. de 5 fr. qui occupent une longueur égale à 37ᵐᵐ × 393953806 = 14576290822ᵐᵐ = 14576ᴷᵐ290ᵐ822ᵐᵐ.

270. Quelle serait en kilom. la hauteur d'une pile composée des mêmes pièces, chacune ayant 2ᵐᵐ,5 d'épaisseur? *Rép.* 984ᴷᵐ884ᵐ515ᵐᵐ.

Cette hauteur = 2ᵐᵐ,5 × 393953806 = 984884515ᵐᵐ.

271. Combien faudra-t-il de mulets pour porter ces pièces en chargeant chaque mulet de 225 K*g*? Combien en faudrait-il pour porter la même somme en pièces d'or? 1ʳᵉ *rép.* 43773 mulets. 2ᵉ *rép.* 2824 mulets.

Chaque fr. pesant 5 gr., le buget pèse 5ᵍ × 1969769030 = 9848845ᴷᵍ,150. Autant de fois 225 K*g* dans ce poids, autant de mulets; je divise.

2° La même somme en or pesant 15,5 moins le nombre des mulets nécessaires sera 43773 : 15, 5 = 2824 à 1 près.

Unités de temps et parties de la circonférence.

Toutes les opérations qui suivent se font et s'expliquent comme les opérations analogues du texte que nous avons expliquées **avec détail** n° 123 *bis*. Voy. ces explications et opérez exactement de la même manière.

272.

	25^j	19^h	15^m	42^s		3^j	17^h	36^m	25^s
	37	7	43	37		19	8	34	56
	19	22	38	45		35	14	28	39
	9	15	27	19		7	13	8	17

65 | 24   92   17   5   23   53 | 24   66   5   48   17
   | 2   5 | 2

273. Soustractions.

41					30						
24^j	17^h	42^m		52^j	6^h	59^m	60^s		1^j	23^h	59^m 60^s
17	19	43	17^s	37	13	49^m	54^s			17^h	13^m 42^s
6	21	58	43	14	17	10	6		1	6	46 18

Remarque. En posant ces deux dernières soustractions, nous avons remplacé pour plus de commodité 7^h par 6^{h}59^{m}60^s et 2^j par 1^{j}23^{h}59^{m}60^s.

274. Combien s'est-il écoulé de jours, d'heures et de minutes depuis le 7 avril 1861 à 7^h 23^m du matin jusqu'au 18 août 1861 à midi? (V. l'Ex. 56.)

On compte ainsi : du 7 avril au 7 mai, 30 j. ; au 7 juin, 31 j. ; au 7 juillet, 30 j. ; au 7 août, 31 j. ; au 18 août, 11 j. On écrit à mesure tous ces nombres de j. les uns sous les autres, et on additionne; total 133 j. jusqu'au 18 août à 7^{h}23^m du matin. De 7^{h}23^m à midi, il y a encore 12^h — 7^{h}23^m = 4^{h}37^m. *Total :* 133^{j}4^{h}37^m.

275. Combien s'est-il écoulé de jours, d'heures et de minutes depuis le 7 février 1861 à 3^h 49^m du matin jusqu'au 8 mai 1862 à 7^h 28^m du soir?

Du 7 février 1861 au 7 février 1862, 365 j. ; au 7 mars, 28 j. ; au 7 avril, 31 j. ; au 7 mai, 30 j. ; au 8 mai, 1 j. On écrit tous les n. de j. à mesure qu'on les dit, et on additionne; total 455^j jusqu'au 8 mai à 3^{h}49^m du matin. Puis on retranche 3^{h}49^m de 19^{h}28^m (parce qu'à 7^{h}28^m du soir, il est 12^h+7^{h}28^m de la journée); il reste 15^{h}39. *Rép. :* 455^j 15^h 39^m.

Supposons l'inverse : du 7 février 1861 à 7^{h}28^m du soir au 8 mai 1862 à 3^{h}49^m du matin. Dans ce cas on compte les jours jusqu'à la veille, 7 mai 1862 à 7^{h}28 du soir; total 454^j. On compte ensuite, de 7ʰ 28ᵐ du soir à minuit, 12ʰ — 7ʰ 28ᵐ = 4ʰ 32ᵐ; de minuit à 3ʰ49ᵐ du matin. 3ʰ49 de plus; total, 4ʰ32ᵐ + 3ʰ49ᵐ = 8ʰ 21ᵐ. *Total général* : 454ʲ 8ʰ 21ᵐ.

276. Un train de chemin de fer qui parcourt en moyenne 45 K*m* par heure part de Paris à 8ʰ 13ᵐ du soir. A quelle heure précise arrivera-t-il à une station située à 582 K*m* de Paris ? (*Division.*)

Je cherche la durée du trajet. Le train fait un K*m* dans la 45ᵉ partie d'une heure, et 582 Km dans la 45ᵉ partie de 582 heures; je divise et je trouve au quotient 12 heures. Il reste 42 h. que je convertis en minutes en les multipliant par 60 ; puis je divise; le quotient est 56 minutes. Le trajet dure 12ʰ56ᵐ. De 8ʰ15ᵐ du soir à minuit, il s'écoule 12ʰ — 8ʰ15ᵐ = 3ʰ45ᵐ; je retranche ces 3ʰ45ᵐ de 12ʰ56ᵐ; il reste 9ʰ11ᵐ. Le train est arrivé à 9ʰ11ᵐ du matin.

277. *Additions* (voyez l'explication, n°123 *bis*, 2ᵉ addition).

37° 49′ 53″			49° 37′ 43″	
84 52 37			37 48 29	
76 25 46			43 31 17	
39 17 28			96 58 35	
238° 25′ 44″			227° 56′ 4″	

278. *Soustractions* (voyez de même, n° 123 *bis*, 2ᵉ soustraction).

45° 28′ 51″	76° 31′ 60″	179° 59′ 60″
37 19 30	49 19 35	119 28 37
8° 9′ 21″	27° 12′ 25″	60° 31′ 23″

89° 59′ 60″	99° 59′ 60″
46 43 56	49 19 35 ,7
43° 16′ 4″	50° 40′ 24″,3

Pour soustraire, nous avons décomposé 32′ en 31′60″; 180° en 179° 59′60″; 90° en 89°59′60″ et 100° de même. C'est plus commode.

Multiplications. Voyez les multiplications analogues, pages 79 et 89 du texte, pour l'explication détaillée et la marche à suivre textuellement.

270. 1° Combien valent 6 arcs de 19° 43′ 17″ plus 3 arcs de 37° 19′ 47″?

2° Multiplier 187ʲ 16ʰ 43ᵐ 37ˢ par 8 ; 57ʲ 22ʰ 53ᵐ 52ˢ par 9.

3° Multiplier 248ʲ 19ʰ 47ᵐ 42ˢ par 137 ; 37ʲ 15ʰ 27ᵐ 43ˢ par 85. On extraira les années de 365 jours.

4° Dans son mouvement apparent une étoile décrit une circonférence en 24ʰ. Quel est l'arc décrit en 7ʰ 28ᵐ 34ˢ?

```
1°   19° 43′ 17″        37° 19′ 47″      187ʲ 16ʰ43ᵐ37ˢ
      6                   3      |              8
    ─────────         ──────────  |      ───────────────
    118  19  42       111° 59′ 21″ |     1501ʲ13ʰ48ᵐ56ˢ
    111  59  21                    |     133| 24   1501 | 365
    ─────────                      |      13| 5      41 |4ᵃⁿˢ 41ʲ13ʰ48ᵐ56ˢ
    230° 17′  3″                   |                       (2ᵉ Rép.)
    (1ʳᵉ Rép.)
                         57ʲ22ʰ53ᵐ52ˢ
                             9
                        ─────────────
                        521ʲ14ʰ4ᵐ48ˢ
           206 | 24    521 | 365
            14 |  8    156 |1ᵃⁿ156ʲ14ʰ4ᵐ48ˢ. (3ᵉ Rép.)

        248ʲ    19ʰ          47ᵐ        42ˢ
        137
    ─────────────────────────────────────────────────────
        112     108          95         274
       1736    1233         959         548        34088 | 365
        744     137         ────        ─────       1238 | 93
        248    ─────        548         575.4        143 |
       ─────   2711 |24     ─────       44ˢ
       34088ʲ    31 |(*)    653.4
                 71         54ᵐ
                 23
```

1ᵉʳ *Produit.* 93ᵃⁿˢ 143ʲ 23ʰ 54ᵐ 54ˢ (4ᵉ *Rép.*)

2ᵉ *Produit.* (37ʲ 15ʰ 27ᵐ 43ˢ) × 85 = 18ᵃⁿˢ 279ʲ 8ʰ 15ᵐ 55ˢ. (5ᵉ *Rép.*)

4° *Mouvement de l'étoile.* Elle parcourt 360° en 24ʰ ; en *une heure* 360° : 24 = 15° ; en 4 *minutes* (15ⁱᵉᵐᵉ d'une heure), 1° ;

En 4ˢ (soixantième de 4ᵐ), 1′. D'après cela, je dis : en 7 h., l'étoile parcourt 15° × 7 = 105°. Je divise 28 par 4, il y est 7

(*) Le quotient de 2711 par 24 qui est 112, s'écrit à mesure sous les jours. V. page 80 (2ᵉ multiplication.)

fois ; en **28 m.**, ou 7 fois **4ᵐ**, l'étoile parcourt 7 fois **1°** ou **7°**.

Je divise **34 s.** par **4**; 8 fois, et un reste **2.** En 8 fois **4 s.**, l'étoile parcourt **8'** ; en **2 s.** elle parcourt la moitié d'une ' ou de **60″**, c'est-à-dire **30″.** Additionnons. L'étoile parcourt 105° + 7° + 8' + 30″ = 112°8'30″.

Ex. 280. 1° Diviser 492ʲ 14ʰ 45ᵐ 40ˢ par 8 ; 54ʲ 19ʰ 34ᵐ par 7.

2° Quel est le 8ᵉ de l'arc de 49° 53' 24″?

3° Dire à une seconde près l'arc contenu 17 fois dans la circonférence?

4° On demande le nombre des degrés, minutes, secondes, contenus dans 7 arcs dont chacun est le 23ᵉ de la circonférence.

5° Un ouvrier a tissé un certain nombre de mètres de toile en 176ʲ 19ʰ 43ᵐ. Combien 42 ouvriers mettront-ils de j., h., m., s. à tisser le même nombre de mètres ?

Réponses : 1° 64ʲ13ʰ50ᵐ42ˢ,5 ; 7ʲ19ʰ56ᵐ17ˢ 2° 6°14'10″,5
3° 21°10'35″ ; 4° 109°33'54″ 5° 4ʲ5ʰ2ᵐ27ˢ.

On pose et on effectue les deux divisions, 1°, comme celle de la page 81 ; on suit la même marche pas à pas. La division, 2°, s'effectue d'une manière analogue ;

```
360 | 17
 20 | ‾‾‾‾‾‾‾‾
  3 | 21°10'35″
 60
‾‾‾‾
180
 10
 60
‾‾‾‾
600
 90
  5
```

3° On divise 360° par 17, et on évalue le quotient en °, ', ″. V. l'opération ci-contre ;

4° 7 fois la 23ᵉ partie de 360°, c'est la même chose que la 23ᵉ partie de 7 fois 360°. On multiplie donc 360° par 7 et on divise le produit 2520° par 23, en évaluant le quotient en °, ', ″;

5° 42 ouv. mettront 42 fois moins de temps qu'un ouvrier, c'est-à-dire la 42ᵉ partie de 176ʲ19ʰ43ᵐ. On divise par 42 en suivant la même marche qu'à la page 81.

1ʳᵉ **Remarque.** Dans la division de 360° par 17, étant arrivé au reste 3, je dis : il reste 3° qui valent 3 fois 60'. Je multiplie donc 3 par 60, ce qui me donne 180', que je divise par 17; le quotient est 10', et il reste 10' qui valent 10 fois 60″. Je multiplie donc 10 par 60, ce qui me donne 600″ que je divise par 17; le quotient est 35″.

On opère ainsi dans toute division dont le quotient doit être évaluée en °, ', et ″.

— 69 —

```
626 | 17
116 | 36ʲ19ʰ45ᵐ52ˢ
 14 |
 24
 ――
 56
 28
 ――
336ʰ
166
 13
 60
 ――
780ᵐ
100
 15
 60
 ――
900ˢ
 50
 16
```

2ᵉ Remarque. On opère d'une manière analogue quand le quotient de deux nombres entiers doit être évalué en j., h., m. et s. Par ex., celui de 626 par 17. On regarde le quotient comme étant la 17ᵉ partie de 626 j. Je divise.

Étant arrivé au reste 14, je dis : il reste 14 j. qui valent 14 fois 24 h. Je multiplie donc 14 par 24, ce qui donne 336 h. que je divise par 17; le quotient est 19 h. Il reste 13 h. qui valent 13 fois 60 m. Je multiplie donc 13 par 60; ce qui donne 780 m. que je divise par 17. Le quotient est 45 m.

Il reste 15 m. qui valent 15 fois 60 s. Je multiplie 15 par 60 ; ce qui donne 900 s. que je divise par 17.

Nous renverrons à cette explication dans tous les cas semblables.

281. Simple moyen pour savoir l'heure moyenne exacte et régler les horloges dans les villes ou dans les villages.

Il suffit de connaître la longitude géographique qu'on peut voir d'ailleurs sur les cartes, et l'heure indiquée par le cadran de la station de chemin de fer la plus voisine qu'on peut aisément se procurer. En ajoutant 5 minutes à cette heure, on a l'heure moyenne de Paris (*).

1° *Un lieu est à l'Est de Paris ; sa longitude est* 3° 48' *et l'heure d'une montre réglée sur le cadran du chemin de fer est* 9ʰ 24'. *Quelle heure est-il dans le lieu en question?*

L'heure du chemin de fer *à l'intérieur vis-à-vis de la voie* est toujours de 5 minutes en retard sur l'heure moyenne vraie de Paris; il est donc à Paris 9ʰ 29'.

Règle. On multiplie le nombre des degrés de la longitude par 4; 3×4=12; ce produit est un nombre de minutes à ajouter à l'heure de Paris. On multiplie aussi par 4 le nombre de minutes de la longitude ; 48×4=192; ce 2ᵉ produit est un nombre de secondes de temps à ajouter également à l'heure de Paris; 192ˢ=3ᵐ 12ˢ. On ajoute donc 12ᵐ+3ᵐ+12ˢ, total 15ᵐ 12ˢ, à l'heure de Paris. L'heure moyenne du lieu est 9ʰ 44ᵐ 12ˢ.

2ᵉ Cas. *Le lieu est à l'Ouest de Paris; sa longitude est* 3° 48'. On fait les mêmes multiplications. Mais au lieu d'ajouter 15ᵐ 12ˢ à l'heure de Paris, on les retranche. 9ʰ 29ᵐ—15ᵐ12ˢ=9ʰ 13ᵐ 48ˢ. L'heure du lieu est 9ʰ13ᵐ 48ˢ.

282. Questions. Dites la manière de régler, d'après l'heure du chemin de fer, l'horloge d'un lieu situé à 6° 42' de longitude *Ouest* de Paris.

Suivant la règle, je multiplie le n. de degrés 6 par 4; produit 24 m.; puis le n. des ',42, par 4; produit 168' dont j'extrais les m en divisant par 60: je trouve 2^{m}48', total 26^{m}48'.

Le lieu étant à l'Ouest de Paris, son heure retarde de 26^{m}48' sur celle de Paris. On prend l'heure du chemin de fer; on l'augmente de 5 m.; puis on retranche 26^{m}48'. Supposons par ex. : que l'heure du chemin de fer soit 5^{h}41^m; l'heure de Paris est alors 5^{h}46 m. Je retranche 26^{m}48'; il reste 5^{h}19^{m}12' qui est l'heure du lieu.

282. Même question pour un lieu dont la longitude est 4° 19' *Est*.

Je dis de même $4 \times 4 = 16$; 16 m.; $19 \times 4 = 76$; 76' = 1^{m}16'; total 17^{m}16' d'avance sur Paris, puisque le lieu est à l'Est de Paris. On avance donc l'heure du chemin de fer de 5 m.; ce qui donne l'heure de Paris; puis on ajoute 17^m 16', et on a l'heure du lieu.

284. La montre d'un voyageur qui vient de Paris avance de 26^m sur l'heure moyenne exacte d'une ville; quelle est la longitude de cette ville?

Je divise 26 par 4; en 26, il y a 6 fois 4^m et 2^m de reste; 6 fois 4^m correspondent à une longitude de 6°. Les 2 m. de reste valent 120'; divisons par 4; le quotient est 30; 30 fois 4' correspondent à 30' de longitude. Total : 6° 30' de longitude Ouest, puisque l'heure du lieu est en retard sur l'heure de Paris. *Rép. : 6° 30' Ouest.*

285. L'horloge d'un village, dont la longitude est 3° 52' *Est*, marque 7^h 30^m quand une montre mise à l'heure du chemin de fer marque 7^h 15^m. L'horloge marque-t-elle bien l'heure moyenne exacte du village?

Je cherche l'heure exacte du lieu; 3° donnent 4$^m \times 3 =$ 12 m ; 52' donnent 4' $\times$ 52 = 208' = 3^{m}28'; total 15^{m}28'. L'heure de Paris est 7^{h}20^m. Le lieu étant à l'Est, il faut ajouter les 15^{m}28'; total 7^{h}35^m 28'. L'horloge est en retard de 5^{m}28'; il faut l'avancer d'autant.

EXERCICES SUR LE PLUS GRAND COMMUN DIVISEUR.

286. Trouver le p. g. c. d. de 13268 et 20116. *Rép.* 428.

287. — de 23220 et 36180; *id.* de 241164 et 186732.

288. — de 813276 et 1277400; *id.* de 186984 et 130536.

Il n'y a qu'à appliquer la règle du n° 140.

Ex. 287. 1ʳᵉ *Rép.* : 540 ; 2ᵉ *Rép.* : 756.

Ex. 288. 1ʳᵉ *Rép.* : 12 ; 2ᵉ *Rép.* : 3528.

Exercices sur le plus petit multiple commun.

289. Trouver le plus petit multiple commun de 6552, 9240 et 14040.

6552	9240	14040	2	Nous mettons le tableau complet du calcul de la décomposition en facteurs premiers de l'ensemble des nombres proposés. L'explication détaillée du tableau semblable, n° 145 de l'arithmétique, fera très bien comprendre le présent calcul. Il est inutile de répéter cette explication. Le plus petit mult. com. $= 2^3 \times 3^3 \times 5 \times 7 \times 11 \times 13 = 1081080$.
3276	4620	7020	2	
1638	2310	3510	2	
819	1155	1755	3	
273	385	585	3	
91		195	3	
		65	5	
	77	13	7	
13	11		11	
	1		13	
		1		
1				

290. Trouver le plus petit multiple commun de **2880, 9180 et 7560** ; 2° de **570,4800, et 11172.**

1ʳᵉ *Réponse* : $2^6 \times 3^3 \times 5 \times 7 \times 17 = 1028160$;

2ᵉ *Réponse* : $2^6 \times 3 \times 5^2 \times 7^2 \times 19 = 4468800$.

SIMPLIFICATION DES FRACTIONS.

OBSERVATION IMPORTANTE. Nous avons adopté, en général, cette manière d'écrire les fractions : 5/7, 19/24, afin d'épargner la place dans ce volume. Nous prions le lecteur de s'y habituer. Mais il est plus élégant d'écrire ainsi : $\frac{5}{7}, \frac{19}{24}$.

Réduisez à leurs plus simples expressions les fractions suivantes :

291. 5320/6440 ; 10948/14756 ; 88208/126352 ; 179452/191828.

291 *bis*. 141696/162432 ; 5796/9324 ; 77376/104832.

292. 120/280 ; 2475/3645 ; 1980/2178 ; 1764/2160.

293. 3588/5792 ; 67830/103530 ; 66816/125456 ; 207636/282172.

Réponses. Fractions simplifiées.

Nous les avons trouvées en suivant exactement la règle du n° 158.

Ex. 291. 19/23 ; 23/31 ; 37/53 ; 29/31.
Ex. 291 *bis.* 41/47 ; 23/37 ; 31/42.
Ex. 292. 3/7 ; 55/81 ; 10/11 ; 49/60.
Ex. 293. 897/1448 ; 19/29 ; 4176/7841 ; 39/53.

RÉDUCTION AU MÊME DÉNOMINATEUR.

294. 2/3, 7/8, 11/12, 17/24, 19/36, 29/40, 129/360.

On essaye successivement la division de 360 par les autres dénominateurs. Il est divisible par tous. On le prend pour dénominateur commun et on applique la règle du n° 160.

Réponses : $\dfrac{240}{360}$, $\dfrac{315}{360}$, $\dfrac{330}{360}$, $\dfrac{255}{360}$, $\dfrac{190}{360}$, $\dfrac{261}{360}$, $\dfrac{129}{360}$.

295. 11/12, 3/4, 7/9, 11/15, 17/27, 31/36, 19/20. 23/30.

J'essaye la division du plus grand dénominateur 36 par les autres dénominateurs. Il est divisible par 12, par 4 et par 9.

J'essaye la division de 30 (le plus grand dénom'. après 36) par les dénom. qui ne divisent pas 36. Il est divisible par 15.

D'après cela, laissant de côté 12, 4, 9 et 15, je cherche le plus petit multiple commun de 27, 36, 20 et 30 d'après la méthode du n° 145. Je trouve ainsi 540 que je donne pour dénom. commun en appliquant la règle du n° 160.

Rép. : $\dfrac{495}{540}$, $\dfrac{405}{540}$, $\dfrac{420}{540}$, $\dfrac{396}{540}$, $\dfrac{340}{540}$, $\dfrac{465}{540}$, $\dfrac{513}{540}$, $\dfrac{414}{540}$.

On suit exactement la même marche dans les exercices suivants.

296. Ranger par ordre de grandeurs croissantes :
1° 5/6, 2/3, 19/24, 7/8, 19/42, 16/27, 6/7, 3/4, 17/21.
297. 2° 5/9, 3/4, 7/12, 11/15, 19/28, 31/36, 13/20, 31/42,

Réponses. Le lecteur rangera lui-même par ordre de grandeurs croissantes les fractions que nous plaçons dans l'ordre où elles sont proposées.

Ex. 296.

$$\frac{1260}{1512}, \ \frac{1008}{1512}, \ \frac{1197}{1512}, \ \frac{1323}{1512}, \ \frac{684}{1512}, \ \frac{896}{1512}, \ \frac{1296}{1512}, \ \frac{1134}{1512}, \ \frac{1224}{1512}.$$

Ex. 297. $\dfrac{700}{1260}, \ \dfrac{945}{1260}, \ \dfrac{735}{1260}, \ \dfrac{924}{1260}, \ \dfrac{855}{1260}, \ \dfrac{1085}{1260}, \ \dfrac{819}{1260}, \ \dfrac{930}{1260}.$

ADDITION DES FRACTIONS.

298.

5	3/8	135/360
19	5/12	150
21	3/10	108
	8/9	320
17	3/18	60
64	53	773/360
	360	53/2

299.

3	5/6	1820/2184
15	8/13	1344
19	3/4	1638
11	3/8	819
81	15/28	1170
23	5/7	1560
155	1799	8351/2184
	2184	1799/3

REMARQUE. Dans une pareille addition, il suffit d'écrire les numérateurs des nouvelles fractions à mesure qu'on les obtient, en n'écrivant qu'une fois le dénominateur commun. Nous conseillons cette disposition du calcul.

300. Quel est le nombre qui surpasse de 5/8 la somme 3/4 + 1/3 + 4/15?

Ce nombre est évidemment $\left(\dfrac{3}{4} + \dfrac{1}{3} + \dfrac{4}{15}\right)$ plus $\dfrac{5}{8}$. Il faut additionner ces quatre fractions. *Rép.* : 237/120 = 79/40.

301. On achète le quart de 15 mètres, le septième de 24 mètres, et le huitième de 21 mètres. Combien en tout?

D'après le n° 152, le quart de 15 ou le quotient de 15 par 4 est 15/4; de même le 7ᵉ de 24 est 24/7; etc. On a donc acheté $\left(\dfrac{15}{4} + \dfrac{24}{7} + \dfrac{21}{8}\right)$ de mètre. Il faut additionner ces trois fractions. *Rép.* : 9ᵐ45/56.

302. Trois robinets versent de l'eau dans un bassin. Le premier le remplirait seul en 4 heures, le deuxième en 5 heures, et le troisième en 6 heures. Quelle est la partie du bassin remplie en 1 heure? *Rép.* 37/60.

Le 1ᵉʳ robinet qui remplirait tout le bassin en 4 h., remplit seul en une heure le quart du bassin, 1/4. Le 2ᵉ remplit seul en une heure 1/5 du bassin. Le 3ᵉ remplit seul en une heure 1/6 du bassin. A eux trois, ils remplissent en une heure (1/4+1/5+1/6) du bassin; on additionne les trois fractions.

303. On a ensemencé 3/8 d'Ha avec 5/6 d'Hl de blé, 5/7 d'Ha avec 1ᴴˡ 1/3, 2ₕₐ 1/2 avec 4ᴴˡ 1/5. Trouver l'étendue des champs ensemencés et la quantité de blé employée. *Rép.* : 3ᴴᵃ 33/56 et 6ᴴˡ 11/30.

On additionne d'une part les Ha et les fractions d'Ha. *Total* : 3ᴴᵃ33/56, de l'autre, les Hl et les fractions d'Hl. *Total* : 6ᴴˡ11/30.

304. Une troupe d'ouvriers ferait un ouvrage en 5 jours, une autre en 8 jours. Quelle partie de l'ouvrage sera faite en 1 jour par la moitié de la première troupe jointe au tiers de la seconde?

La moitié de la 1ʳᵉ troupe ferait à elle seule tout l'ouvrage en 10 j., et par suite ferait en un jour 1/10 de l'ouvrage. Le tiers de la 2ᵉ troupe ferait tout l'ouvrage en 24 j., et par suite 1/24 en 1 j. La partie demandée est donc égale à (1/10+1/24)=17/120 de l'ouvrage en question.

Soustractions et additions de fractions.

Ex. 305.	17/20 153/180;	34/45 68/90	153/250	612/1000.
	7/9 140	19/30 57	413/1000	413
Restes	13/180	11/90		199/1000.

Nous n'écrivons qu'une fois chaque dénominateur commun.

Ex. 306.	24 3/4 9/12		94 481 20/27 40/54.
	19 5/12 5		253 17/18 51/54.
Restes	5 4/12		227 43/54.

Ex. 307	57 48 1/2 19/38	63 15 3/4 27/36	27 38/38.
	37 15/19 30/	2 8/9 32/	19 17/38.
Restes.	10 27/38	12 31/36	8 21/38.

308. J'ai fait 1/3+1/4+1/20+7/60 de mon ouvrage. Quelle partie ai-je encore à faire?

Je réduis les fractions au même dén' : 20/60, 15/60, 3/60,

7/60, et je les additionne; *total* 45/60. L'ouvrage étant supposé divisé en 60 parties égales, 60/60, j'ai fait 45 de ces parties; il me reste à faire 60 — 45 = 15 parties; 15/60.

309. Un marchand a acheté : 1° 15ᵐ3/8 d'étoffe; 2° 18ᵐ4/5; 3° 21ᵐ9/10. Il en a revendu à une personne 7ᵐ4/9; à une seconde 12ᵐ1/2; à une troisième 7ᵐ3/4. Combien lui en reste-t-il? *Rép.* 28ᵐ137/360.

J'additionne d'une part les n. de mètres achetés (*Total* 56ᵐ 3/40); d'autre part, les n. de *m.* vendus (*Total* 27ᵐ25/36). Je soustrais la 2ᵉ somme de la 1ʳᵉ. *Reste* 28ᵐ 137/360.

310. Un tapissier emploie 4ᵐ 15/28 de velours et en vend 19ᵐ 3/4 pris sur une pièce de 30 mètres. Combien lui en reste-t-il? *Rép.* 5ᵐ.5/7.

Le velours vendu et le velours employé ont été retirés des 30 *m.* Je les additionne et je retranche la somme de 30 *m.*

311. Des ouvriers doivent faire un ouvrage en 8ʲ 3/4 en travaillant 8 h. par jour. Quelle partie de l'ouvrage ont-ils encore à faire après 5ʲ 1/2 de travail?

Je retranche 5 1/2 de 8 3/4; il reste 3 1/4 = 13/4. C'est-à-dire que les ouvriers, après 5ʲ 1/2, travailleront encore pendant 13/4 de j. Or tout l'ouvrage devant être fait en 8ʲ3/4 = 35/4 de j., les ouvr. font en 1/4 de j. 1/35 de l'ouvrage; en 13/4 de j., ils feront 13/35. C'est la partie demandée.

ADDITION, SOUSTRACTION, ET MULTIPLICATION DES FRACTIONS.

312. J'avais 300ᶠ; j'en ai dépensé le tiers, le quart et les 2/5. Combien me reste-t-il?

Je réduis les fractions au même dénʳ : 20/60, 15/60, 24/60. Mon avoir étant supposé divisé en 60 parties égales, 60/60, j'ai dépensé 20 + 15 + 24 = 59 de ces parties. Il me reste une partie, 1/60. Or, 1/60 de 300ᶠ = 300 : 60 = 5ᶠ. Il me reste 5 fr.

313. J'ai eu 2ˡ 3/5 de vin pour 1ᶠ. Combien aurai-je de litres pour 28ᶠ?

J'aurai 28 fois 2ˡ 3/5; je multiplie : 13/5 × 28 = 364/5 = 72ˡ 4/5.

314. Les 2/5 d'un champ sont plantés en froment, les 3/8 en vignes, le reste en pommes de terre. L'étendue du champ est de 2ᴴᵃ,5; on demande l'étendue de chaque plantation. *Rép.* 1ᴴᵃ; 0ᴴᵃ,9375 ; 0ᴴᵃ,5625.

Les 2/5 de 2ᴴᵃ,5 = 2/5 × 2,5 = 5 : 5 = 1ᴴᵃ. Les 3/8 de 2ᴴᵃ,5 =

$2,5 \times 3/8 = 7,5 : 8 = 0^{Ha},9375$. La 1ʳᵉ plantation est d'un Ha ; la 2ᵉ, $0^{Ha},9375$. Total. $1^{Ha}, 9375$. La 3ᵉ plantation comprend le reste du champ, $2^{Ha},5 - 1^{Ha},9375 = 0^{Ha},5625$.

315. Un robinet verse dans un bassin 12 litres d'eau en 8 minutes ; un second, 8 litres en 3 minutes ; un troisième, 15 litres en 8 minutes. On les laisse tous les trois ouverts pour une heure. Combien y a-t-il d'eau dans le bassin. *Rép.* 362ˡ 1/2.

Le 1ᵉʳ robinet verse 12/8 de l en 1 m., et $\dfrac{12 \times 60}{8} = \dfrac{720}{8} = 90^l$ en 1ʰ. Le 2ᵉ verse 8/3 de l en 1ᵐ, et $8/3 \times 60 = 160$ l en 1ʰ. Le 3ᵉ, 15/8 de l en 1ᵐ, et $15/8 \times 60 = 112^l$ 1/2 en 1ʰ. J'additionne ces trois nombres de litres.

316. Quelqu'un qui a acheté une propriété a payé les 2/3 des 3/4 des 9/8 du prix d'achat ; il a donné 77958ᶠ. Combien redoit-il ?

Les $\dfrac{2}{3}$ des $\dfrac{3}{4}$ des $\dfrac{9}{8} = \dfrac{9}{8} \times \dfrac{3}{4} \times \dfrac{2}{3} = \dfrac{9 \times 3 \times 2}{8 \times 4 \times 3} = \dfrac{9}{16}$.

En effet, les 3/4 de 9/8 $= 9/8 \times 3/4$ (par définition **n° 167**) ; les 2/3 de ces 3/4 valent donc $\left(\dfrac{9}{8} \times \dfrac{3}{4} \right) \times \dfrac{2}{3} = \dfrac{9}{16}$.

Le prix d'achat étant supposé divisé en 16 parties égales, le particulier en a payé 9. Il lui en reste 7 à payer, 7/16. Mais les 9/16 payés valent 77958ᶠ ; 1/16 vaut 77958ᶠ : $9 = 8662^l$: les 7/16 à payer valent $8662^f \times 7 = 60634$ fr.

317. Un marchand a acheté 75ᵐ,40 de drap à 19ᶠ,75 le mètre. Les 4/5 du prix d'achat ont été payés avec du drap à 12 fr. le mètre, et le reste avec de l'argent. On demande 1° le nombre de mètres du 2ᵉ drap livrés par l'acheteur ; 2° la somme payée en argent. *Rép.* 1° 99ᵐ,28 ; 2° 297ᶠ,83.

75ᵐ,40 de drap, à 19ᶠ,75 le m, valent $19^f,75 \times 75,40 = 1489^f,15$. Les 4/5 de ce prix valent $1489^f,15 \times 4/5 = 1489^f,15 \times 4 : 5 = 1191^f,32$. Autant de fois 12ᶠ dans 1191ᶠ,32, autant l'acheteur a donné de m de drap. Je divise, et je trouve 99ᵐ,28 (1ʳᵉ *réponse*). La somme payée en argent est $1489^f,15 - 1191^f,32 = 297^f,83$.

PROBLÈMES DIVERS SUR LES FRACTIONS.

ABRÉVIATIONS. Fractions, f. ; dénominateur, d' ; numérateur, nʳ.

318. J'ai dépensé 1/3, 1/4 et 1/5 de ce que j'avais; il me reste 65 fr. Quel était mon avoir? *Rép.* 300 fr.

Je réduis les f. au même d^r; 20/60, 15/60, 12/60. Mon avoir étant supposé divisé en 60 parties égales, 60/60, j'ai dépensé 20, puis 15, puis 12 de ces parties, total 47 parties sur 60. 60 — 47 = 13; il me reste 13 de ces parties, 13/60 qui valent 65^f; 1/60 vaut la 13e partie de 65 fr. (je divise); 65 : 13 = 5. 1/60 de mon avoir valant 5 fr., les 60/60 ou l'avoir entier = 5^f × 60 = 300 fr.

319. Un particulier, qui a dépensé les 2/3, plus 1/15, plus les 8/9 de son avoir primitif, s'est endetté de 147^f,28. Quel était son avoir?

Je réduis les f. au même d^r, et je trouve 30/45, 3/45, 40/45. L'avoir primitif du particulier étant supposé divisé en 45 parties égales, 45/45, il a dépensé l'équivalent de 30, puis de 3, puis de 40 de ces parties (30 + 3 + 40 = 73), en tout l'équivalent de 73 parties, 73/45. Il n'avait que son avoir composé de 45/45; il a donc dû emprunter l'excédant 73 — 45 ou 28/45. Or, il a emprunté 147^f,28; les 28/45 de son avoir primitif valent donc 147^f,28; 1/45 vaut la 28e partie ou 147^f,28 : 28 = 5^f,26 (je divise). 1/45 de son avoir valant 5^f,26, les 45/45 ou son avoir tout entier = 5^f,26 × 45 = 236^f,70.

320. Les 2/5 d'un champ sont plantés en froment, les 3/9 en vignes, le reste en pommes de terre. La seconde partie surpasse la troisième de 8^{ares},4. On demande l'étendue totale du champ et l'étendue de chaque partie.

Je réduis les f. au même d^r; 18/45, 15/45. Le champ étant supposé divisé en 45 parties égales (45/45), 18 parties sont plantées en froment et 15 en vignes; 18 + 15 = 33; total 33/45; 45 — 33 = 12. Le reste des 45/45 c'est-à-dire 12/45 du champ sont plantés en pommes de terre. La 2e partie (vignes), 15/45, surpasse la 3e, 12/45 de 8^a,4 ; or 15/45 — 12/45 = 3/45. Les 3/45 de la surface du champ valent donc 8^a,4; 1/45 vaut 8^a,4 : 3 = 2^a,8. Les 45/45 ou le champ tout entier = 2^a,8 × 45 = 126^a. La 1re partie contient 2^a,8 × 18 = 50^a,4; la 2e 2^a,8 × 15 = 42^a; la 3e, 2^a,8 × 12 = 33^a,6.

321. Un père disait à son fils: S'il y avait dans cette bourse 1/3, plus les 3/4, plus les 5/6, plus les 7/8 du quadruple de ce qu'il y a, et 32 fr. en plus, il y aurait 300 fr. Trouve la somme qu'elle contient, et je te la donne.

Je réduis les fractions au même d^r : 8/24, 18/24, 20/24,

21/24. Le quadruple du contenu de la bourse étant supposé divisé en 24 parties égales, (24/24), $8 + 18 + 20 + 21 = 67$ parties égales à celles-là $+ 32$ fr. vaudraient 300^f. Les 67 parties seules vaudraient 300$^f - 32^f = 268^f$; une seule partie vaut 268$^f : 67 = 4$. Une partie ou 1/24 du quadruple du contenu primitif de la bourse valant 4 fr., ce quadruple **vaut** $4^f \times 24 = 96^f$. Le contenu lui-même vaut 96$^f : 4 = 24$ fr.

322. Un capitaine rentre au dépôt de son régiment avec 27 hommes de sa compagnie; on demande combien il avait d'hommes en entrant en campagne, sachant que 1/4 de son monde à été tué, 1/8 fait prisonnier, 1/6 laissé à l'hôpital, et 1/12 mort de maladie? *Rép.* **72 hommes.**

Je réduis les f. au même d^r. Je trouve 6/24, 3/24, 4/24, 2/24. L'effectif primitif de la compagnie étant supposé divisé en 24 parties égales ou 24/24, les tués en composent 6/24, les prisonniers 3/24, les malades 4/24, les morts de maladie 2/24; total 15/24. Les 27 hommes ramenés au dépôt composent le reste de l'effectif primitif, 24/24 — 15/24 = **9/24**. Les 9/24 de l'effectif primitif valant 27, 1/24 = 27 : 9 = 3. 1/24 valant 3, les 24/24 ou l'effectif tout entier valent $3 \times 24 = 72$ hommes.

323. Quelqu'un qui a acheté une propriété, a payé à compte les 2/3 des 3/4 des 9/8 du prix; il redoit encore 60634 fr.; combien cette propriété lui a-t-elle coûté? *Rép.* **138592 fr.**

$$\frac{2}{3} \text{ des } \frac{3}{4} \text{ de } \frac{9}{8} \text{ c'est } \frac{9}{8} \times \frac{3}{4} \times \frac{2}{3} = \frac{9 \times 3 \times 2}{8 \times 4 \times 3} = \frac{9}{2 \times 8} = \frac{9}{16} \text{ après}$$

réduction (Ex. 316).

Le prix de la propriété étant supposé divisé en 16 parties égales, 16/16, le particulier a payé 9 de ces parties; il redoit donc encore les 7 autres parties 7/16. Mais il redoit 60634 fr.; les 7/16 du prix de la propriété égalent donc 60634 fr.; 1/16 de ce prix = 60634 : 7 = 8662 (je divise); les 16/16 ou le prix tout entier = $8662 \times 16 = 138592$ fr.

324. Deux robinets versent de l'eau dans le même bassin; le 1er le remplit seul en 2 heures, le 2e en 3, et l'eau du bassin s'écoule par un 3e robinet qui le vide en 1 heure et demie. Le bassin étant vide et les 3 robinets coulant ensemble, en combien de temps serait-il plein? *Rép.* **6 heures.**

Prenons pour unité la quantité d'eau qui remplirait le bassin et désignons-la par 1. Le 1er robinet coulant seul verse cette quantité 1 en 2 h.; en 1 h. il verse 1/2. Le 2e coulant seul verse cette quantité 1 en 3 h.; en 1h; il verse 1/3. Le 3°, ouvert seul, laisse passer toute cette quantité d'eau, 1 en 1ʰ 1/2 ou 3/2 h.; en 1/2 h., il laisse passer 1/3 ; en 1 h., il laisse passer 2/3. D'après cela, si on ouvre les 3 robinets ensemble, le bassin recevra en une heure 1/2 + 1/3, et perdra 2/3. A la fin de l'h., il y restera $1/2 + 1/3 - 2/3 = 1/2 - 1/3 = 3/6 - 2/6 =$ 1/6 du bassin. Les trois robinets étant ouverts, 1/6 du bassin se trouve rempli après 1 h. ; le bassin tout entier (6/6) sera rempli après 6 h.

325. Un marchand a vendu pour 628 fr. de marchandises; s'il les eût vendues 72 fr. de plus, il eût gagné une somme égale au tiers de son prix d'achat ; combien lui coûtaient ces marchandises? *Rép.* 525 fr.

$628^f + 72^f = 700$ fr. Supposons le prix d'achat divisé en trois parties égales, 3/3. En vendant ses marchandises à 700 fr., le marchand eût recouvré son prix d'achat composé de 3/3 plus un 4ᵉ tiers, total 4/3 de son prix d'achat. 4/3 du prix d'achat valant 700 fr., le tiers en vaut $700^f : 4 = 175$ fr.; les 3/3 ou le prix tout entier $= 175 \times 3 = 525$ fr.

326. En passant de la température 0° à 100°, une barre de fer doux forgé s'allonge de 1/819 de sa longueur primitive ; quelle sera à 100° la longueur d'une barre de fer qui, à 0°, est longue de 4ᵐ 3/5 ? *Rép.* 4ᵐ 496/819.

Représentons par 1 ou 819/819 la longueur primitive de la barre à 0°. La longueur à 100° sera représentée par 819/819 + 1/819 = 820/819. La longueur de la barre à 100° est donc égale à 820/819 de sa longueur à 0°, c'est-à-dire 820/819 de 4ᵐ3/5 = (4ᵐ3/5) × 820/819. On effectue la multiplication.

327. Trouver le prix d'un objet, sachant qu'il y a 17 fr. de différence entre les 5/7 et les 3/11 de sa valeur. *Rép.* 38ᶠ,50.

Je réduis les f. au même d'. Je trouve 55/77 et 21/77. L'excédant des 55/77 du prix de l'objet sur les 21/77 vaut 17 fr. Or 55/77 — 21/77 = 34/77. Les 34/77 du prix valent 17 fr.; 1/77 vaut $\dfrac{17^f}{34} = \dfrac{1}{2}$; les $\dfrac{77}{77}$ de ce prix ou ce prix lui-même $= 1/2 \times 77 = 77/2 = 38^f 1/2$.

328. La différence de deux nombres est 6 ; le plus petit est les 3/4 des 5/6 du plus grand. Quels sont ces nombres ?

$\dfrac{3}{4}$ de $\dfrac{5}{6}$ c'est $\dfrac{5}{6} \times \dfrac{3}{4} = \dfrac{5 \times 3}{6 \times 4} = \dfrac{15}{24}$. Le plus grand n. étant divisé en 24 parties égales, 24/24, le plus petit équivaut à 15 de ces parties, 15/24. La différence des deux n. vaut donc 24 — 15 ou 9 de ces parties, 9/24. Mais cette différence est égale à 6 : les 9/24 de la valeur du grand n. valent donc 6 ; 1/24 vaut 6/9, et les 24/24 ou le grand n. lui-même $= 6/9 \times 24 = 144/9 = 16$. Le plus petit nombre vaut $6/9 \times 15 = 90/9 = 10$.

329. $1/3 + 1/4$ — les 5/18 d'un n. $= 1320$. Quel est ce nombre? **4320.**

Je réduis les f. au même d^r; je trouve 12/36, 9/36 et 10/36. Par hypothèse $\dfrac{12 + 9 - 10}{36}$ du n. demandé $= 1320^r$; $12 + 9 - 10 = 21 - 10 = 11$; 11/36 du n. demandé valant 1320; 1/36 vaut $1320 : 11 = 120$. Les 36/36 ou le n. lui-même $= 120 \times 36 = 4320$.

330. Les $2/3$ + les $5/12$ d'un n. $+ 448 = 1780$. Quel est ce nombre?

Je réduis les f. au même d^r; je trouve 8/12 et 5/12. $8 + 5 = 13$. Les 13/12 du n. $+ 448 = 1780$. Les 13/12 seuls valent $1780 - 448 = 1332$. 1/12 de ce n. $= \dfrac{1332}{13}$, et les 12/12 ou le n. lui-même, valent $\dfrac{1332 \times 12}{13} = 1229\frac{7}{13}$.

331 : 2^l 3/4 de vin ont coûté 1^r,65. Combien valent 15^l 5/9? *Rép.* 9^r 1/3.

Le prix de l'unité d'une certaine quantité s'obtient dans tous les cas en divisant le prix de la quantité par le n. quel qu'il soit, qui exprime cette quantité. C'est un principe général.

Cela posé, si 2^l 3/4 de vin coûtent 1^r,65, on aura le prix du litre en divisant 1^r,65 par $2\frac{3}{4} = 11/4$. On effectue la division. Le litre coûtant 1^r,65 : 11/4 $= \dfrac{1^r,65 \times 4}{11}$, 15^l 5/9 coûtent $\dfrac{1^r,65 \times 4}{11} \times (15\frac{5}{9})$. On effectue les opérations.

On peut dire simplement : 2^l 3/4 $= 11/4$ ont coûté 1^r,65 : 1/4 de l. coûte $\dfrac{1,65}{11}$; le litre entier (4/4) coûte $\dfrac{1^r,65 \times 4}{11}$. Par suite, 15^l 5/9 coûtent $\dfrac{1,65 \times 4}{11} \times (15\frac{5}{9}) = 9^r,333$ $(9^r\frac{1}{3})$.

332. Un père partage ainsi sa fortune entre ses enfants : au premier les

2/5 des 4/5 des 7/12 de la succession, au second les 3/4 des 8/9 des 4/5 du reste; au troisième 32025 fr. Quelles sont les parts des deux premiers ?

$$\frac{2}{5}\text{ des }\frac{4}{5}\text{ des }\frac{7}{12}, \text{ c'est } \frac{7}{12}\times\frac{4}{5}\times\frac{2}{5}=\frac{7\times4\times2}{12\times5\times5}=\frac{14}{75}\ (\text{Ex. }316)$$

$$\frac{3}{4}\text{ des }8/9\text{ des }4/5, \text{ c'est } \frac{4}{5}\times\frac{8}{9}\times\frac{3}{4}=\frac{4\times8\times3}{5\times9\times4}=\frac{8}{15}.$$

Le 1ᵉʳ enfant reçoit les 14/75 de la succession ; après quoi il reste les 61/75. Le deuxième enfant reçoit les $\frac{8}{15}$ de ces 61/75, c'est-à-dire $\frac{61}{75}\times\frac{8}{15}=\frac{488}{1125}$ de la succession. Je réduis 14/75 au dénom.ʳ 1125 ; je trouve 210/1125. La succession étant supposée divisée en 1125 parties égales, 1125/1125, le 1ᵉʳ enfant reçoit 210 de ces parties, le deuxième 488 ; total 698 ; le troisième reçoit les parties qui restent, 1125—698=427 parties, 427/1125. Ces 427/1125 de la succession valent 32025ᶠ; 1/1125 vaut 32025ᶠ : 427 = 75ᶠ. *Réponses* : le premier enfant a reçu 75 × 210 = 15750ᶠ; le 2ᵉ a reçu 75 fr. × 488 = 36600ᶠ.

333. Deux ouvriers font en 3 jours 1/2 un ouvrage qu'on leur paye 46 fr. Le premier travaille de manière à faire seul cet ouvrage en 5 jours 3/4. Dire d'après cela quelle est la part de chaque ouvrier dans l'ouvrage accompli, et ce qu'il a gagné par jour. *Rép.* 1ᵉʳ 28/46 et 8ᶠ; 2ᵉ 18/46 et 5ᶠ,1/7.

Je désigne l'ouvrage entier par 1. 5 j. 3/4 = 23/4 de j. En 23/4 de j. le 1ᵉʳ ouvrier seul ferait 1 ; en 1/4 de j. il ferait $\frac{1}{23}$.

En un jour, il a fait réellement à lui seul 4/23 ; en 3 j. 1/2 ou $\frac{7}{2}$ j., il a fait $\frac{4}{23}\times\frac{7}{2}=\frac{28}{46}$. L'ouvrage étant supposé divisé en 46 parties, 46/46, le 1ᵉʳ a fait 28/46, et le 2ᵉ le reste, c'est-à-dire 18/46. Cet ouvrage est payé 46 fr.; chaque 46ᵉ est payé 1 fr. Le 1ᵉʳ ouvrier gagne donc 28 fr., et le 2ᵉ 18ᶠ, pour 3 j. 1/2 ou 7/2 jour. Pour un 1/2 jour, c'est 28/7 et 18/7; pour 1 jour, c'est 56/7 et 36/7 (8 fr. et 5 fr. 1/7).

334. J'ai dépensé les 3/5 de ce que j'avais, puis 1/4 du reste, puis les 2/7 du nouveau reste : je rentre avec 24 fr. Avec quelle somme suis-je sorti?

Représentons par 1 l'avoir primitif. Je dépense d'abord 3/5 ; il me reste 2/5. 2° Je dépense 1/4 de ces 2/5; 2/5 × 1/4 = 2/20 = 1/10 ; il me reste 2/5 — 1/10 ou 4/10 — 1/10 = 3/10.

3° Je dépense les 2/7 de ces 3/10 ou $\dfrac{3}{10} \times \dfrac{2}{7} = \dfrac{6}{70}$; il me reste
3/10—6/70=21/70—6/70=15/70=3/14. Mais mon avoir est l'unité; il me reste donc les 3/14 de mon avoir. Ces 3/14 valent 24 fr.; 1/14 vaut 24 : 3 = 8 fr., et les 14/14 ou l'avoir tout entier = 8 × 14 = 112 fr. (*Rép.*)

335. On échange 7ᴷᵍ 3/4 de chocolat contre 31ˡ3/5 de vin. Le kilog. de chocolat vaut 2ᶠ,20. Combien coûte le litre de vin ? Combien a-t-on de litres de vin pour 1 kilog. de chocolat, et réciproquement ?

7ᴷᵍ 3/4 de chocolat, valent 2ᶠ,20 × 7 3/4 = 2ᶠ,20 × 31/4 = 17ᶠ,05 (j'effectue).

31 l. 3/5 de vin coûtent 17ᶠ,05; 1 l., coûte 17ᶠ,05 : 31⅗ = 17ᶠ,05 : 31,6 (je divise) = 0ᶠ,54 à 0,01 près. (1ʳᵉ *réponse.*)

Pour 7ᴷᵍ3/4 de chocolat, on à 31ˡ 3/5 de vin; pour 1ᴷᵍ de chocolat, on a eu $\left(31^l \dfrac{3}{5}\right) : \left[7\dfrac{3}{4}\right] = 4^l \tfrac{12}{155}$. (2ᵉ *réponse.*)

Pour 31 l. 3/5 de vin, on a 7ᴷᵍ 3/4 de chocolat; pour 1 litre de vin, on a eu (7ᴷᵍ 3/4) : 21 3/5 = 155/432 de l. (3ᵉ *réponse.*)

336. Une troupe d'ouvriers ferait un ouvrage en 5 jours; une autre troupe le ferait en 8 jours. Combien faudra-t-il de temps pour le faire à la moitié de la première troupe jointe au tiers de la seconde ? *Rép.* 7ʲ 1/17.

La moitié de la 1ʳᵉ troupe ferait l'ouvrage en deux fois plus de temps que la troupe entière, c'est-à-dire en 10 jours; elle fera 1/10 de l'ouvrage en 1 jour. Le tiers de la 2ᵉ troupe ferait seul l'ouvrage en 24 j.; il ferait 1/24 de l'ouvrage en 1 j. La moitié et le tiers en question réunis feront en 1 j., 1/10 + 1/24 = 24/240 + 10/240 = 34/240 de l'ouvrage. Ils feront 1/240 en 1/34 de jour, et les 240/240 ou l'ouvrage entier en 240/34 = 120/17 de j. = 7ʲ 1/17.

337. Deux vaisseaux partent ensemble; le premier fait 10ˡ2/5 en 3ʰ 1/4; le second fait 20ˡ2/3 en 5ʰ 1/4; on demande la distance qui les sépare, 48 heures après le départ. Ils ont à faire un voyage de 640 lieues; lequel des deux arrivera le premier ? Combien de temps avant l'autre ?

Le 1ᵉʳ vaisseau fait 10ˡ 2/5 = 52/5 en 13/4 d'h.; en 1/4 d'h., 52/5 : 13 = 4/5; en 1 h. 4/5 × 4 = 16/5; en 48ʰ, $\dfrac{16^l \times 48}{5} =$ 153ˡ 3/5.

Le 2ᵉ vaisseau fait 20ˡ 2/3 = 62/3 en 5 h. 1/4 ou 21/4 d'h.; en 1/4 d'h., 62/3 : 21 = 62/63; en 1 h., $\dfrac{62 \times 4}{63}$; en 48ʰ, $\dfrac{62 \times 4 \times 48}{63}$ = 188ˡ 20/21.

Après les 48ʰ, le 2ᵉ vaisseau aura une avance de 188ˡ 20/21 — 153ˡ 3/5 = 35ˡ 37/105.

2° *Le* 2ᵉ *vaisseau* allant le plus vite, *arrivera* le 1ᵉʳ.

3° Ce deuxième vaisseau faisant $\dfrac{62^{\text{ˡ}} \times 4}{63} = \dfrac{248^{\text{ˡ}}}{63}$ en 1ʰ, mettra pour faire 640ˡ autant d'heures qu'il y a de fois 248/63 dans 640. Je divise et je trouve 162ʰ 18/31.

Le 1ᵉʳ vaisseau faisant 16/5 de l. en 1ʰ, mettra pour faire 640 l. autant d'h. qu'il y a de fois 16/5 dans 640 l. Je divise et je trouve 200 h. Je retranche 162ʰ 18/31 de 200 h.; il reste 37ʰ 13/31. *Le* 2ᵉ *vaisseau arrive* 37ʰ 13/31 *avant le* 1ᵉʳ.

336. La fortune d'un négociant a augmenté la première année du 8ᵉ de sa valeur; l'année suivante des 4/9 de sa nouvelle valeur; enfin, la troisième année des 5/13 de sa nouvelle valeur. Cette fortune est alors de 270000 fr.; on demande ce qu'elle était trois ans auparavant? *Rép* 120000 fr.

Représentons la fortune primitive par 1. A la fin de la 1ʳᵉ année, la fortune devient 1 + 1/8 = 9/8. Dans la 2ᵉ année, elle augmente des 4/9 de 9/8 = $\dfrac{9 \times 4}{8 \times 9} = \dfrac{4}{8}$; elle devient donc 13/8.

Enfin, pendant la 3ᵉ année, elle augmente des 5/13 de 13/8 = $\dfrac{13 \times 5}{8 \times 13}$ = 5/8; elle devient donc 18/8. Ainsi donc, à la fin de la 3ᵉ année le négociant possède une somme équivalente aux 18/8 de sa fortune primitive. Or il possède 270000 fr. ces 18/8 valent donc 270000ʳ; 1/8 vaut $\dfrac{270000}{18}$ = 15000ʳ, et les 8/8 ou la fortune elle-même = 15000ʳ × 8 = 120000 fr.

337. On allie 9 grammes d'argent et 4 grammes de cuivre. Combien y a-t-il de chaque métal dans 5ᵍʳ 3/4 de l'alliage? *Rép* 3ᵍʳ 51/52 et 1ᵍʳ 40/52.

9 + 4 = 13. Dans 13 gr. de l'alliage, il y a 9 gr. d'argent et 4 de cuivre.

Dans 1 gr. d'alliage, il y a 9/13 de g. d'arg. et 4/13 de g. de cuivre.

Dans 5 gr. 3/4, ou $\frac{23}{4}$ de g. de l'alliage, il y a $9/13 \times 23/4$ d'argent, et $4/13$ g. $\times 23/4$ de cuivre.

On effectue la multiplication. *Rép.* 3 gr. 51/52 d'argent et 1 g. 40/52 de cuivre.

340. Un ouvrier confectionne $9^m,5$ d'étoffe en 1^h20^m. Combien en fait-il dans sa journée de 10 heures? *Rép.* $71^m,25$.

$1^h 20^m = 80^m$; $10^h = 60^m \times 10 = 600^m$. En 80^{min}, l'ouvrier confectionne $9^m,5$; en 1^{min}, $\frac{9^m,5}{80}$; en 600^m, $\frac{9^m,5 \times 600}{80} = 9^m,5 \times 7,5 = 71^m,25$.

341. On allie $8^{Kg},4$ de cuivre avec $2^{Kg},5$ de zinc. Combien y a-t-il de cuivre et de zinc dans 3/5 de kilog. de ce laiton? *Rép.* 504/109 et 150/109.

$8,4 + 2,5 = 10,9$. Dans $10^{Kg},9$ ou 109^{Hg} de laiton, il y a 84^{Hg} de cuivre, et 25^{Hg} de zinc.

Dans 1^{Hg} d'alliage, il y a 84/109 d'Hg de cuivre et 25/109 d'Hg. de zinc.

Dans 3/5 de Kg $= 0^{Kg},6 = 6$Hg, il y a $(84/109 \times 6)^{Hg}$ de cuivre et $(25/109 \times 6)$ Hg de zinc. On effectue. *Rép.* 504/109 d'Hg et 150/109 d'Hg.

342. Les 3/4 des 5/6 des 8/9 de ce que j'ai, dit un individu, valent 300000 fr. Quel est son avoir? *Rép.* 540000 fr.

Les $\frac{3}{4}$ des 5/6 de $\frac{8}{9} = \frac{3 \times 5 \times 8}{4 \times 6 \times 9} = \frac{5}{9}$ (après simplification).

Les 5/9 de l'avoir valent 300000 fr.; 1/9 de l'avoir vaut $300000^f : 5 = 60000^f$. L'avoir tout entier vaut $60000^f \times 9 = 540000^f$.

343. Un bassin qui peut contenir 18 hectolitres d'eau est alimenté par 3 robinets qui versent par heure, le premier 87^l 3/4, le second 121^l 1/3, le troisième 96^l 1/2. On laisse le premier robinet ouvert seul pendant 1^h 1/2, le second pendant 4^h 2/3. On demande ce qu'il faudra ensuite de temps au troisième pour achever de remplir le bassin? *Rép.* 11^h 5854/13896.

En 1 h. le 1er robinet verse 87^l 3/4; en 1/2 h., la moitié, ou $43^l 7/8$; en 1^h 1/2, 87^l 3/4 $+ 43^l 7/8 = 131^l 5/8$.

En 1 h., le 2e robinet verse 121^l 1/3; en 4 h. 2/3 ou 14/3 d'h., il versera 121^l 1/3 $\times 14/3 = 566^l 2/9$. (On effectue la multiplication).

J'additionne ces deux nombres de litres. Total 697^l 61/72.

Il reste à remplir par le 3ᵉ robinet : 1800ˡ — 697ˡ 61/72 = 1102ˡ 11/72.   Le 3ᵉ robinet verse 96ˡ 1/2 = 193/2ˡ en 1 h.; il achèvera de remplir le bassin en autant d'heures qu'il y a de fois 193/2 dans 1102 11/72. Je divise.

Rép. 11ʰ 5854/13896.

844. Un train de voyageurs, qui fait en moyenne 9 lieues 3/5 par heure, est parti 3ʰ 1/2 après un train de marchandises qui ne fait que 4ˡ 3/8. A quelle distance du point de départ les deux trains se rencontreront-ils?
Rép. à 28ˡ 28/109.

4ˡ 3/8 = 35/8 de l; 3ʰ 1/2 = 7/2 h.   Au départ des voyageurs, le train de marchandises parti depuis 3ʰ 1/2 a une avance de 35/8ˡ × 7/2 = 245/16 de l.   A partir de là les voyageurs gagnent à chaque h. sur le train de march.ᵈᵉˢ : 9ˡ 3/5 — 4ˡ 3/8 = 5ˡ 9/40 = 209/40 de l.   Pour regagner l'avance de 245/16 de l, il leur faudra autant d'h. qu'il y a de fois 209/40 dans 245/16 (*).

Je divise. $\dfrac{245}{16} : \dfrac{209}{40} = \dfrac{2450}{836}$ d'h. Pendant ce temps le train de voyageurs aura parcouru $(9ˡ\,3/5) \times \dfrac{2450}{836} = 28ˡ28/209.$ La rencontre a lieu à cette distance du point de départ.

845. Un bassin, contenant 8 hectolitres d'eau, reçoit chaque heure 75ˡ 3/4 par un premier robinet, 86ˡ 2/3 par un deuxième, et perd 64ˡ 4/5 par un troisième. On ouvre les 3 robinets ensemble; au bout de combien de temps le bassin sera-t-il plein?

Les trois robinets étant ouverts, le bassin reçoit chaque heure 75ˡ 3/4 + 86ˡ 2/3 — 64ˡ 2/5 = 97ˡ 37/60 = 5857/60 de l. Il faudra pour remplir le bassin autant d'h. qu'il y a de fois 5857/60 de l. dans 8Hl ou 800 l.

Je divise. La réponse est $\dfrac{48000ʰ}{5857}$ qu'on convertit en h., m. et s. (Ex. 280). *Rép.* 8ʰ 11ᵐ 43ˢ.

846. Un ouvrier, travaillant 8 heures par jour, ferait un ouvrage en 5

(*) Dans ce problème et dans les cas analogues qui suivent, on peut dire ici : si je connaissais le n. d'h. demandé, en multipliant 209/40 de l., avance de chaque h., par ce n. d'h., j'aurais pour produit l'avance à regagner, c'est-à-dire 245/16. Je connais donc un produit de 2 fact. et un des facteurs. Donc... etc. C'est pour abréger le langage que nous employons la forme de raisonnement ci-dessus.

jours; un autre, travaillant 10 heures par jour, ferait le même ouvrage en 5 jours. Combien mettront-ils de jours à faire cet ouvrage, si on les emploie ensemble 9 heures par jour?

Le 1ᵉʳ ouvrier seul ferait l'ouvrage en $8^h \times 5 = 40^h$; en 1^h il ferait 1/40 de l'ouvrage. Le 2ᵉ ouvrier seul ferait l'ouvrage en $10^h \times 5 = 50^h$; en 1^h il ferait 1/50 de l'ouvrage. Ces deux ouvriers travaillant ensemble feront en 1^h, $1/40 + 1/50 = 9/200$ de l'ouvrage. Ils feront 1/200 en 1/9 d'heure, et les 200/200 ou l'ouvrage tout entier en 200/9 d'h. $= 22^h 2/9$. Ce qui fait deux journées de 9^h et $4^h 2/9$.

347. Deux robinets ouverts ensemble rempliraient un bassin en $2^h 1/4$; le premier le remplirait seul en $4^h 2/3$. Combien le second mettrait-il de temps pour remplir seul les 3/4 du bassin?

Les deux robinets ensemble remplissent le bassin en $2^h 1/4$ ou 9/4 d'h.; en 1/4 d'h., ils remplissent 1/9 du bassin; en 1^h, 4/9 *id.*

Le 1ᵉʳ, coulant seul, remplit le bassin en $4^h 2/3 = 14/3$ d'h.; en 1/3 d'h., il remplit 1/14 du bassin; en 1^h, 3/14.

Les deux robinets remplissent 4/9 du bassin en 1^h, et le 1ᵉʳ seul 3/14; le 2ᵉ seul remplit $4/9 - 3/14 = 29/126$. S'il remplit 29/126 du bassin en 1^h, il mettra pour remplir les 3/4 du bassin autant d'h. qu'il y a de fois 29/126 dans 3/4. Je divise.

$$\frac{3}{4} : \frac{29}{126} = \frac{378^h}{116} = 3^h 30/116 = 3^h 15/58.$$

348. Deux trains allant à la rencontre l'un de l'autre, partent en même temps de deux points éloignés de 496^{Km}; le premier fait $53^{Km},6$ par heure, le second $38^{Km},5$. On demande au bout de combien de temps les deux trains se rencontreront, et à quelle distance du point de départ du premier?

Les trains allant à la rencontre l'un de l'autre se rapprochent à chaque h. des Km. qu'ils font tous deux, c'est-à-dire de $53^{Km},6 + 38^{Km},5 = 92^{Km},1$. Ils emploieront pour se rapprocher des 496 Km qui les séparent au départ autant d'h. qu'il y a de fois $92^{Km},1$ dans 496 Km. Je divise : 1ʳᵉ *Rép.* $5^h 355/921$.

Pendant ce temps, le 1ᵉʳ train aura parcouru $53^{Km},6 \times$ (5 + 355/921). J'effectue. 2ᵉ *Rép.* $288^{Km},660$ à 1^m près.

349. Un omnibus met $1^h 1/4$ pour aller à sa destination, stationne pendant 8 minutes, et met $1^h 1/4$ à revenir; il repart 10 minutes après. De

nême à chaque voyage. Il rentre à minuit 45ᵐ à sa remise située à 11ᵐ
le la station de départ qu'il a quittée la première fois à 7ʰ 45ᵐ du matin.
Combien a-t-il fait de voyages. *Rép.* 6.

Je calcule le temps de 7ʰ 45ᵐ du matin à 12ʰ 45ᵐ du soir.
De 7ʰ 45ᵐ à midi (12ʰ), 4ʰ 15ᵐ; de midi à 12ʰ 45ᵐ, 12ʰ 45ᵐ;
otal, 17 h. Sur ces 17 h., 11ᵐⁱⁿ sont employées d'abord par
l'omnibus pour aller à la station de départ, reste 16ʰ 49ᵐ. La
voiture emploie aussi le soir 11 m. pour revenir de cette même
tation à la remise; mais sur ces 11 m., nous n'en déduirons
qu'une, laissant les 10 autres pour compenser la station de 10ᵐⁱⁿ
que le cocher n'a garde de faire à cette station après le dernier
voyage. Restent donc 16ʰ 48ᵐ employées à faire des voyages
pour chacun desquels il faut compter; *aller* : 1ʰ 1/4 ou 1ʰ 45ᵐ;
tation, 8ᵐⁱⁿ; *retour*, 1ʰ 15ᵐ; *station*, 10 m. (j'additionne);
otal : 2ʰ 48ᵐ entre deux départs consécutifs de la 1ʳᵉ station.

La voiture a fait autant de voyages qu'il y a de fois 2ʰ 48ᵐ
dans 16ʰ 48ᵐ. Je divise ces deux nombres d'h. convertis en
m. (1008ᵐ et 168ᵐ). Le quotient est 6 sans reste. L'omnibus a
fait 6 voyages.

350. L'aiguille des minutes d'une montre va 12 fois plus vite que celle
des heures. On sait que les deux aiguilles sont ensemble à midi; on demande
quelles heures auront lieu les diverses rencontres de midi à minuit?

Le chemin de midi à la 1ʳᵉ rencontre, converti en h., est
l'heure cherchée de la 1ʳᵉ rencontre. Appelons-le c. L'aiguille
des h. fait seulement ce chemin c. Pendant le même temps,
l'aiguille des m. fait le tour du cadran, puis ce chemin c; 12ʰ + c.
Or, le chemin de l'aiguille des m. est 12 fois plus grand que le
chemin de l'aiguille des h.; il vaut 12 c. Donc 12ʰ + c
= 12 c; ou bien : 12ʰ + c = 11 c + c. Donc 12ʰ = 11 c, et

$$c = \frac{12^h}{11} = 1^h \, 1/11 = 1^h \, 5^m \, 5/11.$$

De la 1ʳᵉ rencontre à la 2ᵉ, tout se passe exactement de
même. Le temps écoulé sera donc 1ʰ 5ᵐ 5/11, et la 2ᵉ rencontre aura lieu à 2ʰ 10ᵐ 2/11 (j'additionne). Ainsi de suite.

351. Un bassin est alimenté par 3 robinets. Le premier et le second,
ouverts ensemble, le remplissent en 3ʰ 1/5; le second et le troisième en
1/4; le premier et le troisième en 2ʰ 1/2. Combien faudrait-il à chaque
robinet coulant seul pour remplir ce bassin?

Représentons par 1 la quantité d'eau qui remplit le bassin.
$3^h 1/5 = 16/5$ d'h. $4^h 1/4 = 17/4$ $2^h 1/2 = 5/2$.

Le 1er et le 2e robinets versent 1 en 16/5 d'h.; 1/16 en 1/5 d'h., et 5/16 en 1 h.

Le 2e et le 3e versent 1 en 17/4 d'h.; 1/17 en 1/4 d'h., et 4/17 en 1 h..

Le 1er et le 3e, versent 1 en 5/2 h., 1/5 en 1/2 h., et 2/5 en 1 h.,

Au lieu de la quantité d'eau versée par le 1er robinet en 1 h., disons simplement le 1er, de même pour les deux autres. Nous venons de trouver que :

$1^{er} + 2^e = 5/16$ (1); $2^e + 3^e = 4/17$ (2); $1^{er} + 3^e = 2/5$ (3).

J'ajoute les égalités (1) et (3); je trouve 2 fois le 1er + le 2e + le 3e = 5/16 + 2/5 (4). De cette égalité (4), je retranche l'égalité (2); je trouve : 2 fois le 1er = 5/16 + 2/5 — 4/17. Je réduis au même dénominateur et j'effectue les opérations. J'obtiens 2 fois le 1er = 649/1360; donc le 1er = 649/2720.

Si le 1er = 649/2720, le 1er + le 2e valant 5/16, le 2e seul vaut 5/16 — 649/2720 = 201/2720.

De même, le 1er seul valant 649/2720, et le 1er + le 3e valant 2/5, le 3e seul vaut 2/5 — 649/2720 = 439/2720.

Cela posé, on dit : le 1er robinet coulant seul remplit 649/2720 de la capacité du bassin en 1 h.; il remplit 1/2720 en 1/649 d'h., et les 2720/2720 ou le bassin tout entier en 2720/649 d'h. En raisonnant de même, on trouve pour le 2e robinet 2720/201 d'h., et pour le 3e 2720/439 d'h (*).

352. Deux trains, allant à Nantes, partent l'un de Paris à 8^h du matin, l'autre d'Étampes (56 Km en avant de Paris) à $8^h 15^m$. Le 1er fait en moyenne 232 Km en 5^h et le 2e 98 Km en 3^h. On demande à quelle heure ils se rencontrent, et à quelle distance de Paris. *Rép.* $11^h 28$, et à $161^{Km},611$ de Paris.

Le 1er train fait 232 Km en 5 h., ou 232/5 de Km par h. A $8^h 15^m$, il sera déjà à une distance de Paris = 232/5 : 4 = 58/5 de Km.   Le 2e train qui part alors d'Étampes aura sur le 1er une avance de 56^{Km} — 58/5 = 222/5 de Km.   Le 1er train faisant 232/5 de Km par h., et le 2e, 98/3 de Km, le 1er gagne à chaque heure sur le 2e, 232/5 — 98/3 = 206/15 de Km.

(*) Ce problème est un de ceux que l'algèbre simplifie beaucoup. Mettez x, y, et z au lieu de le 1er, le 2e, le 3e, et vous pourrez parler et agir beaucoup plus simplement. Nous avons dû suivre un peu la méthode algébrique.

**Pour regagner les 222/5 de Km qui séparent les deux trains
à 8ʰ 15ᵐ, le 1ᵉʳ train mettra autant d'h.** qu'il y a de fois 206/15
dans 222/5. Je divise, et je trouve 3330/1030 d'h., pendant
lesquelles le 1ᵉʳ train fera 232/5 × 3330/1030 = 150ᴷᵐ,011.

D'ailleurs 3330/1030 d'h. = 3ʰ 13ᵐ (à 1ˢᵉᶜ près). Or nous
n'avons comparé la marche des deux trains qu'à partir de
8ʰ 15ᵐ, quand le 1ᵉʳ train était à 58/5 de Km = 11ᴷᵐ,6 de Paris. La rencontre a donc lieu à 8ʰ 15ᵐ + 3ʰ 13ᵐ, c'est-à-dire à
11ʰ 28ᵐ, et à 150ᴷᵐ,011 + 11ᴷᵐ,6 = 161ᴷᵐ,611 de Paris.

353. Une montre qui retarde de 3/   heure par jour a été mise à
l'heure à midi. Quelle sera l'heure exact   quand elle marquera 5ʰ 1/2 du
soir?

Si la montre retarde de 3/4 i'h. en 24 h., elle retarde en
1 h. de 3/4 : 24 = 3/96 = 1/32. De sorte qu'à 1 h. elle marque
31/32 d'h., et réciproquement quand elle marque 31/32 d'h.
il est 1 h. Quand elle marque 2 fois 31/32 d'h., il est
2 h., etc. Pour savoir l'h. qu'il est quand elle marque
5 h. 1/2, il suffit donc de diviser 5 h. 1/2 = 11/2 h. par 31/32.
Le quot. est 352/62 qu'on convertit en h., m. et s. (V. l'Ex. 280,
2ᵉ Rem.) *Rép.* 5ʰ 40ᵐ 38ˢ à 1ˢ près.

354. Deux fontaines coulant dans un bassin le rempliraient, la première
en 3 heures, la deuxième en 5 heures. On laisse couler la première pendant
1ʰ 2/3, la deuxième pendant 3/4 d'heure, et enfin les deux ensemble. Combien
de temps aura-t-on employé ainsi pour remplir le bassin? *Rép.* 2ʰ58ᵐ7ˢ,5.

Appelons 1 la capacité du bassin. La 1ʳᵉ fontaine remp-
plit 1/3 en 1 h.; la 2ᵉ 1/5. Pendant 1 h. 2/3 = 5/3 d'h., la
1ʳᵉ remplit 1/3 × 5/3 = 5/9. Pendant les 3/4 d'h. suivants,
la 2ᵉ remplit 1/5 × 3/4 = 3/20. Total : 5/9 + 3/20 = 127/180.
Reste à remplir 1 — 127/180 = 53/180. Or en 1 h. la 1ʳᵉ et
la 2ᵉ remplissent 1/3 + 1/5 = 8/15 ; elles mettront pour remplir 53/180 autant d'h. qu'il y a de fois 8/15 dans 53/180. Je
divise ; le quotient est 53/96 d'h. que je convertis en h., m.,
s. ; par la division (n° 280). Je trouve 0ʰ 33ᵐ 7ˢ 5. J'additionne ensuite les 3 temps employés 1ʰ 2/3 ou 1ʰ 40ᵐ, 3/4 d'h.
ou 45ᵐ, et 0ʰ 33ᵐ 7ˢ,5 ; total 2ʰ 58ᵐ 7ˢ,5.

355. Un vase est rempli d'un mélange d'eau-de-vie et d'eau distillée
pesant 7 Kg. On demande le poids de l'eau qui remplirait ce vase, sachant
que le mélange contient 4 fois autant d'eau-de-vie que d'eau distillée, et
que le poids de l'eau-de-vie à volume égal est les 19/20 du poids de l'eau.

Il suffit de trouver la capacité du vase en litres ; car autant il contient de l. d'eau, autant celle-ci pèse de Kg. Pour connaître la capacité, je cherche d'abord le poids de l'eau-de-vie et celui de l'eau séparément. Il y a quatre parties d'eau-de-vie pour 1 d'eau. Autrement dit sur 5 Kg du mélange, il y a 4 Kg d'eau-de-vie et 1 Kg d'eau. Sur 1 Kg, il y a 4/5 Kg d'eau-de-vie et 1/5 Kg d'eau. Sur 7 Kg, il y a 28/5 ou 56/10 de Kg (5^{Kg},6) d'eau-de-vie, et 7/5 ou 14/10 de Kg (1^{Kg},4) d'eau. Cette eau remplit donc un espace de 1^l,4. D'ailleurs, d'après l'hypothèse, 1 l. d'eau pesant 1^{Kg}, 1 l. d'eau-de-vie pèse 19/20 de Kg. Autrement dit 19/20 Kg d'eau-de-vie remplissent un litre ; 1/20 de Kg d'eau-de-vie remplit 1/19 de litre ; 1 Kg remplit 20/19 de l. et enfin 5^{Kg},6 remplissent 20/19

$$\times 56/10 \text{ de l.} = \frac{112}{19} = 5^l\ 17/19.$$ Le n. de l. cherché est

donc 1^l,4 + 5^{l}17/19 = 7^{l}56/190. Le poids demandé est 7^{Kg}56/190.

FRACTIONS DÉCIMALES PÉRIODIQUES.

Conversions de fractions ordinaires en fractions décimales.

Ex. 356. 231/280 = 0,825 ; 5/7 = 0,714285 714285 714285....
11/37 = 0,297297... ; 198/300 = 0,66.

Ex. 357.

69/47 = 1,46808510638297872340425531914893617021276595744.
46808... etc. Période de 46 chiffres.
19/21 = 0,904761904761...; 47/70 = 0,6714285714285....
139/185 = 0,7513 513 513.... etc.

Ex. 358. 108/225 = 0,48 ; 49/42 = 1,16666...; 131/135 = 0,9703 703 703.....

La dernière fraction 39/103 donne une très-grande période ; nous la laissons à trouver.

QUESTION INVERSE.

Trouver la fraction ordinaire la plus simple, équivalente à une fraction décimale donnée terminée, périodique simple, ou périodique mixte.

On applique à chaque fraction décimale les règles des

n°ˢ 184, 185 et 186; puis on réduit à sa plus simple expression la fraction décimale obtenue d'abord.

Ex. **359.** $0,714285714285\ldots = \dfrac{714285}{999999}$ (5/7).

Pour simplifier cette fraction, le mieux est de chercher le p. g. c. div. de ses deux termes. On trouve 142857. En divisant les deux termes par 142857, on trouve 5/7.

$$0,9675675675\ldots = \frac{9675 - 9}{9990} = \frac{9666}{9990} = \frac{179}{185}.$$

Ex. **360.** $0,67\,857142\,857142\ldots = 19/28$;
$0,42\,857142\,857142\ldots = 3/7$.

Ex. **361.** $0,767\,857142\,857142\ldots = 43/56$;
$$0,703000\,703000\ldots = \frac{19000}{27027}.$$

RÈGLES DE TROIS.

On résout aisément la plupart des problèmes suivants en suivant la méthode indiquée dans l'Arithmétique. Nous ne répéterons donc pas le raisonnement général, quand la question n'offrira rien de particulier.

Après avoir trouvé la valeur de l'inconnue x d'une règle de trois, il convient de supprimer autant que possible tous les facteurs communs au numérateur et au dénominateur. Les maîtres feront bien de tenir à ces simplifications et de se faire donner, outre la valeur finalement calculée de x, la valeur simplifiée d'après laquelle l'élève aura effectué les multiplications, puis la division finale. Pour leur fournir des exemples, nous mettons ici cette valeur simplifiée de x, même pour les problèmes dont nous ne nous occupons pas d'ailleurs.

Les résultats sont calculés exactement, ou à 0,01 près.

362, 35 ouvriers ont creusé un aqueduc en 18 jours. Combien de jours auraient mis 25 ouvriers? *Rép.:* 25ʲ 1/5.

$$
\begin{array}{ll}
35 \text{ ouv.} & 18 \text{ j.} \\
25 & x
\end{array}
\qquad
x = \frac{18 \times 35}{25} = \frac{18 \times 7}{5} = 25^{\text{j}}\,\frac{1}{5}.
$$

363. Une marchandise achetée 114 fr. est revendue 129ᶠ,35. Combien gagne-t-on pour 100? *Rép.* 13,465 pour 0/0.

On a gagné 129^f,35 — 114 fr. = 15^f,35. Je traduis : On a gagné 15^f,35 sur 114 fr.; combien sur 100 fr.

$$\begin{array}{cc} 114 \text{ fr.} & 15^f,35 \\ 100 & x \end{array} \qquad x = \frac{15^f,35 \times 100}{114} = 13^f,465.$$

REMARQUE. Il faut supprimer des facteurs communs pour simplifier et non pour compliquer le calcul. Ici, par ex., nous pourrions diviser 100 et 114 par 2; nous ne le faisons pas, parce qu'après avoir pris la peine de diviser, nous aurions, au lieu de 100 et de 114, deux facteurs 50 et 57 moins commodes que 100 et 114. Il ne faut jamais diviser le facteur 100 qui ne donne aucun calcul à faire.

364. On paye 18^f,25 pour 12^{Kg},353 d'huile d'olive. Combien coûteront 0^{Kg},135 ? *Rép.*: 0^f,20.

On convertit en *gr* (n° 191).

$$\begin{array}{cc} 12353^s \text{ coûtent } 18^f,25 \\ 135 \qquad\qquad x \end{array} \qquad x = \frac{18^f,25 \times 135}{12353} = 0^f,20 \text{ à } 0,01 \text{ près.}$$

365. Une pièce d'étoffe de 10^m,25 revient à 159^f. Combien le marchand devra-t-il vendre 4^m,80 de cette étoffe pour gagner 15 p. 100 ? *R.*: 85^f,62.

Je cherche d'abord le prix de revient des 4^m,80.

$$\begin{array}{cc} 10^m,25 \text{ ont coûté } 159 \text{ fr.} \\ 4^m,80 \qquad\qquad x \end{array} \qquad x = \frac{159^f, \times 4,80}{10,25} = \frac{159 \times 96}{205} = 74^f,45.$$

Puis j'augmente 74^f,45 de ses 0,15; 74,45 × 0,15 = 11,17. Total 85^f,62.

366. 115 kilog. de seigle valent moyennement 32^f,10 ; l'hectolitre vaut 20 fr. Quel est le poids de l'hectolitre ? *Rép.*: 71^{Kg}65.

Je traduis ainsi : la quantité de blé qui coûte 32^f,10 pèse 115 Kg. Combien pèse celle qui coûte 20 fr.

$$\begin{array}{cc} 32^f,10 & 115 \text{ Kg} \\ 20 & x \end{array} \qquad x = \frac{115 \times 20}{32,10} = 71^{Kg},65.$$

367. On a fumé 15 hectares avec 225 quintaux de fumier. Combien faudra-t-il pour fumer 12 hectares d'un autre fumier renfermant 30 p. 100 de plus de principes fertilisants? *Rép.*: 138^{Qx},46.

On considère le 1er fumier comme renfermant 100 parties de principes fertilisants; le 2ᵉ en contient 130. Cela étant, l'énoncé s'écrit ainsi :

On emploie 225 Qx renfermant 100 pour fumer 15 Ha

$$x \qquad 130 \qquad 12$$

$$x = \frac{225 \times 100 \times 12}{130 \times 15} = \frac{3 \times 100 \times 6}{13} = 138^{Qx},46.$$

En réduisant on dit: Si le fumier renfermait 1 au lieu de 100, il en faudrait 100 fois plus, $225^{Qx} \times 100$; s'il en renferme 130, il en faut 130 fois moins. Etc.

368. Une garnison de 600 hommes a consommé 27000 kilog. de pain en 36 jours. Combien faudra-t-il de killogrammes pour nourrir 950 hommes pendant 57 jours? *Rép.:* 67687^{Kg},5.

$$600 \text{ h. en } 36 \text{ j.} \quad 27000 \text{ K}g,$$
$$950 \qquad 57 \qquad x$$

$$x = \frac{27000 \times 950 \times 57}{600 \times 36} = \frac{5 \times 950 \times 57}{4} = 67687^{Kg},5.$$

369. A combien reviennent 105 exemplaires d'un ouvrage qui se vend 2ᶠ,35 l'exemplaire, mais dont on a donné 14 exemplaires pour 12? *R.* 211ᶠ,50.

12 exempl. à 2ᶠ,35 l'exemplaire, valent 2ᶠ,35×12 = 28ᶠ,20. Mais pour ces 28ᶠ,20 on a 14 ex. En réalité,

$$14 \text{ exempl. coûtent } 28^f,20$$
$$105 \qquad \text{coûtent} \qquad x$$

$$x = \frac{28^f,20 \times 105}{14} = 14^f,10 \times 15 = 211^f,50.$$

370. 15 ouvriers ont fauché 18 hectares de prairie en 5 jours. Combien faucheront 12 ouvriers en 18 jours? *Rép.:* 51^{Ha},84.

$$15^{ouv} \quad 5^j \quad 18^{Ha} \qquad x = \frac{18 \times 12 \times 18}{15 \times 5} = \frac{6 \times 12 \times 18}{25} = 51,84.$$
$$12 \quad 18 \quad x$$

371. 18 ouvriers travaillant 9 heures par jour ont mis 18 jours pour creuser un fossé de 150 mètres de long, 20 mètres de large et 3 de profondeur. On demande le nombre de jours nécessaire à 4 ouvriers travaillant 8 heures par jour pour creuser un autre fossé de 250 mètres de long, 15 mètres de large et 2ᵐ,25 de profondeur? *Rép.:* 85^j,43.

$$\begin{array}{cccccc}
18\ \text{ouv.} & 9^h & 150^m & 20^m & 3^m & 18^j \\
4 & 8 & 250 & 15 & 2,25 & x
\end{array}$$

$$x = \frac{18^j \times 18 \times 9 \times 250 \times 15 \times 2,25}{4 \times 8 \times 150 \times 20 \times 3} \cdot$$

$$\text{valeur réduite} = x\ \frac{9 \times 9 \times 3 \times 5 \times 2,25}{4 \times 8} = 85^j,43.$$

372. Combien faut-il employer de fumier renfermant 0,025 d'azot pour remplacer dans les mêmes proportions 42800 kilogrammes d'un autr fumier qui n'en contient que 0,018. *Rép.:* 30816^{Kg}.

On prend pour unité le millième d'azote, on dit : Si le fumier ne renfermait qu'un millième d'azote il en faudrait 18 fois plus, 42800×18 Mais il renferme 25 millièmes ; il en fau 25 fois moins. $x = 30816$.

$$x = \frac{42800 \times 18}{25}$$

373. 100 kilogrammes de raisin de trois espèces ont donné : le premier 3^{Kg},6 d'alcool ; le second 4^{Kg},5 ; un troisième 9^{Kg},6. Quelle quantit de raisin de chaque espèce faut-il récolter par hectare pour avoir 100 kilogrammes d'alcool ?

1re *Espèce.* 3^{Kg},6 d'alcool sont fournis par 100 Kg de raisin ; 1 Kg par $\dfrac{100}{3,6} = \dfrac{1000}{36}$; 100 Kg par $\dfrac{100000}{36} = \dfrac{25000}{9} =$ 2777^{Kg}7/9.

2e *Espèce.* 4^{Kg},5 d'alcool sont fournis par 100 Kg de raisin : de même 100 Kg d'alcool sont fournis par $\dfrac{100000}{45} = \dfrac{20000}{9} =$ 2222^{Kg} 2/9

3e *Espèce.* On trouve de même 1041^{Kg} 2/3.

374. Un fermier a destiné 36000 kilogram. de foin pour nourri 27 têtes de bétail pendant 168 jours d'hiver. Après 42 jours de consommation, son bétail augmente de 3 têtes. Combien lui faudra-t-il acheter de foin s'il ne veut pas diminuer la ration ?

Pendant 42 j., quart de 168 j., le fermier a consommé 36000 Kg : 4 = 9000 Kg. Il lui en reste 27000 Kg pour 30 têtes.

Il nous faut maintenant résoudre cette question. A raison de 27000 Kg pour 27 têtes de bétail, combien en faut-il pour 30 têtes ?

Pour 1 tête, 1000 Kg.; pour 30 têtes, 30000 Kg. Il n'en a que 27000. Il en achètera donc 3000.

375. Une machine de la force de 30 chevaux a donné en 3 heures un travail de 158266 kilogrammètres; quelle est la force d'une machine i en 7 heures a donné un travail de 520000 kilogrammètres (*)? R. 42 chevaux.

$$158266 \text{ Km} \quad 3 \text{ h.} \quad 30$$
$$520000 \quad 7 \quad x \qquad x = \frac{30 \times 520000 \times 3}{158266 \times 7} = 42 \text{ à 1 près.}$$

376. — Une machine à fouler le raisin peut fouler en une heure 3684 kilogrammes de raisin, et 150 kilogrammes de raisin donnent 85 kilogr. de vin clair. Combien de litres de vin donnera cette machine en 9 heures, le litre pesant 995 grammes ? *Rép. :* 18882^l,8.

En 9 h. la machine foule $3684 \times 9 = 33156$ Kg.

$$150 \text{ Kg de r. donnent } 85 \text{ Kg de vin}$$
$$33156 \qquad x \qquad x = \frac{85^{Kg} \times 33156}{150}.$$

Chaque l pesant 995 $g = 0^{Kg},995$, la machine donnera autant de l qu'il y a de fois $0^{Kg},995$, dans le n. ci-dessus, c'est-à-dire :

$$\frac{85 \times 33156}{150 \times 0,995} = \frac{17 \times 1105200}{995} = 18882^l, 8 \text{ à 0,1 près.}$$

377. Un ébéniste a poli 75 feuilles d'acajou de $1^m,2$ de longueur, sur $0^m,6$ de largeur en travaillant 8 heures par jour pendant 9 jours. Combien polira-t-il de planches de $2^m,4$ de longueur sur $0^m,8$ de largeur, en travaillant 9 heures par jour pendant 24 jours ? *Rép. :* 84 pl. 3/8.

$$x = \frac{75 \times 12 \times 6 \times 9 \times 24}{8 \times 9 \times 24 \times 8} = \frac{75 \times 9}{8} = \frac{675}{8} = 84 \text{ pl. } 3/8.$$

378. Un compositeur travaillant 10 heures par jour a employé 15 jours à composer un ouvrage de 180 pages, chaque page contenant 48 lignes, et chaque ligne 54 lettres. On demande combien il mettra de jours, en travaillant 8 heures par jour, pour composer un autre ouvrage de 240 pages, chaque page contenant 50 lignes et chaque ligne 45 lettres ?

$$x = \frac{15 \times 10 \times 240 \times 50 \times 45}{8 \times 180 \times 48 \times 54} = \frac{5 \times 5 \times 50 \times 5}{2 \times 18 \times 8} = \frac{6250}{288} = 21\frac{101}{144}.$$

(*) Le ᴋɪʟᴏɢʀᴀᴍᴍᴇᴛʀᴇ est la quantité de travail nécessaire pour élever un kilogramme à la hauteur d'un mètre. Cette unité sert à évaluer le travail des machines et des moteurs quelconques. La notation abrégée est *kgm* (à distinguer de celle du kilomètre qui est *Km*).

79. Un cultivateur achète un monceau d'os bruts de 52 mètres cubes à 4^f,50 le mètre cube. Il fait marché pour les broyer au prix de 1^f,50 l'hectolitre mesuré après le broyage. Par cette opération, le volume s'est accru de 15,5 pour 100. On demande à combien ressort la fumure de 15^{Ha},40 sachant qu'on emploie 36 hectolitres de cet engrais par hectare ? 1047^f,60.

Le prix d'achat des os est 4^f,50 $\times$ 52 = 234^f.

Après le broyage, 100 Hl deviennent 115^{Hl},5 ; 1me (10^{Hl}) devient 11^{Hl},55 ; 52me deviennent 11^{Hl},55 $\times$ 52 = 600^{Hl},6.

Ces 600^{Hl},6 coûtent de broyage 1^f,5$\times$600, 6 = 900^f,9. Ajoutons-y le prix d'achat. Les 600^{Hl},6 coûtent tout broyés 1134^f,9.

A raison de 36Hl par hectare, il faut pour 15^{Ha},4, 36^{Hl}$\times$15,4 = 554^{Hl},4. La question est ramenée à ceci :

$$\begin{array}{l} 600\text{Hl},6 \text{ ont coûté } 1134^f,90 \\ 554\text{Hl},4 \qquad\qquad x \end{array} \qquad x = \frac{1134^f,90 \times 554,4}{606,6} = 1047^f,60.$$

80. Une vache pesant 440 kilogrammes, et donnant en moyenne, pendant 8 mois, 8 litres de lait par jour, a été payée 288 fr. Combien devra-t-on payer une vache du poids de 540 kilogrammes donnant, pendant 6 mois, 10 litres de lait par jour ? *Rép.* : 331^f,36.

$$\begin{array}{llll} 440\text{Kg.} & 8^m & 8^l & 288^f \\ 540 & 6 & 10 & x \end{array} \qquad x = \frac{288\times540\times6\times10}{440\times8\times8} = \frac{9\times54\times3\times10}{44} = 331^f,36.$$

81. On a parqué en 30 jours 1440 ares avec 232 moutons de 15 kilog., en parquant 2 fois par jour. En combien de temps parquera-t-on 1136 are avec 480 moutons de 40 kilogr., en parquant 3 fois par jour ?

$$\begin{array}{lllll} 1440^a & 232^m & 15\text{Kg} & 2^f & 30^j \\ 1136 & 480 & 40 & 3 & x \end{array} \qquad x = \frac{30 \times 1136\times232 \times15\times2}{1440\times480\times40\times3} = \frac{29\times5\times71}{30\times40\times3} = 2^j \frac{619}{720}.$$

82. Une terre, produisant à l'hectare 21 hectolitres à 18 fr. l'hectolitre, est louée 34 fr. l'hectare. Combien devra-t-on louer une terre dont la production moyenne, dans les mêmes conditions, n'est que de 15 hectolitres à 13 fr. l'hectolitre ?

$$\begin{array}{lll} 21\text{Hl} & 18^f & 34^f \\ 15 & 13 & x \end{array} \qquad x = \frac{34\times15\times13}{21\times18} = \frac{17\times5\times13}{7 \times 9} = 17^f,54.$$

83. Un vigneron a fait vendanger en 3 jours une vigne de 217^a,5, ayant rendu 1840 *Kg.* de raisin par hectare, par 24 vendangeurs travaillant 9 heures par jour. Combien pèse le raisin vendangé en 2 jours par 15 de ces vendangeurs travaillant 12 heures par jour ?

217^a,5 = 2^{Ha},175. Les 24 vend. ont vendangé 1840^{Kg} $\times$ 2,175 = 4002^{Kg}. On est ramené à cette règle de trois :

$$24^v \quad 9^h \quad 3^j \quad 4002\text{Kg}$$
$$15 \quad 12 \quad 2 \quad x$$

$$x = \frac{4002 \times 15 \times 12 \times 2}{24 \times 9 \times 3} = \frac{4002 \times 5}{9} = 2223\text{Kg } 1/3.$$

RÈGLES D'INTÉRÊT.

284. Calculer à **2** 1/2, 3 1/2, **4** 1/2, 5 1/2 p. 0/0, le plus simplement possible, la rente de chacun de ces capitaux : 39200 fr., 16832 fr., 4325ʳ,40, 42376ʳ,84.

La rente d'un capital, l'escompte *sans considération de temps*, se calculent en général d'après cette règle : *On multiplie le capital par le taux, puis on divise par* 100 *à l'aide de la virgule décimale.*

Mais on peut simplifier pour certains taux fractionnaires comme nous allons l'expliquer. Nous recommandons ces simplifications à l'attention du lecteur.

CAPITAL pris pour Ex. : 4325ʳ,40.

5 p. 0/0 (les 0,05 ou le demi-dixième du capital). On divise par 10 et on prend la moitié (216ʳ,27).

1/2 p. 0/0. On divise par 100 et on prend la moitié (21ʳ,627).

Ces deux intérêts ne diffèrent que par la place de la virgule. De là cette règle pour 5 $^1/_2$ et pour 4 $^1/_2$ (5 — 1/2).

216,27
21,627
―――
237,897

5 1/2 p. 0/0. On prend 5 p. 0/0. On répète au-dessous les mêmes chiffres en avançant chacun d'une place vers la droite, et en mettant virgule sous virgule, puis on *additionne*.

194,643 4 1/2 p. 0/0. On fait la même chose, mais on soustrait.

2 1/2 p. 0/0 (2 centièmes 1/2 ou le 1/4 du dixième du capital). On divise par 10, et on prend le quart (108ʳ,135).

1/4 p. 0/0. On divise par 100 et on prend le 1/4 (10,8135).

Ces deux intérêts ne diffèrent que par la place de la virgule. De là cette règle pour 2 3/4 et 2 1/4.

108,135
10,8135
―――
119,0485

2 3/4 = 2 1/2 + 1/4. On prend 2 1/2 p. 0/0 ; on répète au-dessous les mêmes chiffres en avançant chacun d'une place vers la droite, et en mettant virgule sous virgule, puis on additionne.

97,3215 2 1/4 = 2 1/2 — 1/4. On fait la même chose, mais on soustrait.

6

97,32

43,254

108,135

43,254
———
151,389

Dans de pareils calculs, on n'écrit pas les chiffres au delà des centièmes ou centimes.

1 p. 0/0 s'obtenant sans calcul (à l'aide de la virgule), on s'en sert pour déduire un intérêt d'un autre calculé simplement.

Ex. : 3 1/2 (2 1/2 + 1). On prend 2 1/2, puis 1 p. 0/0, et on additionne.

1/4 p. 0/0 est la moitié de 5 p. 0/0 avec une décimale de plus. De là cette règle pour 5 1/4 et 4 3/4 = 5 — 1/4.

216,27

10,813
———
227,083

5 1/4 p. 0/0. On prend 5 p. 0/0 ; puis au-dessous la moitié de ces 5 p. 0/0, en avançant chaque chiffre d'un rang vers la droite, en mettant virgule sous virgule. Puis on additionne.

205,457

4 3/4. La même chose ; mais on soustrait.

Nous le répétons : ces simplifications se font quand on prend tant p. 0/0 pour une raison quelconque sans considération de temps.

Voici maintenant les résultats que nous avons trouvés en appliquant ces règles aux capitaux indiqués et pour les taux indiqués.

CAPITAUX.	2 1/2	3 1/2	5	4 1/2	5 1/2
39200	980	980 392 ——— 1372	1960	1960 196 ——— 1764	1960 196 ——— 2156
16832	420,80	420,80 168,32 ——— 589,12	841,60	841,60 84,16 ——— 757,44	841,60 84,16 ——— 925,76
4325ᶠ,40	108,135	151,39	216,27	194,643	237,897
42376ᶠ,84	1059,42	1059,42 423,77 ——— 1483,19	2118,84	2118,84 211,88 ——— 1906,96	2118,84 211,88 ——— 2330,72

385. Trouver de plus l'intérêt des mêmes capitaux aux mêmes taux, ° pour 3 ans; 2° pour 3^{ans} 10^{mois} ; 3° pour 3^{ans} 9^{mois} 24^{jours} (*).

1° Pour 3 ans. On calcule simplement pour 1 an (V. le tableau précédent) et on multiplie par 3. Voici les réponses :

CAPITAUX.	2 1/2	3 1/2	5	4 1/2	5 1/2
39200^f	2940^f	4116^f	5880^f	5292^f	6468^f
16832	1262,40	1767,36	2524,80	2272,32	2777,28
4325,40	324,40	454,17	648,81	583,93	713,69
42376,84	3278,26	4449,57	6356,52	5720,88	6992,16

16832^f

— ^{an} 420^f,80
— ^{a} 841 ,60
— ^{m} 210 ,40
— ^{m} 140 ,27
——————
1613 ,07

2° Pour 3^{ans} 10^m. On emploie la méthode des parties aliquotes. On calcule simplement l'intérêt pour 1 an. Au-dessous pour 2 ans. Puis au-dessous pour 6 mois (la moitié d'un an). Puis pour 4^m (le tiers d'un an). Puis on additionne. Nous mettons à côté le calcul pour 16832^f à 2 1/2 p. 0/0 pour 3 ans 10 mois. Le tableau suivant donne les intérêts demandés 2° :

CAPITAUX.	2 1/2	3 1/2	5	4 1/2	5 1/2
39200^f	3756^f,66	5252^f,33	7513^f,33	6762^f	8264^f,66
16832	1613,07	2258,29	3226,13	2903,52	3548,75
4325,40	414,52	580,32	829,03	746,13	911,94
42376,83	4061,14	5685,56	8122,22	7310,01	8934,43

3° Pour 3^{ans} 9^m 24^j. On emploie la méthode des parties liquotes. On calcule d'abord simplement l'intérêt d'un an. Puis, au-dessous l'intérêt de 2 ans.   On décompose ensuite ^{mois} en 6^m, 2^m, et 1^m.   Pour 6^m, on prend la moitié de l'in-

(*) Il y a ici, sous ce numéro, 60 problèmes à résoudre, semblables 20 20. Le maître peut les proposer *seuls*, ou 5 à 5 (un seul capital), ou 4 4 (les capitaux au même intérêt).

	420ʳ,80
	168 ,32
1ᵃⁿ	589 ,12
2ᵃ	1178 ,24
6ᵐ	294 ,56
2ᵐ	98 ,19
1ᵐ	49 ,09
20ʲ	32 ,73
4ʲ	6 ,54
	2248,47

térêt d'un an ; pour 2ᵐ, le tiers de l'intérêt de 6ᵐ ; pour 1ᵐ, la moitié de celui de 2ᵐ. Enfin, on décompose 24ʲ en 20ʲ (tiers de 2ᵐ = 60ʲ), et 4ʲ (1/5 de 20ʲ), et on prend les intérêts en conséquence. Puis on additionne. C'est ainsi que j'ai calculé ci-contre l'intérêt de 16832ʳ à 3 1/2 p. 0/0 pendant 3ᵃⁿˢ9ᵐ24ʲ.

Au lieu de décomposer 9 mois en 6ᵐ et 3ᵐ, ce qui serait plus simple s'il n'y avait que 3ᵃⁿˢ 9ᵐ, j'ai décomposé en 6ᵐ, 2ᵐ et 1ᵐ, afin d'avoir un terme de comparaison commode pour décomposer les 24 j.

Voici les intérêts demandés 3° :

CAPITAUX.	2 1/2	3 1/2	5	4 1/2	5 1/2
39200ʳ	3740ʳ,33	5236ʳ,47	7480ʳ,67	6732ʳ,60	8228ʳ,73
16832	1606,06	2248,47	3212,11	2890,90	3533,32
4325,40	412,72	577,80	825,43	742,89	907,98
42376,84	4043,48	5650,89	8086,91	7278,23	8895,08

OBSERVATION PRATIQUE. Je crois devoir faire aux maîtres une confidence utile. Sous ce n° 385, il y a en réalité 60 exercices différents, et 60 réponses sont longues à trouver. Les réponses 1°, m'ont un peu servi à trouver les réponses 2° ; mais c'était encore long. Pour 3°, cela menaçait d'être bien plus long encore (voyez le dernier calcul en marge). Ne pourrais-je pas abréger ? me suis-je dit. J'ai comparé la question 3° à 2°, et j'ai vu que 3ᵃⁿˢ9ᵐ24ʲ, c'est 3ᵃⁿˢ 10ᵐ moins 6 jours. Je n'avais donc qu'à retrancher de chaque intérêt trouvé, 2°, l'intérêt de 6 jours. Mais il fallait calculer cet intérêt. J'ai encore examiné, et j'ai remarqué que 4ᵐ = 120ʲ, et que 6ʲ est le 20ᵉ de 4 mois. Il suffisait donc de prendre partout le 20ᵉ de l'intérêt de 4 mois. Mais le 20ᵉ, c'est la moitié du dixième. J'ai donc été conduit à prendre la moitié de chaque intérêt de 4ᵐ, et à écrire cette moitié, tout en la calculant, sous l'intérêt trouvé de 3ᵃⁿˢ 10ᵐ, en avançant chaque chiffre d'un rang vers la droite, et en m'arrêtant aux centimes. Puis j'ai soustrait. Chaque reste ainsi obtenu était une des réponses 3°. Ceci est un exemple remarquable des simplifications qu'un bon praticien peut faire dans les calculs d'intérêt. Nous le recommandons au lecteur.

386. A quel taux faut-il placer un capital de 32840 fr. pour se faire 1477^f,80 de rente? *R. 4 1/2.*

387. — 32476 fr. pour en retirer 7794^f,24 d'intérêts en 4 ans? *R. 6.*

388. — 32760 fr. pour en retirer 6906^f,90 d'int. en 3^{ans} 10^m? *R. 5 1/2.*

389. — 42750 fr. pour en retirer 5187 fr. d'int. en 1^{an} 10^{mois} 12^{jours}?

L'inconnue de chacun de ces problèmes est le taux i. On les résout à l'aide de la formule $\mathrm{I} = \dfrac{a \times i \times t}{100}$ (n° 195) qui donne

$$100\,\mathrm{I} = a \times i \times t, \text{ puis } i = \frac{100\,\mathrm{I}}{a \times t} \qquad (2).$$

Ex. **386**. La rente est l'intérêt pour un an. $a = 32840$, $t = 1$, $\mathrm{I} = 1477,80$. En remplaçant dans la formule (2), on trouve :

$$i = \frac{147780}{32840} = 4,5. \; Rép. : 4 \; 1/2 \; \text{p. } 0/0.$$

387. $a = 32476$; $t = 4$; $\mathrm{I} = 7794^f,24$; $i = \dfrac{779424}{32476 \times 4} = 6$.

Ex. **388**. $a = 32760$, $\mathrm{I} = 6906,90$, $t = 3 \; 10/12 = 46/12$.

$$i = \frac{690690}{32760 \times 46/12} = \frac{690690 \times 12}{32760 \times 46} = \frac{828828}{150696} = 5,5\,(5\;1/2).$$

Ex. **389**. $a = 42750$, $\mathrm{I} = 5187$; $t = 1^{au} \, 10^{mois} \, 12^j = 672^j = 672/360$. En remplaçant dans la formule (2), on a $i =$

$$\frac{518700}{42750 \times 672/360} = \frac{518700 \times 360}{42750 \times 672} = \frac{186732}{28728} = 6,5. \; Rép. : 6\;1/2 \text{ p. } 0/0.$$

Le plus simple est d'employer la formule (2) comme on vient de le faire. On peut d'ailleurs résoudre chaque problème directement, si on veut s'exercer au raisonnement. La solution se trouve presque aussitôt.

Le problème 387 par ex., se traduit ainsi : 32476 fr. ont rapporté 7794^f,24 d'intérêt en 4 ans. Combien rapp. 100 fr. en un an?

1 fr. rapporte $\dfrac{7794^f,24}{32476}$ en 4 ans, et $\dfrac{7794^f,24}{32476 \times 4}$ en 1 an. Par suite, 100 fr. rapportent $\dfrac{7794^f,24 \times 100}{32476 \times 4}$. On effectue.

6.

390. Quel est le capital qui

à 6 1/2 p. 0/0 donnera 2782 fr. de rente ? *Rép.* **42800ᶠ.**

391. — à 4 1/2   donnera 11283ᶠ,33 d'int. en 7 ans ? *R.* **35820ᶠ.**

392. — à 5 1/2   donnera 16308ᶠ,60 d'int. en 4 ans 8 mois ?

393. — à 3 1/2   donnera 8671ᶠ,60 d'int. en 3 ans 9 mois 18 jours ?

Dans ces 4 exercices l'inconnue est le capital a. On applique la formule $I = \dfrac{a \times i \times t}{100}$ qui donne $100\,I = a \times i \times t$, puis

$$a = \frac{100\,I}{i \times t}. \qquad (3).$$

Ex. 390. $I = 2782$; $i = 6\ 1/2 = 6,5$; $t = 1$. En remplaçant dans la formule (3) on trouve : $a = \dfrac{278200}{6,5} = 42800$.

Ex. 391.

$I = 11283ᶠ,33$; $i = 4,5$; $t = 7$. Par suite, $a = \dfrac{1128333}{4,5 \times 7} = 35820ᶠ$.

Ex. 392. $I = 16308,60$; $i = 5,5$; $t = 4\ 8/12 = 56/12$.

Donc $a = \dfrac{1630860}{5,5 \times 56/12} = \dfrac{1630860 \times 12}{5,5 \times 56} = \dfrac{1957032}{308} = 63540ᶠ$.

Ex. 393. $I = 8671,60$: $i = 3,5$; $t = 3^{ans}\ 9^{m}\ 18^{j} = 1368/360$.

On a donc : $a = \dfrac{867160}{3,5 \times 1368/360} = \dfrac{867160 \times 360}{3,5 \times 1368} = 65200$ fr.

394. Combien faut-il de temps à un capital de

54800 fr. placé à 4 1/2 pour rapporter 17262 fr. ?

395. — 63540 fr. placé à 6 1/2 pour rapporter 12803ᶠ,31 ?

396. — 35820 fr. placé à 5 1/2 pour rapporter 3108ᶠ,38 ?

397. — 49760 fr. placé à 3 1/2 pour rapporter 1741ᶠ,60 ?

Dans ces 4 problèmes, l'inconnue est le temps. De la formule $I = \dfrac{a \times i \times t}{100}$, On déduit : $100\,I = a \times i \times t$,

puis $$t = \frac{100\,I}{a \times i}. \qquad (4).$$

Ex. 394. $a = 54800$; $i = 4,5$; $I = 17262$. On a donc

$$t = \frac{1726200}{54800 \times 4,5} = \frac{17262}{2466} = 7 \text{ ans}.$$

Ex. 395. $a = 63540$; $i = 6,5$; $I = 12803,31$. **On a donc**

$$t = \frac{1280331}{63540 \times 6,5} = \frac{1280331}{413010} = 3^{ans}\,1^{m}\,6^{j}.$$

Ex. 396. $a = 35820$; $i = 5,5$; $I = 3108,38$. **On a donc**

$$t = \frac{310838}{35820 \times 5,5} = \frac{310838}{197010} = 1^{an}\,6^{m}\,28^{j}.$$

Ex. 397. $a = 49760$; $i = 3,5$; $I = 1741,60$. **On a donc**

$$t = \frac{174160}{49760 \times 3,5} = \frac{174160}{174160} = 1^{an}.$$

Voici la division de l'ex. 395.

```
1280331 | 413010
  41301 | ‾‾‾‾‾‾‾‾‾‾
     12 | 3ans1m6j
‾‾‾‾‾‾‾‾
  82602
  41301
‾‾‾‾‾‾‾‾
 495612
  82602
     30
‾‾‾‾‾‾‾‾
2478060
 000000
```

L'unité étant l'année, le quotient est la 413010ᵉ partie de 1280331 ans. Je trouve d'abord 3 ans, et j'ai à prendre la 413010ᵉ partie de 41301 ans qui restent. Je convertis ces années en mois en multipliant par 12, puisque chaque année vaut 12 mois Puis je divise pour prendre la 413010ᵉ partie de 495612 mois. Je trouve 1 mois, et il reste 82602 mois que je convertis en jours en multipliant par 30, puisque chaque mois est de 30 jours. Enfin je divise pour prendre la 431010ᵉ partie de 2478060 j. qui est 6 j. exactement.

On explique de même la division de l'ex. 396 et toutes les divisions qui doivent donner le temps dans ces conditions. (V. ex. 280).

398. Une somme, intérêt et capital, s'élève à 12000ᶠ; elle a été placée pendant 4 ans à 5 p. 0/0. Quelle est cette somme? 10000ᶠ.

L'intérêt $I = \dfrac{a \times i \times t}{100}$. Mais $i = 5$, $t = 4$; donc $I = \dfrac{a \times 5 \times 4}{100}$

$= \dfrac{20\,a}{100} = a \times 0,20$. Le capital et l'intérêt: $a + I = a + a \times 0,20$

$= a(1 + 0,20) = a(1,20)$. Or par hypothèse $a + I = 12000$; donc $a \times 1,20 = 12000$, et par suite $a = 12000 : 1,20 = 10000$ fr.

399. On veut acheter une terre dont le revenu représente 3,50 p. 0/0 du prix d'achat. Cette terre se compose de 125 ares rapportant 65ᶠ,20 par hectare, de **240** ares rapportant 45 fr. par hectare, et enfin de **420** ares rapportant **25** fr. par hectare. Combien devra-t-on la payer? *Rép.* **8414ᶠ,29.**

Je cherche d'abord le revenu total.

A 65ᶠ,20 par Ha, 125ᵃ = 1ᴴᵃ,25 rapportent 65ᶠ,20 × 1,25 =   81ᶠ,50
A 45ᶠ   240ᵃ = 2ᴴᵃ,40   45ᶠ,00 × 2,40 = 108ᶠ,00
A 25ᶠ   420ᵃ = 4ᴴᵃ,20   25ᶠ,00 × 4,20 = 105ᶠ,00

                                          Total   294ᶠ,50

Le prix d'achat de la terre doit être tel que, placé à 3ᶠ,5 pour 0/0, il rapporte 294ᶠ,50 par an. Pour le trouver j'emploie la formule (3).

$$I = \frac{a \times i \times t}{100} \text{ qui donne } 100\,I = a \times i \times t, \text{ et } a = \frac{100\,I}{i \times t}.$$

Or $I = 294,50$; $i = 3,5$ et $t = 1$. Donc $a = \dfrac{29450}{3,5} = 8414^f,29$.

400. Un cultivateur achète 650 moutons à **25** fr. la pièce; il en a reçu **4** au cent. Il revend ces moutons le même prix au détail; mais il subit un escompte de 4 p. 0/0. A-t-il perdu ou gagné sur son marché?

4 au cent, c'est 24 pour 600, et 2 pour 50; total 26 moutons reçus en plus.   Il reçoit donc 676 moutons qu'il paye 650 fois 25ᶠ = 16250ᶠ.   Il les revend 676 fois 25ᶠ = 16900ᶠ, moins l'escompte de 4 p. 0/0 = 16900ᶠ × 0,04 = 676ᶠ; 16900ᶠ — 676 = 16224ᶠ.   Il perd donc 16250ᶠ — 16224ᶠ = 26ᶠ.

401. Une personne emprunte 4230 fr. qu'elle paye en 18 fois par payements égaux, de **24** jours en **24** jours. Combien devra-t-elle donner en sus avec le dernier payement pour l'intérêt simple à 6 p. 0/0 des diverses parties du capital? *Rép.* 160ᶠ,74.

Chaque payement doit être de 4230ᶠ : 18 = 235ᶠ.   Pour le 1ᵉʳ payement, la personne doit l'intérêt de 24 j.   Pour le 2ᵉ payement, l'intérêt de 2 fois 24 j.   Pour le 3ᵉ payement, l'intérêt de 3 fois 24 j.; ainsi de suite.   Pour tous les payements l'intérêt sera 24ʲ × (1 + 2 + 3 + 4 + ... + 18) = 24 j. × 171 (on additionne les 18 premiers nombres; ce qui donne 171).

Pour trouver l'intérêt demandé, on applique la formule (1) (n° 195).

$$a = 235; \quad i = 6; \quad t = \frac{24 \times 171}{360}$$

On a donc $I = \dfrac{235 \times 6 \times 24 \times 171}{100 \times 360} = \dfrac{235 \times 4 \times 171}{1000} = 160^r,74.$

402. Un capitaliste refuse de prêter 1200 fr. pour 3 ans à 5 p. 0/0; l les prête 8 mois plus tard à 6 p. 0/0 pour 2^{ans} 4^{mois}. A-t-il perdu ou gagné en différant son placement? *Rép.* Il a perdu 12^r.

Je cherche les deux intérêts à l'aide de la formule (1).

1° $a = 1200$, $i = 5$, $t = 3$. $I = \dfrac{1200 \times 5 \times 3}{100} = 180^r.$

2° $a = 1200$, $i = 6$, $t = 28/12$; $I = (1200 \times 6 \times 28/12) : 100 = 168^r.$

Il a donc perdu 12 francs.

ESCOMPTE.

(Les questions marquées d'un astérique devront être résolues par écrit par la méthode des nombres ou des diviseurs, ou par la méthode de parties aliquotes.)

*__403.__ On demande l'escompte d'un billet de 4500 fr. payable le 13 septembre 1860, et payé le 7 avril à 4 1/2 pour 100.

Nombre de j. d'après le tableau du n° 48 (2ᵉ question) : $243 - 90 + 6 = 249 - 90 = 159^j.$

Nous allons employer les trois méthodes pour les comparer.

1re Méthode. $I = \dfrac{a \times i \times t}{100} = \dfrac{4500 \times 4,5 \times 159/360}{100} = \dfrac{4500 \times 4,5 \times 159}{36000}.$

On simplifie et on trouve $I = \dfrac{5 \times 4,5 \times 159}{40} = 89^r,44.$

2° Méthode des n. et des div. Pour 4 1/2, le div^r est 8000.

$E = \dfrac{a \times n}{D} = \dfrac{4500 \times 159}{8000} = \dfrac{4,5 \times 159}{8} = 89^r,44.$

3° Méthode des parties aliquotes. 4 1/2 p. 0/0 pour 360 j., c'est 1 p. 0/0 ou 0,01 du capital pour 80 j., et 0,001 pour 8 j. Or 159 j. $= 80$ j. $+ 80$ j. $- 1.$

Pour 80 j.	45^r	Pour obtenir l'intérêt d'un j., j'ai mis
80 j.	45^r	par la pensée une virgule dans 45; ce
160 j.	90^r	qui donne 4,5 pour 8 j., et j'ai pris le 8ᵉ.
1 j.	0^r,56	Reste à payer 4500^r — 89^r,44 =
159 j.	89^r,44	4410^r,56.

Les deux dernières méthodes sont les plus simples. La méthode des n. et des d. est la plus régulière, presque toujours la plus simple et par suite la plus employée. C'est celle que nous recommandons et que nous emploierons le plus souvent.

404. Trouver pour 48 j. l'escompte à 4 1/2 p. 0/0 d'un capital de 5460ᶠ.

Méthode des nombres.

$$E = \frac{5460 \times 48}{8000} = \frac{5460 \times 48}{8}$$
$$= 5,46 \times 6 = 32^r,76.$$

Parties aliquotes.

Pour 80 jours	54ᶠ,60
Pour 40 jours	27,30
Pour 8 jours	5,46
Pour 48 jours	32ᶠ,76

Reste à payer : 5460ᶠ — 32ᶠ,76 = 5427ᶠ,24.

405. Une personne qui emprunte 8280 fr. à 5 1/2 p. 0/0 pour 3ᵃⁿˢ 10ᵐᵒⁱˢ24ʲᵒᵘʳˢ, veut faire un billet de la somme à payer au bout de ce temps. Quel sera le montant du billet? *Rép.* 10056ᶠ,06.

Je cherche l'intérêt à 5 p. 0/0 auquel j'ajoute son 10ᵉ, puisque 1/2 est un dixième de 5.

$3^a 10^m 24^j = 1404^j$. Le diviseur pour 5 est 7200.

$$I = \frac{8280 \times 1404}{7200} = 1,15 \times 1404 \ (*) = \quad 1614^r,60$$

$$\text{dont le 10}^e \text{ est de} \quad 161^r,46$$

$$\text{Intérêt total} \quad 1776,06$$

$$\text{J'ajoute le capital} \quad 8280$$

$$\text{Montant du billet à faire} \quad 10056,06$$

406. Le porteur de ce billet le fait escompter lui-même 3ᵐᵒⁱˢ 1/2 après à 6 p. 0/0. Combien recevra-t-il? *Rép.* 7878ᶠ,92.

$3^m 1/2 = 105^j$. L'escompte est fait pour $1404^j — 105^j = 1299^j$.

Le diviseur est 6000.

$$I = \frac{10056,06 \times 1299}{6000} \ (**) = 1,67601 \times 1299 = 2177,13699.$$

Reste à payer 10056ᶠ,06 — 2177ᶠ,14 = 7878ᶠ,92.

(*) Je divise par la pensée par 100, puis 82,80 par 9, et 9,20 par 8.

(**) Je divise par la pensée par 1000 (10,05606), puis ce quotient par 6.

*** 407.** On escompte le 12 juillet 1861, à 4 1/2 p. 0/0, un billet de 3620ᶠ payable le 23 novembre suivant. Trouver l'escompte? *Rép.* 60ᶠ,635.

N. de j. d'après le tableau, $304 - 181 + 11 = 315 - 181 = 134$.

$$E = \frac{3620 \times 134}{8000} = 0,905 \times 67 = 60^f,635.$$

Je divise par la pensée par 1000 (3,620), puis je divise d'une part 3,620 par 4, et 134 par 2.

*** 408.** Un particulier présente à l'escompte de 5 p. 0/0, le 14 août 1862, 4 billets, l'un de 480 fr. payable le 19 septembre suivant, le 2ᵉ de 520 fr. payable le 21 octobre, le 3ᵉ de 340 fr. payable le 11 novembre, et le 4ᵉ de 1260 fr. payable le 7 décembre. Combien recevra-t-il?

Le diviseur est 7200. Voici le bordereau.

Paris, 14 août.		Jours.	Nombres.
480 fr.	19 septembre.	36	17280
520	21 octobre.	68	35360
340	11 nov.	89	30260
1260	7 déc.	115	144900
2600			2278 72 (*)
31,64			118 31,64
2568,36 (à recevoir.)			460
			280

*** 409.** On a payé, le 8 avril, 8120ᶠ pour un billet de 8400ᶠ escompté à 6 p. 0/0. Quelle était l'échéance?

Escompte payé $8400 - 8120 = 280$ fr. Il faut trouver le n. de jours. On emploie la formule $E = \dfrac{a \times n}{D}$; $E = 280$; $a = 8400$; $D = 6000$. On a donc $280 = \dfrac{8400 \times n}{6000} = 1,4 \times n$.

Donc $n = 280 : 1,4 = 2800 : 14 = 200$. (J'ai divisé.)

L'échéance a lieu 200 jours après le 8 avril. Pour la trouver, je prends dans le tableau le n. qui est sous avril : 90; j'ajoute 200; total 290. Je cherche dans la table le n. qui approche

---

le plus de 290 : c'est 273 qui est sous octobre. Je retranche 273 de 290 ; il reste 17. J'ajoute 17 jours au 8 octobre, et je trouve le 25 octobre pour la date cherchée.

Voilà un usage du tableau sur lequel nous appelons l'attention du lecteur.

*** 410.** Quelqu'un qui doit 1200 fr. payables le 15 novembre veut se libérer le 2 septembre. Il donne à compte un billet de 630 fr. payable le 21 décembre, et le reste argent comptant. Le taux de l'escompte étant de 4,5 p. 0/0, combien donne-t-il en argent ?

Je cherche ce qu'il doit le 2 7bre. Le n. de j. est 304 — 243 +

$$13 = 317 - 243 = 74 ; \quad E = \frac{1200 \times 74}{8000} = 0,15 \times 74 = 11,10.$$

(J'ai divisé 1200 par 8). Somme à payer : 1200^r — 11^r,10 = 1188,90. Le particulier doit payer comptant, le 2 7bre, 1188^r,90.

Le billet de 630 fr. payable le 21 décembre ne vaut comptant que la valeur escomptée le 2 7bre. Cherchons l'escompte.

Le n. de j. du 2 7bre au 21 décembre est 334 — 243 + 19 = 353 — 243 = 110 j.

$$E = \frac{630 \times 110}{8000} = \frac{63 \times 11}{80} = \frac{69,3}{8} = 8,66.$$

630 fr. — 8^r,66 = 621^r,34. Le billet de 630 fr., valant comptant 621^r,34, le particulier donnera en argent 1188^r,90 — 621^r,34 567^r,56.

411. Une étoffe se vend 32 fr. le mètre à 90 jours. On en vend comptant 48 mètres pour 1512^r,96 ; quel est le taux de l'escompte ?

48 m. à 32 fr. valent 32 fr. × 48 = 1536^r. Je retranche 1512,96 ; l'escompte est de 23^r,04 pour 90 j. Pour trouver

le taux i, j'emploie la formule $I = \dfrac{a \times i \times t}{100}$.

$a = 1536 ; t = 90/360 = 1/4 ; I = 23,04.$

On a $100\,I = a \times i \times t$, ou $2304 = \dfrac{1536 \times i}{4} = 384\,i$. D'où

je déduis $i = 2304 : 384 = 6$. Le taux est 6 p. 0/0.

*** 412.** Trouver à chacun des taux indiqués n° 203, l'escompte d'un billet de 4760^r présenté le 3 février 1860, et payable le 14 septembre suivant.

N. de j. d'après le tableau, 243 — 31 + 11 = 254 — 31 = 223. Il faut ajouter 1 parce que février a 29 jours en 1860 : nous compterons donc 224 j.

Le nombre $a \times n = 4760 \times 224 = 1066240$. Il suffit de diviser successivement ce n. par les diviseurs (n) du n° 203. Ou, plus simplement, ayant trouvé l'intérêt à 1 p. 100 en divisant par 36000, on obtient les autres intérêts en multipliant celui-là par chacun des autres taux, 2, 3, 4, 4 1/2, etc., jusqu'au dernier 12. Voici les réponses :

Taux :	1	2	3	4	4 1/2	5
Intérêts :	29ᶠ,61	59ᶠ,23	88ᶠ,85	118ᶠ,47	133ᶠ,28	148ᶠ,09

6	7	8	9	10	12
177ᶠ,71	207ᶠ,21	237ᶠ,94	266ᶠ,56	296ᶠ,18	355ᶠ,42

413. On facture une pièce d'étoffe de $42^m,70$ à raison de $34^f,60$ le mètre, payable dans 3 mois. L'acquéreur veut payer comptant moyennant escompte à 6 p. 0/0 l'an. Combien payera-t-il?

$42^m,70$ à $34^f,60$ valent $34^f,60 \times 42.70 = 1477^f,42$.

3 mois, c'est le quart d'un an ; l'escompte est $6 : 4 = 1.5$ p. 0/0.

$$E = \frac{1477^f,42 \times 1.5}{100} = 22^f,16.$$ A payer $1477^f,42 - 22^f,16 = 1455^f,26$.

414. Pour un billet de 1500 fr. payable le 12 septembre 1860, et escompté le 4 mars, on a donné 1452 fr. Quel est le taux de l'escompte?

N. de j. (d'après le tableau) $243 - 59 + 8 = 251 - 59 = 192$.

Le taux étant inconnu, nous prendrons la formule $i = \dfrac{100\ I}{a \times t}$ (Ex. 386). L'escompte $I = 1500^f - 1452^f = 48^f$; $a = 1500$; $t = 192/360$. Par suite, $i = \dfrac{4800}{1500 \times 192/360} = \dfrac{4800 \times 360}{1500 \times 192} = 6$.

415. Pour un billet payable le 4 novembre 1860, et escompté à 6 p. 0/0 le 27 juin, on a donné $3520^f,50$. Quel était le montant du billet?

Le n. de j. (d'après le tableau, 3ᵉ question) est $304 - 151 - 23 = 304 - 174 = 130$.

La somme payée, $3520^f,50$, est égale au capital diminué de l'escompte ; $a - E = 3520^f,50$; or $a - E = a - \dfrac{a \times n}{D} = \dfrac{a \times D - a \times n}{D} = \dfrac{a(D - n)}{D}$. Mais $D = 6000$; $n = 130$; donc $D - n = 6000 - 130 = 5870$. Donc $a - E$ ou $3520^f,50 = \dfrac{a \times 5870}{6000}$.

D'où $a \times 5870 = 3520,50 \times 6000$; puis $a = 3520,50 \times 6000 : 5870$. On effectue les calculs, et on trouve $a = 3598^r,47$.

116. Un particulier qui doit faire 18 payements égaux de $125^r,60$ tous les mois, à partir du 12 mai 1860, paye à l'échéance le 12 juin et le 12 juillet, ait trois payements à la fois par anticipation le 18 juillet, cinq autres payements le 10 septembre, et achève de payer le 3 décembre suivant. On demande l'escompte qui lui est fait à raison de $4\,^1/_2$ p. 0/0 par an.

Je considère le particulier comme débiteur de 18 billets de $125^r,60$ chacun, payables respectivement, de mois en mois, à partir du 12 mai 1860. Le débiteur paye par anticipation, escompte lui-même ses billets à diverses époques. On trouvera l'escompte par la formule du n° 205, qui devient

ici $E = \dfrac{a \times n + a \times n' + a \times n'' + \text{etc.}}{D} = \dfrac{a(n + n' + n'' + \text{etc.})}{D}$

(tous les billets étant égaux ; $a = a' = a'' = a''', \text{etc.} = 125^r,60$).

Le diviseur D correspondant à $4\,1/2$ est 8000. n, n', n'', n''', etc., sont les n. de jours d'anticipation des divers payements. On les calcule successivement pour les 18 billets.

1er billet, payé à l'échéance, 0^j ; 2e b. id., 0^j. 3e billet (payable le 12 août), payé le 18 juillet, 25^j. 4e billet (au 12 septembre), payé le 18 juillet, 56^j. 5e billet (au 12 octobre), payé le 18 juillet, 86^j. 6e billet (12 novembre), payé le 10 septembre, 63^j. 7e billet (au 12 décembre), payé le 10 septembre, 93^j. Ainsi de suite, d'après l'énoncé, jusqu'au 18e billet. On additionne tous les n. de j. trouvés ; *total* : 2679. Donc $E = \dfrac{125^r,60 \times 2679}{8000} = 42^r,06$.

117. Trouver le billet unique à échéance moyenne, dont le payement remplacerait les 18 payements précédents.

Au 12 mai 1860, le particulier doit 18 billets de $125^r,60$ chacun, payables le 12 juin, le 12 juillet, le 12 août, etc., de mois en mois. Il s'agit de les remplacer par un billet à échéance moyenne. On applique la formule du n° 206, qui, tous les billets étant égaux, devient

$$\frac{a \times n + a \times n' + a \times n'' + \dots}{D} = \frac{a(n + n' + n'' + \dots)}{D}.$$

Il faut donc calculer les n. de jours pour chaque billet du

12 mai au jour de son échéance, puis additionner tous ces n. de jours.   Pour le 1ᵉʳ billet, 31 j.; pour le 2ᵉ (30 j. de plus), 61 j.; pour le 3ᵉ (31 j. de plus), 92 j.; etc., ainsi de suite jusqu'au 18ᵉ billet. *Total* des n. de j., 5217.   La somme des NOMBRES est 125ᶠ,60 × 5217. Au lieu de 18 billets de 125ᶠ,60, on n'en paye qu'un de 18 fois 125ᶠ,60 = 2260ᶠ,80. Afin que le NOMBRE et par suite l'escompte reste le même, on marque l'échéance de ce billet unique après un n. de j. 18 fois moins grand; 5217 : 18 = 289ʲ 5/6, qui comptent à partir du 12 mai.

289 j. après le 12 mai, c'est le 15 février. Pour complète exactitude, si on escompte le billet payable le 15 février, on comptera en plus l'escompte de 5/6 de j. Pour trouver cette date, 15 février, j'ai opéré comme dans l'exemple 409.

Rép. Le billet unique sera de 2260ᶠ,80, payable le 15 février 1861.

PARTAGES PROPORTIONNELS. — RÈGLES DE SOCIÉTÉ.

Nous avons donné à ce sujet dans le Cours des explications très-détaillées et des règles précises; nous y renvoyons le lecteur pour la plupart des questions proposées. Nous répéterons ici la remarque du n° 212 : la dernière part doit être calculée comme les autres, indépendamment de celles-ci, afin que l'ensemble du calcul puisse être vérifié par l'addition des parts trouvées.

Chaque division faite pour trouver une part donne en général un reste; pour la vérification, on ajoute tous les restes qui doivent composer une fois, deux fois, trois fois, ..., le diviseur. Supposons que ce soit deux fois; dans ce cas, on ajoute une unité du dernier ordre à chacune des deux parts à propos desquelles on a trouvé les deux plus grands restes. Cela fait, la somme des parts doit reproduire bien exactement le nombre partagé. Nous avons fait ainsi dans tous nos problèmes.

Il ne faut pas oublier de simplifier le calcul en divisant les n. auxquels les parts doivent être proportionnelles par tous les diviseurs communs qu'on leur reconnaît, soit immédiatement, soit après un examen préalable.

Si j'appelle p une des parts, A le nombre à partager, S la somme des n. auxquels les parts sont proportionnelles, et N

celui de ces nombres qui correspond à p, on sait (n° 213) que
$$p = \frac{A \times N}{S} \; ; \; \text{une autre part } \; p' = \frac{A \times N'}{S} \; ; \; \text{etc.}$$ D'après cela, ayant calculé S, il est bon de voir si le nombre à partager A et cette somme S n'ont pas de diviseur commun. S'ils en ont un, on peut les diviser par ce diviseur, et les remplacer par les quotients dans le calcul des parts.

Il est bien entendu qu'on doit employer ces moyens de simplification avec discernement, de manière à abréger en réalité le calcul, tout compensé, travail de simplification et calcul des parts.

PARTAGES PROPORTIONNELS.

418. Trois voituriers ont conduit 180 hectolitres de vin pour 1475^f,60. L'un en a conduit 50 hectolitres à 18 myriamètres ; un autre 60 hectolitres à 15 myriamètres, et le 3° a conduit le reste à 12 myriamètres. Combien auront-ils chacun ? *Rép.* : le 1er 503^f,045 ; le 2e *idem* ; le 3° 469^f,51.

Je multiplie chaque n. d'Hl par le n. des Mm correspondant ; puis je partage 1475^f,60 proportionnellement aux produits 50×18, 60×15, 70×12 (n° 211 et suivants).

DÉMONSTRATION. Soit p le prix donné par Hl transporté à 1 Mm. Pour 50 Hl à 1 Mm, c'est $p \times 50$; pour 50 Hl à 18 Mm, c'est 18 fois plus, ou $p \times 50 \times 18$. De même pour 60 Hl à 15 Mm, c'est $p \times 60 \times 15$. Pour 70 Hl à 12 Mm, c'est $p \times 70 \times 12$.

Les sommes dues aux trois voituriers sont évidemment proportionnelles aux produits 50×18, 60×15, 70×12 (n° 210), c'est-à-dire à 900, 900 et 840.

On peut remplacer 900, 900 et 840 par 90, 90 et 84. On pourrait même diviser ces n. par 6 ; ce qui donnerait 15, 15 et 14 ; mais évidemment 90, 90 et 84 sont aussi simples que 15, 15 et 14 ; ce n'est pas la peine de diviser par 6.

419. 15 maçons ont reçu 7372 fr. pour un bâtiment qu'ils ont construit. 3 ont travaillé pendant 120 jours, 4 pendant 180 jours, 2 pendant 160 jours et les 6 autres pendant 90 jours. Que revient-il à un ouvrier de chaque catégorie ? *Rép.* 1° 456 fr. ; 2° 684^f ; 3° 608^f ; 4° 342^f (par ouvrier).

Je cherche le prix d'une journée de travail, et d'abord le n. des journées. 1re troupe : $120^j \times 3 = 360$. 2e, $180^j \times 4 = 720$. 3e, $160^j \times 2 = 320$. 4e, $90^j \times 6 = 540$. *Total,* 1940 j.

payées 7372'. Une journée a été payée 7372': 1940 = 3',80 (je divise). Il revient à chaque ouvrier de la 1re troupe, 3',80 × 120 = 456'. *Idem* de la 2e troupe, 3',80 × 180 = 684'. *Idem* de la 3e troupe, 3',80 × 160 = 608'. *Idem* de la 4e troupe, 3',80 × 90 = 342'.

420. Partager 94530 fr. entre 4 héritiers, de manière que la part du deuxième soit les 3/5 de celle du premier; celle du troisième les 4/7 de celle du deuxième, et enfin celle du quatrième les 8/9 de celle du troisième.

Appelons p la part du 1er héritier. Celle du 2e sera 3/5 p. Celle du 3e, 4/7 des 3/5 p = (3/5 × 4/7) p = 12/35 p. Celle du 4e, les 8/9 des 12/35 p = 96/315 p = 32/105 p. D'après la définition (n° 210), les 4 parts sont proportionnelles aux nombres 1, 3/5, 12/35 et 32/105. Je partage donc 94530' en parties propor tionnelles à ces fractions, comme il est expliqué n° 215. *Rép..* 1re part, 42057',84 ; 2e, 25234',70 ; 3e, 14419',83 ; 4e, 12817',63.

421. Une troupe de 24 ouvriers a creusé un canal de 600 mètres de long sur 7^m,50 de large et 2^m,5 de profondeur. Une autre troupe de 25 ouvriers a creusé un autre canal de 450 mètres de long sur 6^m,80 de large et 1^m,80 de profondeur. Ces deux ouvrages ont été payés ensemble 84000 fr. Combien revient-il à un ouvrier de chaque troupe? *Rép.* 1° 2349'62 ; 2° 1104',36.

J'évalue les n. de mètres cubes de chaque canal; ce nombre est le produit des trois dimensions données. 1er *canal* : (600 × 7,5 × 2,5)^{mc} = 11250^{mc}. 2e, *id.* : (450 × 6,8 × 1,8)^{mc} = 5508^{mc}. J'additionne; *total* 16758^{mc} qui ont été payés 84000'.

1^{mc} a été payé $\dfrac{84000'}{16758}$; 11250^{mc}, $\dfrac{84000' \times 11250}{16758}$, et 5508^{mc}, $\dfrac{84000' \times 5508}{16758}$.

J'effectue les opérations, et je trouve 1° 56390',98 ; 2° 27609',02. Chaque ouv. de la 1re troupe a gagné 56390',98 : 24 = 2349',62 ; *idem*, de la 2e troupe, 27609 ,02 : 25 = 1104',36.

422. Trois associés ont fait un bénéfice de 18000 fr., dont 7500 fr. sont pour le premier, 5000 fr. pour le second, et le reste pour le troisième. Le premier avait mis 36000 fr.; combien avaient mis les deux autres?

Rép. : 24000 fr. et 26400 fr.

7500 + 5000 = 12500. Le 3e a gagné 18000' — 12500' = 5500'.

Les mises sont proportionnelles aux bénéfices. Or un béné-fice de 7500' a été produit par une mise de 36000'; un bénéfice de 1' a été produit par une mise de 36000 : 7500. Un bénéfice de 5000ᶠ par une mise de $\dfrac{36000^f \times 5000}{7500}$; un bénéfice de 5500ᶠ par une mise de $\dfrac{36000^f \times 5500}{7500}$. On effectue les calculs (en simplifiant). *Rép.* : 24000 et 26400ᶠ.

423. Quatre madriers qui sont du même bois pèsent ensemble 128ᴷᵍ. On demande leurs poids respectifs, sachant que le premier a 4ᵐ,2 de longueur sur 0ᵐ,6 de largeur et 0ᵐ,02 d'épaisseur ; les dimensions du deuxième sont 4ᵐ,8, 0ᵐ,5 et 0ᵐ,03 ; celles du troisième, 2ᵐ,4, 0ᵐ,4 et 0ᵐ,018 ; enfin, celle du quatrième, 3ᵐ,6, 0ᵐ,6 et 0ᵐ,025.

(On sait que le volume d'un madrier est égal en mètres cubes au produit de ses trois dimensions.)

Réponse. 33ᴷᵍ,308 ; 47ᴷᵍ,583 ; 11ᴷᵍ,420 ; 35ᴷᵍ,689.

On évalue le cube de chaque madrier en multipliant les rois dimensions, et on additionne les produits. L'unité étant le *dmc*, les trois cubes sont 50ᵈᵐᶜ,4 ; 72ᵈᵐᶜ ; 17ᵈᵐᶜ,28 ; 54ᵈᵐᶜ ; total 193ᵈᵐᶜ,68, qui pèsent 128 Kg. On déduit de là aisément le poids de chaque madrier (comme dans l'Ex. 421).

Remarque. Les nombres 50,4 ; 72 ; 17, 28 ; et 54 peuvent être divisés par 9 et par 2.)

424. Partager 10000 fr. entre 4 enfants en raison inverse de leurs âges, qui sont 18 ans, 15 ans, 12 ans et 10 ans.

Rép. 1ʳᵉ part. 1818ᶠ,18 ; 2ᵉ, 2181ᶠ,82 ; 3ᵉ, 2727ᶠ,27 ; 4ᵉ, 3272ᶠ,73.

D'après le n° 221, les parts sont proportionnelles aux fractions 1/18, 1/15, 1/12 et 1/10, égales à 10/180, 12/180, 15/180, et 18/180 (n° 215).

425. On a cultivé dans une ferme : 1° en froment, 32 hectares qui ont coûté 360 fr. par hectare ; 2° en seigle, 8 hect. à 250 fr. par hect. ; 3° en avoine, 24 hect. à 250 fr. par hect. ; 4° en orge, 6 hect. à 268 fr. par hect. ; 5° en betteraves, 15 hect. à 400 fr. par hect. On a fait en outre 3640 fr. de frais généraux. On propose de les répartir sur toutes les cultures proportionnellement à ce qu'elles ont coûté d'ailleurs ?

Réponses. 1ᵉʳ cult. 1545ᶠ,74 ; 2ᵉ 268ᶠ,36 ; 3ᵉ 805ᶠ,07 ; 4ᵉ 215ᶠ,76 ; 5ᵉ 805ᶠ,07.

Je calcule la dépense particulière de chaque culture. 1ʳᵉ 360ᶠ × 32 = 11520ᶠ. 2ᵉ 250ᶠ × 8 = 2000ᶠ. 3ᵉ 250ᶠ × 24 = 6000ᶠ. 4ᵉ 268ᶠ × 6 = 1608ᶠ. 5ᵉ 400ᶠ × 15 = 6000ᶠ. Il faut partager 3640ᶠ en parties proportionnelles à ces diverses dépenses (n°ˢ 211, 212, 213 et 214).

426. 4 maçons ont travaillé, le 1ᵉʳ pendant 32 jours et 10 heures par jour; le 2ᵉ pendant 8 jours et 9 heures par jour; le 3ᵉ pendant 15 jours et 12 heures par jour; enfin le 4ᵉ pendant 14 jours et 7 heures 1/2 par jour. L'ouvrage qu'ils ont fait a été payé 300 fr. On demande le gain de chacun, 1° par jour; 2° par heure?

Je calcule le n. d'heures de travail de chaque maçon. 1ᵉʳ, $10^h \times 32 = 320^h$. 2ᵉ, $9^h \times 8 = 72^h$. 3ᵉ, $12^h \times 15 = 180^h$: 4ᵉ, $7^h,5 \times 14 = 105^h$. J'additionne; total 677^h de travail qui ont été payées 300ᶠ. Chaque $h.$ a été payée : $300^f : 677 = 0^f,44313$ On aura le prix des journées en multipliant ce nombre par 10, par 9, par 12 et par 7,5.

Réponse. Chaque ouvr. a gagné 0ᶠ,44313 par heure. Le 1ᵉʳ a gagné par jour 4ᶠ,43; le 2ᵉ 3ᶠ,99; le 3ᵉ 5ᶠ,31; le 4ᵉ, 3ᶠ,323.

RÈGLES DE SOCIÉTÉ.

427. 3 associés ont mis : le 1ᵉʳ, 36000 fr.; le 2ᵉ, 42600 fr.; le 3ᵉ, 28800 fr. Partagez entre eux un bénéfice de 32800 fr.

Réponse. 1ʳᵉ part. 10994ᶠ,41; 2ᵉ 13010ᶠ,06; 3ᵉ 8795ᶠ,53.

Le bénéfice 32800ᶠ doit être partagé proportionnellement aux mises 36000ᶠ, 42600ᶠ, 28800ᶠ, ou plus simplement à 360, 426 et 288. Je fais ce partage comme il a été expliqué nᵒˢ 21 à 214, ou nᵒ 218.

Remarque. Les n. 360, 426 et 288, peuvent encore être divisés par 6.

428. Les mises de 4 associés sont : 23400 fr., 42500 fr., 36000 fr. et 28800 fr.; le 1ᵉʳ, gérant, doit prélever 12 p. 0/0 du bénéfice. Le bénéfice total ayant été de 42000 fr., on demande la part de chacun?

Réponse. Le 1ᵉʳ, 6617ᶠ,17 + 5040ᶠ = 11657ᶠ,17; le 2ᵉ, 12018ᶠ,36 le 3ᵉ, 10180ᶠ,26; le 4ᵉ, 8144ᶠ,21.

Le gérant prélève $42000^f \times 0,12 = 5040^f$. Il reste à partager $42000^f - 5040^f = 36960^f$ en parties proportionnelles aux mises (nᵒˢ 211 à 216 et 218).

429. 2 associés qui avaient mis 45000 fr. et 34200 fr. ont fait une perte de 7200 fr. Combien reste-t-il à chacun?

Réponse. Il reste au 1ᵉʳ, 40909ᶠ,09; au 2ᵉ, 31090ᶠ,91.

La perte de chacun doit être proportionnelle à sa mise. Je partage donc 7200ᶠ en parties proportionnelles à 45000ᶠ et à

34200ᶠ, ou à 450 et 340. Je trouve 4090ᶠ,91 et 3109ᶠ,09 pour les pertes respectives. Je les retranche des mises.

430. 3 associés ont mis 42800 fr., 32860 fr. et 42380 fr.; ils font un bénéfice égal à 84 p. 0/0 du fonds social. Partagez ce bénéfice?

Réponse. 1ʳᵉ part., 35952ᶠ; 2ᵉ, 27602ᶠ,40; 3ᵉ, 35599ᶠ,20.

Chaque bénéfice est évidemment les 0,84 de la mise correspondante. Je multiplie chaque mise par 0,84.

431. 3 associés ont fait un fond de 42600 fr. avec lequel ils ont gagné 31500 fr. Le 1ᵉʳ reçoit les 2/9 de ce bénéfice, le second les 3/10 et le 3ᵉ le reste. On demande la mise et le bénéfice de chacun?

Réponse. 1ᵉʳ bénéfice, 7000ᶠ; 2ᵉ, 9450ᶠ; 3ᵉ, 15050ᶠ.

1ʳᵉ mise 9466ᶠ,67; 2ᵉ, 12780ᶠ; 3ᵉ, 20353ᶠ,33.

Les 2/9 de 31500 ou 31500 × 2/9 = 7000; 31500 × 0,3 = 9450. J'ajoute ces deux bénéfices; total 16450ᶠ.

Le bénéfice du 3ᵉ est 31500ᶠ—16450ᶠ=15050ᶠ. Les mises sont proportionnelles aux bénéfices. Je partage donc 42600ᶠ en parties proportionnelles à 7000, 9450 et 15050.

432. Un négociant a commencé une entreprise le 23 juin 1850 avec 42000 fr. Un associé verse 32400 fr. le 12 avril suivant. Un 2ᵉ associé 40000 fr. le 6 octobre. L'entreprise liquidée le 4 septembre 1855 a produit 64800 fr. de bénéfice dont le 1ᵉʳ négociant prélève 8 p. 0/0 en qualité de gérant. On demande la part de chacun?

Réponses. 1ʳᵉ p. 25169ᶠ,62+5184ᶠ=30353ᶠ,62; 2ᵉ, 16420ᶠ,75; 3ᵉ, 18025ᶠ,63.

Le 1ᵉʳ associé prélève les 0,08 de 64800ᶠ; 64800ᶠ× 0,08 = 5184. Reste à partager 64800ᶠ—5184=59616ᶠ proportionnellement aux produits des mises par les temps (nᵒˢ 217, 302). Je cherche les temps.

La mise du 1ᵉʳ associé est restée pendant toute l'entreprise qui a duré, 1° du 23 juin 1850 au 23 juin 1855 (5 années dont une de 366 j.), 1826 j; 2° du 23 juin au 4 septembre 1855 (d'après le tableau) 73 j.; *total* 1899 j.

La mise du 2ᵉ associé est restée 1° du 12 avril 1851 au 12 avril 1855 (4 années dont une de 366 j.), 1461 j.; 2° du 12 avril au 4 septembre 1855, 145 j, *total* 1606 j.

La mise du 3ᵉ associé est restée, 1° du 8 octobre 1851 au 8 octobre 1855 (3 années dont une de 366 j.), 1096 j.; 2° du 8 octobre 1855 au 2 septembre 1855 (1 an moins les 33 j.

du 2 septembre au 5 octobre), $365^j - 33^j = 332$ j.; *total* 1428 j.

Le bénéfice doit être partagé proportionnellement à 42000 × 1899, 32600 × 1606; 40000 × 1428 (n° 217 3°).

Remarque. On simplifie en divisant les mises par 100, puis par 4, et en les remplaçant par 105, 81 et 100. (V. n° 219, puis n° 211 et suivants.)

483. 4 associés ont mis 2360 fr., 4200 fr., 4500 fr. et 3200 fr., le 1ᵉʳ pendant 2 ans 3 mois, le 2ᵉ, un an 8 mois, le 3ᵉ, 2 ans 3 mois 20 jours. Ils font un bénéfice de 12600 fr. dont les 2/7 sont attribués au 4ᵉ associé. On demande la part de chacun et le nombre de jours pour le 4ᵉ associé.

Réponses. 1ʳᵉ part, 2106ᶠ,68; 2ᵉ, 2777ᶠ,16; 3ᵉ, 4116ᶠ,16; 4ᵉ, 3600ᶠ qui sont restés 1020 j. dans la société.

12600 × 2/7 = 3600ᶠ ont été attribués au 4ᵉ associé. Il reste pour les trois autres 9000ᶠ à partager proportionnellement aux produits des mises par les temps.

$2^{ans} \; 3^m = 27m$; $1^{an} \; 8^m = 20m$; $2^{ans} \; 3^m \; 20^j = 27^m \; 2/3 = 83/3\,m$. On peut prendre pour unité le tiers du mois. Les temps sont alors 81, 60 et 83.

Je remplace 2360, 4200 et 4500 par 236, 420 et 450, et je partage 9000 en parties proportionnelles aux produits 236 × 81, 420 × 60 et 450 × 83.

On trouve ainsi les trois premières parts (V. les réponses).

REMARQUE. La somme, 81666, des produits 236 × 81, 420 × 60, etc., est divisible par 9, comme 9000; on divise ces deux nombres par 9. On a ainsi des multiplications plus simples à faire. De plus, au lieu de diviser finalement par 9000, on divise par 1000 (sans travail).

On demande aussi le temps pendant lequel est restée la mise de 3200 fr. du 4ᵉ associé. Je raisonne ainsi :

Le bénéfice du 1ᵉʳ associé est 2106ᶠ,68; celui du 4ᵉ, 3600 fr. Les bénéfices sont proportionnels aux produits des mises multipliées par les temps correspondants. Or, le tiers de mois étant pris pour unité, le produit en question pour le 1ᵉʳ associé est 2360 × 81; pour le 4ᵉ, 3200 × x (x désignant le temps inconnu). On doit donc avoir :
$$\frac{3600}{2106,68} = \frac{3200 \times x}{2360 \times 81}.$$

On déduit de là après simplification :
$$x = \frac{36 \times 2360 \times 81}{2106,68 \times 32} = \frac{9 \times 295 \times 81}{2106,68} = 102 \text{ à } 0,01 \text{ près.}$$

L'unité étant le tiers du mois ou 10 j. le **temps demandé** est 102 fois 10 j. ou 1020 j.

434. 3 associés ont mis, le 1er, 42000 fr.; le 2e, 45000r, 3 mois 20 jours plus tard; le 3e, 36000 fr., 54 jours plus tard encore. L'affaire entreprise a duré 2 ans 8 mois, et a produit un bénéfice de 84000 fr. On demande la part de chacun?

Réponse. 1re part, 31586r,37; 2e, 29964r,75; 3e,22448r,88

La mise du 1er est restée dans l'entreprise 2a 8m = 32m = 960 j. Celle du 2e associé, 3m 20j=110 j. de moins, ou 960 j.— 110 j.=850 j. La mise du 3e associé, 54 j. de moins encore, c'est-à-dire 796 j. Il faut partager 84000 fr. en parties proportionnelles à 42000×960, 45000×850 et 36000×796 (on barre 3 zéros à chaque mise).

ALLIAGES ET MÉLANGES.

435. On a rempli une barrique avec 228 litres de vin de trois prix différents. 84 litres à 0r,45 le litre; 108 litres à 0r,60 et le reste à 55 c. A combien revient le litre du mélange? *Rép.* 0r,537.

Ce problème se résout exactement comme celui du n° 222.

436. On a employé 150 ouvriers à 3r,50 par jour, 120 à 2r,70 et 84 à r,10. Quel est le prix moyen de la journée de ces ouvriers? *Rép.* 2r,90.

$$150 \text{ j. à } 3^r,50 \text{ ont été payés } 3^r,50 \times 150 = 525 \text{ fr.}$$
$$120 \text{ j. à } 2^r,70 \text{ ont été payés } 2^r,70 \times 120 = 324$$
$$\underline{84 \text{ j. à } 2^r,10 \text{ ont été payés } 2^r,10 \times 84 = 176,4}$$
$$\overline{354 \text{ j.}} \qquad\qquad\qquad\qquad \overline{1025^r,4}$$

354 j. ayant été payés 1025r,4, un j. a été payé en moyenne 1025r,4 : 354 (Je divise).

437. Dans quelle proportion faut-il mélanger du vin à 65 centimes et du vin à 85 centimes, pour avoir du vin à 75 centimes? *Rép.* 1 pour 1.

```
65        10
     75        Réponse. 10 l. pour 10 l. ou litre pour litre.
85        10
```

438. Combien mettra-t-on de litres de chaque prix dans un mélange 228 litres? *Rép.* : Évidemment 114 litres.

439. Dans quelle proportion mélangera-t-on du vin à 65 centimes, à 70 centimes et à 84 centimes le litre pour avoir du vin à 75 centimes?

65	9	70	9	
	75		75	(V. n° 226).
84	10	84	5	

Rép. 9^lit à 65^c, 9 à 70^c et 10 + 5 ou 15^l à 84^c. Il y a d'autres proportions.

440. Combien faudra-t-il mélanger de vin à 75 centimes le litre avec 240 litres de vin à 84 centimes pour avoir du vin à 80 centimes le litre?

75	4	Avec 5^l à 84^c on mélange 4^l à 75^c. Avec 1^l à 84^c.
	80	on mélange 4/5 de l. à 75^c. Avec 240^l à 84^c on
84	5	mélangera 4/5^l × 240 = 192^l de vin à 75^c.

Réponse. 192 litres.

441. On veut faire un mélange de 300 hectolitres de blé à 18 fr. et à 21^f,60 l'hectolitre, de manière à avoir du blé à 19^f,10 l'hectolitre. Combien y mettra-t-on de blé de chaque prix?

18	2,5	
	19,10	} 2^Hl,5 et 1^Hl,1 ou 25^Hl pour 11^Hl.
21,60	1,1	

25 + 11 = 36. Sur 36^Hl, 25 à 18^f et 11 à 21^f,60; sur 1^Hl,5/ $\frac{1}{36}$,

et 11/36; sur 300^Hl, $\dfrac{25 \times 300}{36}$ et $\dfrac{11 \times 300}{36}$. On effectue.

Réponse. 208^Hl 1/3 à 18 fr. et 91^Hl 2/3 à 21^f,60.

442. On propose de faire un mélange de 420 hectolitres de vin à 18 fr. avec du vin à 16^f,20 et du vin à 19^f,50 l'hectolitre. Combien mettra-t-on d'hectolitres des deux derniers vins? *Rép.* : 190^Hl 10/11 du 1er et 229^Hl 1/11 du 2e.

Se résout comme le précédent.

443. Un marchand qui a acheté du vin à 1^f,20 le litre et du vin à 84^c, les mélange dans la proportion de 5 litres du 1er pour 8 litres du 2e. Combien devra-t-il vendre le litre du mélange pour gagner 15 fr. par hectolitre?

Réponse. 1^f,12 11/13 (en chiffres ronds 1^f,15).

15^f de bénéfice par Hl ou 100 l., c'est 0^f,15 ou 15^c par litre. On cherche le prix du l. du mélange (n° 222); ce prix trouvé, on lui ajoute 15^c.

444. On propose de faire un mélange de 240^{Kg} d'acide sulfurique qui contienne les 0,72 de son poids d'acide pur avec deux autres acides contenant : le 1er 0,684; le 2e 0,784 d'acide pur. *Rép.* ; 153^{Kg},6 du 1er; 86^{Kg},4 du 2e.

Prenons le gramme pour unité. Sur 1^{Kg}, le 1er acide renferme 684^g d'acide pur, et le 2e, 784^g. Le Kg du mélange doit contenir 720^g.

684	64	Sur 100^{Kg}	64 et	36.
	720	1	0,64 et	0,36.
784	36	240^{Kg}	0^{Kg},64×240 et	0^{Kg},36×240.
	100	On effectue.		

445. On propose de faire un mélange de 300 litres de vin à 84 c., 78 c., 68 c., 60 c. et 65 c., qui revienne à 72 c. le litre.

84	12	78	7	78	4	*Proportion.* 12 à 84^c; 12 à
	72		72		72	60^c; 7+4=11 à 78^c; 6 à 65^c;
60	12	65	6	68	6	6 à 68^c.

12 + 12 + 11 + 6 + 6 = 47. Sur 47 l., 12, 12, 11, 6, 6; sur 1, 12/47, 12/47, 11/47, 6/47, 6/47; sur 300, 12/47 × 300; 12/47 × 300; etc. On effectue.

Réponses. 76 l. 28/47; 76 l. 28/47; 70 l. 10/47; 38 l. 14/47; 38 l. 14/47. il y a d'autres proportions.

446. Avec 200^l de vin à 85 c., et 240^l à 78 c., on mélange du vin à 66 c. pour faire du vin à 75 c. le *l.* Combien en met-on à 66 c.? *R.* 302^l 2/9.

200 l. à 85 c. valent 170 fr.; 240 l. à 78 c. valent 187^f,20. Total 440 l. qui valent 357^f,20. Le litre du mélange vaut 357^f,20 : 440 = 81^c 2/11. On veut mélanger ces 440 l. à 81^c $^2/_{11}$ avec du vin à 66 c.

81 2/11	9	pour 9^l,	6 2/11 = 68/11
	75	pour 1^l,	68/99
66	6 2/11	pour 440^l,	$\dfrac{68^l \times 440}{99} = \dfrac{68^l \times 40}{9} = 302^l 2/9.$

447. Dans quelle proportion faut-il allier de l'or au titre de 0,840 avec de l'or au titre de 0,756 pour obtenir de l'or au titre de 0,805? *R.* 7 p^r 5.

448 On veut composer 2^{Kg},507 de cet alliage. Combien mettra-t-on d'or à chaque titre? *Rép.* 1^{Kg},462 5/12 au 1er t.; 1^{Kg},044 7/12 au 2e t.

449. Avec 2Kg,400 d'or au premier titre, combien mettra-t on d'or au deuxième titre ? 1Kg 5/7.

Ex 447.	840		49	*Réponse.* 49 au 1er titre et
		805		35 au 2e titre, ou plus simple-
(V. n° 229)	756		35	ment 7 et 5.

Ex. 448. 7 + 5 = 12. Sur 12Kg, 7Kg et 5Kg ; sur 1Kg, $7/_{12}$ et 5/12 ; sur 2Kg,507, 7/12 × 2,507 et 5/12 × 2,507.

Réponses. 1Kg,462 5/12 et 1Kg,044 7/12.

Ex. 449. A 7Kg au 1er titre, on allie 5Kg au 2e titre ; à 1Kg, 5/7 ; à 2Kg,4 ; 5/7 × 2,4 = 12/7 = 1Kg 5/7.

450. Dans un lingot d'or au titre de 0,900, il entre 70 grammes au titre de 0,780 et le reste au titre de 0,980. Quel est le poids de ce lingot ? 175 *g*.

780		80	.	Proportion 80 et 120, ou 2
	900			et 3. (Je divise par 40.)
980		28		

Sur 2 au 1er titre, 3 au 2e ; sur 1, 3/2, sur 70gr, $\dfrac{3 \times 70}{2}$

= 105gr ; 105gr au titre de 0,980. *Total,* 70 + 105 = 175gr.

451. Dans quelle proportion peut-on allier trois lingots d'argent aux titres de 0,840 ; 0,790 ; 0,900 pour obtenir de l'argent au titre de 0,810 ?

452. Composer un lingot de 3Kg,500 dans la proportion choisie ?

453. On veut employer 1Kg,500 au premier titre (0,840). Combien emploiera-t-on d'argent aux deux autres titres dans la proportion adoptée ?

Ex. 451.	840		20	900		20
		810			810	
	790		30	790		90

30 + 90 = 120. *Réponse* : On peut allier dans cette propor- tion : 20 au 1er titre donné, 120 au 2e, et 20 au 3e. Plus sim- plement 1, 6, et 1 (je divise par 20). Il y a d'autres proportions, mais nous n'en chercherons pas.

Ex. 452. 1 + 6 + 1 = 8 ; sur 8Kg, 1, 6, et 1 ; sur 1Kg, 1/8, 6/8 et 1/8 ; sur 3Kg,5 ; 3,5 × 1/8, 3,5 × 6/8 et 3,5 × 1/8.

Réponses. 0Kg, 4375 ; 2Kg,6250 ; 0Kg,4375.

Ex. 453. Sur 1 Kg au 1er titre, 6 au 2e, 1 au 3e ; sur 1Kg 5, 1,5 × 6 = 9Kg et 1Kg,5.

Rép. 9 Kg et 1Kg,5.

454. Un orfévre a deux lingots : le 1er renferme 210 grammes d'or fin et 40 de cuivre; le 2e 156 grammes d'or fin et 44 grammes de cuivre. On demande quelle quantité il devra prendre de chacun de ces lingots pour en composer $2^{Kg},40$ d'alliage au titre de 0,820 pour l'or?

$210 + 40 = 250$. Le titre du 1er lingot est $210/250 = 21/25 = 0,84$ (n° 228).

$156 + 44 = 200$. Le titre du 2e lingot est $156/200 = 78/100 = 0,78$. Il faut un alliage de $2^{Kg},40$ au titre de 0,820.

84		4	Proportion :	Sur 3^{Kg}, 2 et 1.
	82		4 et 2	1^{Kg}, 2/3 et 1/3.
78		2	ou 2 et 1.	$2^{Kg},4$, $2/3 \times 2,4$ et $1/3 \times 2,4$.

Réponse. $1^{Kg},6$ du 1er lingot, et $0^{Kg},8$ du 2e

FONDS PUBLICS.

SOUSCRIPTIONS NATIONALES (*), EMPRUNT DE 750 MILLIONS (18 juillet 1855). CONDITIONS. *Le gouvernement offre du 4 1/2 pour 0/0 à 92^r,25 et du 3 pour 0/0 à 65^r,25. On peut souscrire au minimum pour 10 fr. de rente. Le capital de la rente souscrite est payable, un dixième en souscrivant et le reste en dix-huit payements égaux effectués de mois en mois à partir du 7 septembre 1855. Pour les souscriptions inférieures à 1000 fr. de rente, on peut verser par anticipation; il est accordé pour les sommes versées d'avance un escompte calculé à raison de 4 pour 0/0 par an. Enfin les intérêts des sommes souscrites en 4 1/2 courent à partir du 22 mars 1855 et pour le 3 pour 0/0 à partir du 22 juin.*

455. 1er PROBLÈME. Quel est en somme l'avantage que fait le gouvernement même aux souscripteurs qui ne versent qu'aux termes indiqués en leur payant la rente souscrite en 4 1/2 à partir du 22 mars et la rente 3 p. 0/0 à partir du 22 juin? A combien reviennent en réalité : 1° 30 fr. de rente 3 p. 0/0; 2° 30 fr. de rente 4 1/2 p. 0/0, achetés et payés dans ces conditions?

1° 30 *fr. de rente 3 pour 0/0 souscrits le 31 juillet 1855* Capital : $65^r,25 \times 10 = 652^r,50$. On verse ce jour-là 1/10 du *capital*, et le reste, c'est-à-dire les 9/10 ou les 18/20 en dix-huit payements égaux, c'est-à-dire 1/20 le 7 de chaque mois à

(*) Nous recommandons beaucoup aux maîtres ces problèmes sur les souscriptions nationales. Ce sont d'excellents exercices pour apprendre à mettre de l'ordre et de l'attention dans les calculs d'intérêts.

partir du 7 septembre 1855.   Notre souscripteur versant aux termes fixés, l'avantage qui lui est fait consiste en ce que l'intérêt de chaque versement lui est payé à partir du 22 juin 1855, au lieu de l'être seulement à partir du jour du versement. L'État lui donne donc *gratuitement*, à titre de *prime*, l'intérêt du 20 juin au jour du versement.   Il s'agit de calculer la totalité des intérêts donnés ainsi pour tous les versements. On compte les mois de 30 jours.

1er *versement*, le 31 juillet. Du 22 juin au 31 juillet, 38 jours d'intérêt du 10e versé, ce qui fait 76 jours de l'intérêt d'un 20e.

2e *versement*, le 7 septembre. Du 22 juin au 7 septembre, 2 m., 15 j., ou 2^m 1/2 d'intérêt du 20e versé.

3e *versement*, le 7 octobre, 3^m 1/2.

Ainsi de suite, en comptant 1 mois de plus pour chaque versement suivant *jusqu'au* 19e.

On calcule ces n. de mois ; puis on les ajoute. *Total pour les* 18 *versements :* 198 m. = 5940 j. Ajoutons les 76 j. ; *total :* 6016 j.

L'État donne 6016 j. d'intérêt du 20e du capital versé. Or, l'intérêt du capital versé est de 30 fr. pour 360 j., et par suite de 30/360 = 1/12 de fr. pour 1 j.   L'intérêt du 20e de ce capital est 1/240 de fr. pour 1 j. ; pour 6016 j., 6016/240 de fr. J'évalue ce n. en décimales par la division, et je trouve 25^f,06.   Les intérêts donnés gratuitement se montant à 25^f,06, le souscripteur ne paye en réalité ses 30^f de rente que 652^f,50 — 25^f,06, = 627^f,44 (1re *réponse*).

D'ailleurs, il ne paye pas le courtage qui serait 0^f,82^c. Si je le déduis, je trouve 626^f,62 pour le prix réduit des 30^f de rente ; soit 62^f,662 pour 3^f. C'est comme si la rente était achetée au cours de 62^f,662.

2° 30^f *de rente en* 4 1/2 *souscrits le* 31 *juillet.* Capital 615^f(*). On raisonne comme pour le 3 p. 0/0. Seulement la rente étant payée à partir du 22 mars au lieu du 22 juin, c'est trois mois d'intérêt de plus pour chacun des 20 versements (celui du 31 juillet qui est de 2/20, comptant pour deux) ; c'est donc 60 m. ou 1800 j. d'intérêts de plus ; 6016 + 1800 = 7816 j. L'intérêt d'un jour du 20e étant de 1/240 de f., cela fait en

---

(*) A 92^f,25 pour 4^f,5 de rente, c'est 922^f,50 pour 45^f ; 307^f,50 pour 15^f et 615^f pour 30^f.

tout 7816/240 de f. pour notre capital. J'évalue cet intérêt e
décimales par la division, et je trouve 32^f,56. Le souscrip
teur ne paye donc que 615^f — 32^f,56 = 582^f,44 (2e *réponse*).

Le *courtage*, s'il achetait à la bourse, serait de 0^f,73 ; si o
le déduit on trouve 581^f,71 ; ce qui correspond au cours d
58^f,17 pour 3 de rente.

456. 2e PROBLÈME. On demande ce que coûtent en réalité 30 fr.
rente 3 p. 0/0 à un particulier qui, en souscrivant le 31 juillet 1855,
versé en entier le capital de la rente souscrite. *Rép.* 630^f,28.

Il faut trouver le temps d'anticipation de chaque payemen
Pour le 1er versement, il y a 1 mois 7 j. (du 31 juillet au 7 sep
tembre). Pour le 2e, 2^{m}7^j. Pour le 3e, 3^{m}7^j. Ainsi d
suite en ajoutant 1 mois pour chaque versement suivant ju
qu'au 18e. Ayant calculé ces n. de mois et de jours, on l
additionne. *Total* : 175^m 6^j = 5256^j. Suivant les condition
de l'emprunt, l'État doit, à titre d'escompte, l'intérêt de c
5256 j. pour le 20e du capital, qui est 652^f,50 : 20=32^f,625. I
diviseur correspondant à 4 p. 100 est d'ailleurs 9000.

L'escompte est donc $\dfrac{32,625 \times 5256}{9000}$ = 19^f,053. Le particu

lier verse 652^f,50 — 19^f,053 = 633^f,447.

Maintenant il faut tenir compte des intérêts payés gratuit
ment par l'État avant tout versement du 22 juin au 31 juille
soit 38 j. Or, 30^f de rente pour 360^j, c'est 1/12 de f. p
jour, et 38/12 = 3^f,17 pour 38 j. Je retranche ces 3^f,1
de 633^f,447 ; il reste 630^f,277. Le particulier ne paye en réali
que 630^f,28 pour ses 30^f de rente.

De plus, il ne paye pas le courtage qui serait de 81^c enviro

457. 3e PROBLÈME. Même question pour le 4 1/2. *Rép.* 586^f,36.

30^f *de rente* 4 1/2 *p.* 0/0. Capital 615^f dont le 20e est d
30^f,75 (*V.* Ex. 455).

Le n. des j. d'anticipation est le même que dans l'*Ex.* 45
l'escompte est aussi de 4 p. 0/0. L'escompte total est don
$\dfrac{30^f,75 \times 5256}{9000}$ = 17^f,96. Le souscripteur verse 615^f — 17^f,9

= 597^f,04.

Mais il faut tenir compte de la rente payée gratuitement d
22 mars au 31 juillet, c'est-à-dire pour 4^m 8^j, ou 128 j. Or, 3

de rente pour 360 j., c'est 1/12 de f. pour 1 j., et 128/12 = 32/3 = 10ᶠ,66 pour 128 j.   Je retranche 10ᶠ,66 de 597ᶠ,04. Les 30ᶠ de rente ne coûtent, en réalité, que 586ᶠ,38.

458. 4ᵉ Problème. Un souscripteur fait les premiers versements jusqu'en novembre dans les conditions de la souscription. Le 7 novembre, il fait 8 versements au lieu d'un. Combien lui déduira-t-on pour escompte sur 30 fr. de rente 3 p. 0/0? *Rép.* 3ᶠ,045.

Il fait cinq nouveaux versements le 24 janvier 1855. Quel escompte lui fait-on? *Rép.* 4ᶠ,042.

Il achève de payer le 18 mars. Quel est l'escompte? *Rép.* 2ᶠ,82.

Souscription faite le 31 *juillet;* 30ᶠ *de rente* 3 p. 0/0.

Le souscripteur verse 2/20 le 31 juillet, 1/20 le 7 septembre, 1/20 le 7 octobre, *sans escompte.*

1° Il fait 8 versements le 7 septembre. Pour le 1ᵉʳ versement il n'y a pas d'anticipation; pour le 2ᵉ, il y a 1 mois; pour le 3ᵉ, 2 mois; ainsi de suite jusqu'au 8ᵉ. On additionne. *Total :* 28 mois ou 840 j. d'intérêt pour la quotité d'un versement de 32ᶠ,625 (*Ex.* 456), soit

$$\frac{32^f,625 \times 840}{9000} = 0,003625 \times 840 =$$

3ᶠ,045 (1ᵉʳ *escompte*).

2° Il fait 5 *versements le* 24 *janvier.* Les 8 versements du 7 novembre sont faits pour novembre, décembre, janvier, etc., jusqu'au 7 juin. Le 1ᵉʳ versement à faire ultérieurement est celui du 7 juillet. Ce versement étant fait le 24 janvier, il y a 5ᵐ 13ʲ d'anticipation.   Pour le 2ᵉ payement du 24 janvier, il y a 6ᵐ 13ʲ.   Pour le 3ᵉ, 7ᵐ 13ʲ.   Pour le 4ᵉ, 8ᵐ 13ʲ.   Pour le 5ᵉ, 9ᵐ 13ʲ.   *Total :* pour les 5 versements: 35 m. et 65ʲ = 35ʲ×30 + 65ʲ = 1115 j. d'anticipation.   Pour ces 1115 j. l'escompte est

$$\frac{32^f,625 \times 1115}{9000} = 3^f,625 \times 1,115 = 4^f, 042. (2^e \; Escompte).$$

3° *Il achève de payer le* 18 *mars.* Avant le 7 novembre, 2 payements; le 7 novembre, 8 payements; le 24 janvier, 5 payements; *total :* 15 payements. Il restait à faire 3 payements.

Le 1ᵉʳ payement du 24 janvier était fait pour le 7 juin, les 4 autres pour juillet,... octobre.   Le 1ᵉʳ des 3 payements faits le 18 mars était le payement du 7 novembre suivant. L'anticipation est de 7ᵐ 19ʲ (on compte tous les m. de 30 j.).   Pour le 2ᵉ payement, c'est 8ᵐ 19ʲ.   Pour le 3ᵉ, 9ᵐ 19ʲ.   *Total :* 24ᵐ 57ʲ

$= 24 \times 30 + 57 = 777$ j. Pour ces 777 j., l'escompte est de
$$\frac{32^r,625 \times 777}{9000} = 3^r,625 \times 0^r,777 = 2^r,82 \ (3^e \ \textit{Escompte}).$$

459. En tenant compte de tous les escomptes du problème précédent, et de ce que la rente du capital tout entier est payée à partir du **22 juin**, on demande à combien reviennent en réalité 3 fr. de rente ? *Rép.* **62ʳ,93.**

J'additionne les trois escomptes précédents, $3^r,05 + 4^r,042 + 2^r,82 = 9^r,91$. Le souscripteur n'ayant fait aucun versement le 31 juillet, touche néanmoins la rente du 22 juin au 31 juillet, soit 38 j. Cette rente est de $3^r,17$ (*Ex.* 456). Pour le versement fait le 7 septembre, l'État donne en plus, gratuitement, $1^m 7^j$ ou 37 j. d'intérêt du 20e (du 31 juillet au 7 sept.).

Pour le payement du 7 octobre, il donne $2^m 7^j$ du même intérêt. Pour les 8 payements faits le 7 novembre, l'État donne $(3^m 7^j) \times 8 = 24^m 56^j$. Pour les 5 payements du 24 janvier, il donne $(5^m 24^j) \times 5 = 25^m 120^j = 29$ m. (*) Pour les 3 payements du 18 mars, il donne $(7^m 18^j) \times 3 = 21^m 54^j$. J'ajoute tous ces m. et ces j. d'intérêts donnés gratuitement par l'État. *Total* : $81^m 4^j = 81 \times 30 + 4 = 2434$ j. Nous savons que l'intérêt du 20e du capital est de 1/240 de fr. pour 1 j. (*V. Ex.* 455). Pour 2434 j., c'est 2434/240 de fr. $= 10^r,14$.

Additionnons tous les escomptes et la rente payée gratuitement : $9^r,91 + 3^r,17 + 10^r,14 = 23^r,22$. Les 30^r de rente coûtent en réalité $652^r,50 - 23^r,22 = 629^r,28$. Pour 3^r de rente, c'est $62^r,93$.

460. 5ᵉ Problème. *Résoudre les problèmes 458 et 459 pour le 4 1/2.*

1° *Questions du problème* 458 *résolues dans le cas de* 30 *fr. de rente 4 1/2.*

Les dates des versements à faire et celles des versements effectués étant les mêmes, les n. de jours d'anticipation sont les mêmes. Le taux est d'ailleurs le même. Il n'y a que le capital qui diffère. C'est, ici, $615 : 20 = 30^r,75$.

On remplace $32^r,625$ par $30^r,75$.

(*) Il faut compter les intérêts de chaque versement pour tout le temps qui s'est passé depuis le 22 juin jusqu'à ce versement. Comme on a compté pour tous jusqu'au **31 juillet**, on compte seulement du **31 juillet à chaque date de payement.**

1er **escompte fait le 7 novembre** : $\dfrac{30,75 \times 840}{9000} = 2^f,87.$

2e **escompte fait le 24 janvier** : $\dfrac{30,75 \times 1115}{9000} = 3^f,81.$

3e **escompte fait le 18 mars** : $\dfrac{30,75 \times 777}{9000} = 2^f,65.$

2° *Questions de l'ex. 459 appliquées à 30 fr. de rente 4 1/2.*

Aux escomptes que nous venons de trouver, il faut ajouter l'intérêt de chaque 20ième du capital à partir du 22 mars (au lieu du 22 juin); c'est 3 mois de plus pour chaque versement, et par suite, 60 mois ou 1800 jours à ajouter aux 2434 jours, total 4234 jours. L'intérêt du 20e est le 20e de l'intérêt total (Ex. 455, 1°); c'est 1/240 de f. pour 1 j. Pour 4234 jours c'est 4234/240=17^f,64. J'ajoute 17^f,64 et les escomptes; total 26^f,97.

Je retranche de 615 fr. Il reste 588^f,03. Les 30 fr. de rente reviennent à 588^f,03, et par suite, 3 fr. de rente à 58^f,80.

ACHATS ET VENTES DE FONDS PUBLICS A LA BOURSE.

Rentes sur l'État.

462. Combien coûtent, courtage compris :

     3270 fr. de rente 3 p. 0/0 au cours de 68^f,20 (25 févr.).

463. — 4230 fr.   —   4 1/2 p. 0/0 au cours de 94^f,50 (d°).

464. — 3276 fr.   —   3 p. 0/0 au cours de 70^f,30 (19 sept.).

465. — 4296 fr.   —   4 1/2 au cours de 96^f,40 (d°).

466. Chaque date indiquée étant celle de l'opération, on demande d'évaluer le prix réel de chaque rente achetée, eu égard à l'intérêt acquis qui profite à l'acheteur? (N° 300 du Cours.)

Avis. Nous n'avons pas tenu compte du timbre dans toutes les questions qui suivent.

Ex. **462**. On opère et on raisonne comme au n° 242. *Rép.* 74430^f,92.

Ex. **463**. On raisonne et on opère comme au n° 243. *Rép.* 88941^f,04.

Ex. **464**. On raisonne et on opère comme au n° 242. *Rép.* 76863^f,56.

Ex. **465**. On raisonne et on opère comme au n° 243. *Rép.* 92145^f,47.

Ex. **466**. Nous allons traiter la question pour les 4 achats.

1er achat (ex. 462). Du 1er janvier au 25 février exclus, il y a 54 j. (*nous comptons chaque mois de 30 jours.*) Le titre acheté produit 3270 fr. de rente pour un an ou 360 j.; 3270/360 en 1 j., et $3270^f \times 54 : 360 = 490^f,50$ en 54 j. L'acheteur bénéficie de ces $490^f,50$ d'intérêt antérieur à son achat. Le titre ne lui coûte donc en réalité que $74430^f,92 - 490^f,50 = 73940^f,42$ (n° 263).

2° *achat* (ex. 463). Du 22 septembre exclus. au 25 février exclus. 152 j. Le titre acheté rapporte 4230 fr. pour 360 j.; c'est $4230 \times 152 : 360 = 1786$ fr. pour 152 j. *Réponse.* Le prix net est donc $88941^f,04 - 1786 = 87155^f,04$.

3° *achat* (ex. 464). Du 1er juillet au 19 sept. exclus. 78 j. Le titre de rente rapporte en 78^j, $3276^f \times 78 : 360 = 709^f,80$. Prix $76863^f,56 - 709^f,80 = 76153^f,76$.

4° *achat* (ex. 465). Le 19 septembre, le coupon du 4 1/2 est détaché. Les intérêts gagnés depuis le 22 mars n'appartiennent pas à l'acheteur.

467. Combien aura-t-on (courtage à part) de rente :
— 3 p. 0/0 au cours de $67^f,80$ pour 84072 fr. (le **12** oct.).

468. — 4 1/2 p. 0/0 au cours de $95^f,60$ pour 88908 fr. (d°).

469. — 3 p. 0/0 au cours de $68^f,50$ pour $107921^f,75$ (le **21** déc.).

470. — 4 1/2 p. 0/0 au cours de $93^f,80$ pour $82881^f,18$ (d°).

471. On demande le prix de revient réel de chaque titre de **rente**, déduction faite des intérêts acquis à l'acheteur (n° 263 du cours).

472. Quel est le cours net, déduction faite de ces intérêts? (Pour les probl. 467 à 470.)

Ex. **467.** On raisonne et on opère comme au n° 245. *Rép.* 3720^f de rente.

Ex. **468.** On raisonne et on opère comme au n° 246. *Rép.* 4185^f de rente.

Ex. **469.** On raisonne et on opère comme au n° 245. *Rép.* $4726^f,50$.

Ex. **470.** On raisonne et on opère comme au n° 246. *Rép.* $3976^f,18$.

Ex. **471.** Les rentes achetées étant connues (V. les réponses précédentes), on calcule, *comme dans l'ex.* 466, chaque rente acquise à l'acheteur depuis le commencement du trimestre courant (pour le 3 0/0), du semestre courant pour le 4 1/2,

usqu'au jour connu de l'achat, et on retranche cette rente
lu prix d'achat pour avoir le prix net. Voici les réponses :

Prix nets. 1ᵉʳ *achat* : 83958ᶠ,34; 2ᵉ *achat* : 88687ᶠ,13;
3ᵉ *achat* : 106971ᶠ,42; 4ᵉ *achat* : 81909ᶠ,23. Chacun de ces prix
loit être augmenté du courtage et du timbre (n° 243).

Ex. **472.** Le cours coté est le prix d'achat de 3ᶠ ou de 4ᶠ1/2
le rente. Ce cours doit être diminué de la partie de ces 3ᶠ ou
le ces 4ᶠ 1/2 de rente acquis à l'acheteur depuis le commencement du trimestre ou du semestre courant. Il faut faire
pour 3ᶠ ou pour 4ᶠ1/2 exactement le même calcul que nous
avons fait pour les quantités de rente des exercices précédents.

1ᵉʳ *achat* (Ex 467). Du 1ᵉʳ octobre au 12 exclus., 11 j. d'intérêts acquis à raison de 3ᶠ pour 360 j. C'est 3/360 = 1/120
pour 1 j., et 11/120 pour 11 j. Je convertis en décimales, et
je trouve 0ᶠ,09.   Je les retranche du cours coté 67ᶠ,80, et
j'obtiens le *cours net* 67ᶠ,71.   C'est-à-dire que 3ᶠ de rente
n'ont coûté en réalité que 67ᶠ,71.

2ᵉ *achat* (Ex. 468). Du 22 sept. au 12 oct.. 19 j. d'intérêt à
raison de 4ᶠ 1/2 pour 360 j. = 4ᶠ,50 × 19 : 360 = 0ᶠ,237. Les
4ᶠ,50 coûtent *net* 95ᶠ,60 — 0ᶠ,237 = 95ᶠ,363.

3ᵉ *achat* (Ex. 469). Du 1ᵉʳ octobre au 21 décembre exclus.,
80 j. d'intérêt à raison de 3ᶠ pour 360 j. = 3ᶠ × 80 : 360 = 0ᶠ,66.
Cours net 68ᶠ,50 — 0,66 = 67ᶠ,84.

4ᵉ *achat* (Ex. 470). Du 22 sept. au 21 décembre exclus.,
88 j. d'intérêts à raison de 4ᶠ,50 pour 360 j. = 4ᶠ,5 × 88 :
360 = 1ᶠ,10. Cours net 93ᶠ,80 — 1ᶠ,10 = 92ᶠ,70.

473. Résoudre les problèmes 467 à 470 inclus pour le cas où la somme
donnée doit payer la rente et le courtage (n° 248).

1ᵉʳ *achat* (Ex. 467). On opère comme au n° 248. *Rép.* Pour
84072ᶠ (courtage compris), on aura 3715ᶠ,35 de rente.

2ᵉ *achat* (Ex. 468). Nous répétons le raisonnement à propos du 4 1/2. Courtage 1/800 de 88908ᶠ = 111ᶠ,13.   Il reste
88796ᶠ,87 qu'on emploie à acheter de la rente, courtage non
compris. On raisonne et on opère sur cette somme comme
au n° 246. *Rép. Rente achetée* : 4179ᶠ,77.

3ᵉ *achat* (Ex. 469). On opère comme au n° 248. *Rép. rente
achetée* : 4720ᶠ,59.

4ᵉ *achat* (Ex. 470). On raisonne et on opère comme pour le
3ᵉ achat. *Rente achetée* : 3971ᶠ,20.

Remarque. Nous avons appliqué la **méthode rigoureuse** expliquée en note page 161 à quatre de ces exemples, et nous avons trouvé exactement le même résultat .jusqu'aux centimes exclusivement.

Le capital employé doit être de 640000ᶠ pour qu'il y ait une différence de 1ᶠ entre les capitaux nets (courtages déduits) trouvés par la méthode simplifiée et par la méthode rigoureuse. Cette différence d'un franc entre les capitaux donne moins de deux centimes entre les **quantités de rente** achetées (moins de 2 centimes pour 640000ᶠ de capital). Évidemment la méthode simplifiée peut être employée sans inconvénient. Elle doit l'être en général. Le calcul est beaucoup plus court, plus facile à expliquer et à comprendre. L'acheteur peut plus aisément faire ou vérifier son compte sans que ses intérêts soient lésés.

474. Quel est le plus avantageux du 3 p. 0/0 au cours de 67ᶠ,20 ou du 4 1/2 au cours de 98ᶠ,40?

On raisonne et on opère comme au n° 249. *Rép.*: le 3 p. 0/0.

475. A quel taux pour 0/0 par an place-t-on son argent en achetant du 3 p. 0/0 au cours de 69ᶠ,40? *Rép.* à 4,32 p. 0/0.

69ᶠ,40 rapportent 3ᶠ; 1ᶠ rapp. 3ᶠ : 69,40; 100ᶠ rapp. 300ᶠ 69, 4 = 4ᶠ,32.

476. A quel taux pour 0/0 par an place-t-on son argent en achetant du 4 1/2 p. 0/0 au cours de 97ᶠ,65? *Rép.* 4,61 p. 0/0.

97ᶠ,65 rapp. 4ᶠ,5; 1ᶠ rapp. 4ᶠ,5 : 97ᶠ,65; 100ᶠ rapp. 450 : 97ᶠ,65 = 4ᶠ,61.

OBLIGATIONS DES CHEMINS DE FER.

477. A quel taux p. 0/0 place-t-on son argent en achetant des obligations 3 p. 0/0 d'Orléans *au porteur*, au cours de 307ᶠ,50. (On tiendra compte du droit fixe annuel.) *Rép.* 4ᶠ,728 p. 0/0.

307,50	307,50
0,38	0,0012
307,88	6150
	3075
	0,36900
	0,07380
	0,44280

Je calcule d'une part le prix de revient de l'obligation, courtage compris (n° 242, note); 307ᶠ,88; d'autre part le droit fixe et le double dixième (n° 260; au porteur); *total* 0ᶠ,4428 que je retranche de 15ᶠ; le reste 14ᶠ,5722 est le revenu net.

Puis je dis : 307ᶠ,88 rapportent

14^f,5572;   1^f rapp. 14^f,5572 : 307,88;   100^f rapp. 1455^f,72 :
307,88 = 4^f,728. On place son argent à 4^f,728 p. 0/0.

Remarque. Si on n'achetait qu'une obligation, il faudrait
ajouter 50° pour timbre. *Total* 308^f,38 au lieu de 307,88. Mais
on achète ordinairement plusieurs obligations, et le timbre
qui est fixe (0,50 ou 1^f,50, n° 240), s'ajoute au prix d'achat
total.

478. Quel est le prix d'une obligation nominative du Nord au cours
de 308^f,75 en tenant compte du droit de mutation? *Rép.* 309^f,878.

479. A quel taux pour 0/0 par an place-t-on son argent en achetant
de ces obligations? *Rép.* 4^f,84 p. 0/0.

308,75   Je calcule le prix de l'obligation, y compris le
  0,6175   droit et le double dixième comme il a été expliqué
  0,1235   n° 260 (nominatives); je trouve 309^f,491. Je calcule
—————
309,4910   le courtage, 0,387, je l'ajoute; *total* 309,878. Puis
  0,387   je dis :
—————
309,878   309^f,878 rapportent 15^f;   1^f rapp. 15 : 309^f,878;
           100^f rapp. 1500^f : 309,878 = 4^f,84.

Même remarque qu'à l'ex. 477.

480. On achète ces obligations le 13 octobre. On demande de résoudre
les deux questions précédentes en tenant compte des intérêts acquis à
l'acheteur (n° 263). *Rép.* Prix net, 305^f,63. Revenu net, 4^f,91 p. 0/0.

Du 1er juillet au 13 octobre exclus. 102 j. (je compte les m.
de 30 j.). L'intérêt gagné par une obligation pour 102 j. à raison de 15^f pour 360 j., est 4^f,25. Je retranche cet intérêt antérieur de 309^f,88. Le prix net de l'obligation est 305^f,63
(1re réponse).
    305^f,63 rapp. 15^f; 1^f rapp. 15^f : 305,63; 100^f rapp. 1500 : 305,63
= 4,91.

On place son argent à 4^f,91 pour 0/0.

481. On consacre 30000 fr. à l'achat d'obligations au porteur d'Orléans
au cours de 306^f,25. Le courtage de 1/8 pour 100 fr. doit être pris sur
cette somme. Quel revenu aura l'acheteur? *Rép.* 1412^f,22.

Je calcule le courtage sur 30000^f (n° 248) : 37^f,50. Je le retranche; il reste 29962^f,50 pour acheter les obligations. On
en aura autant qu'il y a de fois 306^f,25 dans 29962^f,50. Je divise.
Le quotient est 97 et le reste 256^f,25. On aura 97 obligations.

Je cherche maintenant le revenu **net d'une obligation** comme il a été expliqué (n° 260, *au porteur*); c'est 14',559. Le revenu de 97 oblig. est 14',559 × 97 = 1412',223.

482. Un particulier achète 128 obligations 5 p. 0/0 de l'Est au porteur, au cours de 503',75. Combien aura-t-il à payer, courtage compris? A quel taux p. 0/0 par an place-t-il son argent? *Rép.* 67263',975 ; 4',62 p. 0/0.

128 obligations au porteur coûtent 503',75 × 128 = 67180'. J'ajoute le courtage 83',975. *Total* 67263',975.

Je cherche le revenu net d'une obligation 5 p. 0/0 au porteur (n° 260, au porteur). C'est 25' — 0,7254 = 24',2746; les 128 obligations rapportent 24.2746 × 128 = 3107',15.

67263',975 rapp. 3107',15; 1' rapp. 3107,15 : 67203,975; 100' rapp. 310715 : 67263,975 = 4',62.

483. Un autre achète 78 obligations nominatives du même chemin au même cours. Combien aura-t-il à payer, courtage et droit de mutation compris? A quel taux pour 0/0 par an place-t-il son argent?

Je cherche le prix d'une obligation *nominative*, droit compris (n° 260); c'est 504',958. Je le multiplie par 78, ce qui me donne 39386',724. Je calcule le courtage 49',23 et je l'ajoute. Prix total 39435',95.

Le revenu net est 25' × 78 = 1950'.

39435',95 rapportent 1950'. 1' rapp. 1950' : 39435',95 100' rapp. 195000' : 39435,95 = 4',94.

484. Lequel est le plus avantageux d'acheter des obligations du Nord *au porteur* à 308',75 ou du 3 p. 0/0 au cours de 70',10? *R.* Des obligations.

Je cherche le revenu net de l'obligation *au porteur:* 14',5554. Puis je dis : 308',75 rapp. 14,5554. 1' rapporte 14,5554 : 308,75; 100' rapp. 1455',54 : 308,75 = 4',71.

70',10 rapp. 3'; 1' rapp. 3' : 70,10; 100' rapp. 300' : 70,10 = 4',27.

La rente de 100' placés en obligations étant la plus forte, il est plus avantageux d'acheter des obligations.

485. Résoudre la même question, les obligations étant nominatives. *Id.*

Je cherche le prix d'une obligation, droit compris ; je trouve 309',491 (n° 260 *nominative*). Puis je dis : 1° 309',491 rapp. 15';

1' rapp. 15' : 309,491 ;   100' rapp. 1500' : 309,491 = 4',85.
2· 70'10 rapp. 3' :   100' rapp. 300' : 70',10 = 4,28.
Il est plus avantageux d'acheter des obligations.

486. Comparez de même au 4 1/2 acheté à 96',55. *Id*.

Je connais le revenu pour 0/0 de chaque espèce d'obligations ; je cherche celui de la rente : 96',55 rapp. 4',5.
1' rapp. 4',5 : 96,55.   100' rapp. 450' : 96,55 = 4',66.

Il est plus avantageux, dans les deux cas d'acheter des obligations.

487. On achète, le 4 juin 1860, 18 obligations 3 p. 0/0 d'Orléans *au porteur*, au cours de 303',75 ; 3 id. de Paris à Lyon, à 301',25, et 28 du Lombard-Vénitien, à 256',25. On paye 1/8 p. 0/0 de courtage. Combien payera-t-on ? A quel taux moyen placera-t-on son argent ? On tiendra compte dans ce dernier calcul de l'intérêt acquis à chaque obligation depuis le jour de l'entrée en jouissance (n° 263).

ERRATA. On ne paye pas de *droit de mutation* pour les actions ou obligations au porteur. (Corrigez cet énoncé dans l'*Arithmétique*.)

Calcul du prix de revient. 18 oblig. d'Orléans au porteur : 303',75 × 18 = 5467',50 ; 3 *id*. de Lyon, 301',25 × 3 = 903',75 ; 28 *id*. lombardes, 256',25 × 28 = 7175'. *Total* 13546',25.

Courtage, 16',93 ; je l'ajoute. *Prix demandé*, 13563',18.

Taux du placement. Puisqu'il faut tenir compte des intérêts gagnés depuis la dernière échéance pour chaque valeur, il faut calculer ces intérêts et les retrancher du prix payé.

Je cherche d'abord l'intérêt net d'une obligation par an, 1° d'Orléans (n° 260, au porteur), 14',5626 ;   2° de Lyon, 14',5662 ;   3° lombarde, 15' (sans retenue).

Je cherche ensuite le n. de j. d'intérêts acquis : 1° du 1er janvier au 4 juin inclus., pour une obligation d'Orléans 153 (mois de 30 j.) ; pour les 18 obligations, 153×18=2754 j. ;

2° Du 1er avril au 4 juin exclus., pour une obligation de Lyon, 63 j. ; pour les 3 oblig., 189 j.

A raison de 14',5626 pour 360 j., 2754 j. d'int. = 14',5626 × 2754 : 360 = 111',40.   A raison de 14',5662 pour 360 j., 189 j. d'int. = 7',65.

Pour les 28 oblig. du Lombard, le n. des j. est 153 × 28 = 4284 j. d'intérêt.   A raison de 15' pour 360 j. ; c'est 15' × 4284 : 360 = 178',60.

J'additionne tous les intérêts; *total,* **297',65 gagnés avant** l'achat. Je les retranche du prix payé; il reste 13265',53, qui est le *prix net.*

Je cherche maintenant le revenu net.

18 oblig. d'Orléans rapp. 14',5626 × 18 = 262',1268;

3 *id.* de Lyon, 14',5662 × 3 = 43',6986;

28 Lombards, 15' × 28 = 420.   *Total* 725',8254.

13265',63 rapp. 725',8254;   1' rapp. 725',8254 : 13265,63;

100' rapp. 72582',54 : 13265,63 = 5',47.   **L'argent est placé** à 5',47 pour 0/0.

488. Même question, les obligations étant *nominatives?*

Calcul du prix de revient. Je cherche le prix de **revient** d'une oblig. d'Orléans, puis de Lyon, droit et double dixième compris (n° 260) nominatives. Je trouve 304',479 et 301',973. Une oblig. lombarde coûte net 256,25. D'après cela,

18 oblig. d'Orléans à 304',479 coûtent 5480',622;

3 *id.* de Lyon, 301,973 × 3 = 905',919.   28 Lombards, 256',25 × 28 = 7175'.   *Total* 13561',541.   Courtage 16',952.   Timbre 1',50.   Prix total payé 13579',99.

Taux du placement. Je cherche le revenu net et le prix net.

Prix net d'achat. Il faut calculer les intérêts gagnés antérieurement (n° 263). Le revenu d'une obligation *nominative* quelconque est 15'. On peut donc réunir tous les n. de j. d'intérêt qu'on calcule comme dans l'ex. 487.

2754 + 189 + 4284 = 7227 j. d'intérêt à raison de 15' pour 360 j., qui valent 15' × 7227 : 360 = 7227/24 = 301',125. Je retranche cet intérêt de 13579',99. Le reste 13278',865 est *le prix net d'achat.*

Le n. des obligations est 49; elles rapportent annuellement 15' × 49 = 735. Je dis donc :

13278',865 rapp. 735';   1' rapp, 735' : 13278,865;   100' rapp. 73500' : 13278,865 = 5',535.

L'argent est placé à 5,535 pour 0/0 (C'est le *taux moyen*).

489. Un particulier a 3270 fr. de rente 3 p. 0/0; combien se ferait-il de rente en faisant vendre son titre à la Bourse, au cours de 68',40, pour acheter à la place des obligations *nominatives* d'Orléans au cours de 303',75?

3270' de rente 3 pour 0/0 au cours de 68',40 se vendent 68',40 × 3270 : 3 = 74556'.   Courtage à déduire 93',20. **Reste** net à employer pour acheter des obligations 74462^f,80. Je cherche le prix d'une obligation, droit compris (n° 260, nominatives); 304^f,479. Le particulier aura autant d'obligations qu'il y a de fois 304^f,479 dans 74462^f,80. Je divise. Le quotient est 244, et le reste 169^f,92.

Il aura 244 obligations qui lui rapporteront 15^f×244=3660^f; il aura encore 169^f,92 d'économie sur le capital.

REMARQUE. Nous supposons que le particulier fait vendre et acheter le même jour. Dans ce cas, il ne paye qu'un courtage.

490. On vend 660 fr. de rente 3 p. 0/0 à 70^f,10 et 4320 fr. de rente 4 1/2 p. 0/0 à 96^f,55 pour acheter un nombre égal d'obligations *nominatives* d'Orléans à 303^f,75, de Lyon *id.* à 301^f,25, des chemins Autrichiens à 254^f,50 et des Lombards-Vénitiens à 256^f,25. On demande combien on achètera d'obligations et combien on se fera de rente? On prendra le nombre entier d'obligations trouvé, et avec l'argent restant on achètera autant que possible d'obligations du Lombard-Vénitien. (L'intérêt nominal des obligations étrangères est payé intégralement.) *Rép.*: 386 oblig.; 5790^f de rente.

660^f de rente au cours de 70^f,10, valent 70,10 × 660 : 3 = 15422^f; 4320^f de rente au cours de 96^f,55, valent 96,55 × 4320 4,5 = 92688^f. *Total* : 108110^f. Courtage à déduire : 135^f,14. Reste 107974^f,86 pour acheter des obligations.

Je cherche le prix d'une obligation d'Orléans, droit compris, 304^f,479 ; *id.* de Lyon, 301^f,973. Prix d'une obligation des Autrichiens sans droit, 254^f,50 ; *id.* Lombards, 256^f,25. J'additionne les quatre prix. Total 1117^f,202. Avec 1117^f,202 on aurait une obligation de chaque chemin. On pourra acheter autant d'obligations de chaque chemin qu'il y a de fois 1117^f,02 dans 107974^f,86. Je divise. Le quotient est 96; il reste 723^f,468. On pourra acheter 96 obligations de chaque chemin. Il reste à employer 723^f,468; je divise par 256,25, prix d'une obligation lombarde. Le quotient est 2. On pourra acheter en plus 2 obligations des Lombards. Total du nombre des obligations achetées : 96×4 + 2 = 386.

Ces obligations étant nominatives rapportent net 15^f de rente chacune. Le revenu total est donc 15^f × 386 = 5790^f.

CAISSES D'ÉPARGNE.

On se conforme aux statuts (*V.* l'Arithm.).

Intérêt 3 1/2 p. 0/0 par an.

491. DÉCOMPTE D'UN DÉPOSANT. On lit sur son livret :

Avoir au 1ᵉʳ janvier 1862. . . . . 374 f

Versé le 26 janvier 25 fr.. — le 16 février 18 fr., — le 27 avril 42 f

— Remboursé le 9 mai (vendredi) 35 fr. — Versé le 13 juill

36 fr., — le 17 août 20 fr., — le 31 août 15 fr.. — Remboursé

19 7ᵇʳᵉ (vendredi) 30 fr., — le 3 octobre (vendredi) 10 fr. Ver

le 26 8ᵇʳᵉ 25 fr., — le 16 9ᵇʳᵉ 28 fr., — le 14 décembre 20 f

(Tous les jours de versements indiqués sont des dimanches). O

demande de calculer l'avoir au 1ᵉʳ janvier 1863. *Rép. :* 543ᶠ,6

REMARQUE. Dans ce calcul et dans les suivants on peut appliquer ava

tageusement la méthode des nombres et des diviseurs. On opérera d'abo

comme si le taux était 4 p. 0/0 (diviseur 9000). Puis le calcul des intéré

entièrement fini, on diminuera le résultat de son huitième (1/2 étant

huitième de 4, et 3 1/2 = 4 — 1/2).

L'avoir au 1ᵉʳ janvier 1863, se compose de l'avoir au 1ᵉʳ jan
vier 1862, plus les sommes versées, moins les sommes rem
boursées, plus les intérêts de l'avoir primitif et des somme
versées, moins les intérêts des sommes remboursées; tou
ces intérêts étant calculés d'après les dates des versemen
et eu égard aux statuts.

Je suppose que les remboursements se soient faits dans l
semaine qui a suivi la demande. Par suite, les intérêts d
ces remboursements doivent être déduits à partir du jour d
là demande qui se trouve être ainsi le dimanche précéda
le remboursement.

Afin de pouvoir compter les intérêts des versements
partir du jour indiqué, j'avance de 7 j. la date de chaqu
versement, ce qui donne le dimanche suivant, à partir d
quel inclus les intérêts doivent être payés. Pour les ren
boursements nous mettons la date du dimanche précéden
d'après ce que nous venons de dire.

Les dates ainsi écrites, je cherche le n. de j. qui restent
s'écouler depuis chaque jour indiqué *inclus*, jusqu'à la fin d
l'année que je compte de 360 j. Pour cela, je calcule n. d
j. de l'année écoulés avant chaque date, en comptant le

mois antérieurs de 30 j., et je retranche ce n. de j. de 360.
Le reste est le n. de j. d'intérêts dus pour l'avoir ou le versement en question (*). Connaissant les n. de j , je calcule
les NOMBRES pour chaque versement et pour chaque remboursement. Je fais la balance (la différence des *nombres*).
J'en déduis les intérêts dus, d'abord à 4 p.0/0 (diviseur 9000),
puis à 3 1/2 en retranchant 1/8 du résultat. Enfin je fais la
balance des capitaux que j'ajoute aux intérêts.

Voici le décompte :

Avoir et versements.		J. d'intérêts.	Nombres.		
374ᶠ	1ᵉʳ janvier.	360	374 × 360 =	134640
25	2 février.	329	25 × 329 =	8225
18	23 février.	308	18 × 308 =	5544
42	3 mars.	298	42 × 298 =	12516
36	20 juillet.	161	36 × 161 =	5796
20	24 août.	127	20 × 127 =	2540
15	7 septembre.	114	15 × 114 =	1710
25	2 novembre.	59	25 × 59 =	1475
28	23 novembre.	38	28 × 38 =	1064
20	21 décembre.	11	20 × 11 =	220
603ᶠ				173730

Remboursements.		J. d'intérêts. (à déduire).	Nombres.		
35ᶠ	4 mai.	237	35 × 237 =	8295
30	14 septembre.	107	30 × 107 =	3210
10	28 septembre.	93	10 × 93 =	930
75ᶠ				12435

Balance ou différence des nombres 161295.
Le diviseur est 9000.

(*) Soit par exemple le versement du 20 juillet. Avant le 10 juillet, il
s'est écoulé 6 mois ou 180 jours, plus 19 jours; total 199. Je retranche 199
de 360, il reste 161. Du 20 juillet à la fin de l'année, il y a 161 jours
pour lesquels on doit l'intérêt du versement de 36 fr. C'est ainsi que j'ai
calculé tous les nombres de jours de ce tableau et des suivants.

Les intérêts à 4 p. 0/0 = 161295 : 9000. . . . . . = 17^r,92
1/2 p. 0/0 ou 1/8 à déduire. . . . . 2 ,24
Intérêt à 3 1/2. . . . . 15 ,68
Balance des capitaux 603 — 75. . . . . = 528
Avoir au 1er janvier 1863. . . . . 543^r,68

492. De deux ouvriers qui gagnent chacun 4^r,50 par jour, l'un fait le lundi, tandis que l'autre travaille ce jour-là; ce qui lui permet de porter à la caisse d'épargne 18 fr. le premier dimanche de chaque mois, à partir du 5 janvier 1862. Quel sera son avoir à la caisse le 1er janvier 1864. R. 447^r,48.

1re *année* 1862. La date de chaque versement *avancé de 7 j.*, est la date du 2e dimanche de chaque mois de 1862. On prend ces dates dans un calendrier, puis on calcule, comme dans l'*Ex.* 491, le n. de j. d'intérêts dus pour chacun des versements et on les additionne. Voici ces dates : 12 janvier, 9 février, 9 mars, 13 avril, 11 mai, 8 juin, 13 juillet, 10 août, 14 septembre, 12 octobre, 9 novembre, 14 décembre. Les . de j. sont : 349, 322, 292, 258, 227, 203, 168, 141, 107, 79, 52, 17. Comme je dois multiplier 18 par chacun de ces n., et additionner les produits, j'additionne tous ces n. et je multiplie 18 par leur somme. *Total des jours* 2215^j. *Total des* NOMBRES, 18 × 2215 = 39870. Le diviseur est 9000. 39870^r : 9000 = 4^r,43. Les intérêts à 4 p. 0/0 se montent à 4^r,43. e retranche le 8e = 0,55; il reste pour les intérêts à 3 1/2, 3^r,88.

Il y a eu 12 versements de 18^r qui se montent à 18^r × 12 = 216^r. J'ajoute ce capital aux intérêts :

Avoir au 1er *janvier* 1863 : 219^r,88.

2e *année* 1863. Je prends encore dans le calendrier la date du 2e dimanche de chaque mois. Puis je calcule le n. de j. d'intérêt d'après ces dates, comme pour 1862. J'additionne ces n. de j. et je multiplie la somme par 18 (c'est la somme des *nombres*). J'en déduis l'intérêt à 4 p. 0/0. Je cherche l'intérêt de 219^r,88 à 4 p. 0/0 pour un an. J'ajoute les deux intérêts. Je prends le 1/8 de la somme pour revenir à 3 1/2. J'ai ainsi les intérêts de l'année. J'ajoute les capi-aux: 219^r,88 + 18^r × 12. J'ai ainsi l'avoir au 1er janvier 1864.

Dates avancées de 7 jours (2e dimanche de chaque mois de 1863 : 11 janvier, 8 février, 8 mars, 12 avril, 10 mai, 14 juin, 12 juillet, 9 août, 13 septembre, 11 octobre, no-vembre, 13 décembre.

Nombre de jours : 350, 323, 293, 259, 231, 197, 169, 142, 109, 80, 53, 18. *Total* 2224 j.

La somme des NOMBRES $= 18 \times 2224 = 40032$.

L'intérêt à 4 pour 0/0, 40032 : 9000 $=$	4^f,45
L'intérêt de 219^f,88 à 4 p. 0/0 pour un an $=$	8^f,80
Total.	13^f,25
Dont le 1/8.	1^f,65
Restent les intérêts à 3 1/2.	11^f,60
Avoir au 1er janvier.	219^f,88
Versements effectués en 1863 : 18^f×12$=$216^f	216^f
Avoir au 1er janvier 1864.	447^f,48

493. De deux ouvriers qui travaillent 25 jours par mois, et gagnent 40 c. par heure, l'un se met à l'ouvrage à 5 h. 1/4 du matin et l'autre à 8 h. 1/2 seulement. Le second dépense tout ce qu'il gagne, et le premier porte, le premier dimanche de chaque mois à la caisse d'épargne ce qu'il gagne de plus que l'autre. Il commence ses versements le 2 février 1862 (dimanche). A quelle époque son avoir atteindra-t-il le maximum de 1000^f? *Rép.* En juillet 1864.

De 5^h 1/4 à 8^h 1/2 il y a 3^h 1/4, qui, à 40^c l'heure, font 40^c× 3,25 $= 130^c = 1^f$,30. Le 1er ouvrier gagne 1^f,30 par jour de plus que l'autre; au bout d'un mois, il économise 1^f,30×25 $= 32^f$,50 qu'il porte à la caisse d'épargne le 1er dimanche du mois suivant. Il verse aux mêmes dates que l'ouvrier du prob. précédent, le 5 janvier excepté. Pour avoir le n. de j. d'intérêts de l'année 1862, il suffit donc de retrancher les 349^j qui concernent le 1er versement. Il reste 1866 j. Le total des NOMBRES est 32,50 × 1866 $= 60645$. L'intérêt à 4 p. 0/0 $= 60645$: 9000 $= 6$,74. Je retranche le 1/8 qui est 0^f,84; int. à 3 1/2   5^f,90

La somme des versements est 32^f,50 $\times$ 11 $= 357^f$,50

Avoir au 1er janvier 1863. . . . . . . 363^f,40

En 1863. Les dates des versements faits en 1863 sont les mêmes que dans l'*Ex.* précédent; les n. de j. d'intérêts sont les mêmes; le total de ces jours est 2224. La somme des *nombres* sera pour 1864, 32,50 × 2224 $= 72280$. Les intérêts des versements à 4 p. 0/0 valent 72280 : 9000 $= 8$,03. L'intérêt de 363^f,40 pour un an, à 4 p. 0/0, est 14,536. Total des intérêts à 4 p. 0/0, 22^f,566. Je retranche le 1/8. Restent les intérêts à 3 1/2, 19ʳ,75. **Les versements de 1863 se montent à 32ʳ,50 ×** 12 = 390ʳ. J'additionne 363ʳ,40 + 390ʳ + 19ʳ,75.

Avoir au 1ᵉʳ janvier 1864, 773ʳ,15.

Pour avoir 1000ʳ il lui manque 226ʳ,85. Je divise par 32ʳ,50. Le quotient est à très-peu près 7; sept versements de 32ʳ,50 font 227ʳ,50. C'est à très-peu près ce qu'il faut pour compléter les 1000ʳ (0ʳ,65 de plus). Au 7ᵉ mois de 1864, c'est-à-dire en juillet, son avoir à la caisse aura donc atteint le maximum de 1000ʳ. (Il aura 1000ʳ + 0ʳ,65, plus les intérêts acquis depuis le 1ᵉʳ janvier.)

CHANGE ET CONTROLE DES MATIÈRES D'OR ET D'ARGENT
A L'HÔTEL DES MONNAIES.

493 bis. Un décret du 22 mars 1854, a fixé à 6ʳ,70 le prix de fabrication, déchet compris, d'un kilog. d'or monnayé, et à 1ʳ,50 le prix de fabrication d'un kilog. d'argent monnayé (au titre commun de 0,900).

Les espèces monnayées de tous les pays, et les matières d'or et d'argent ne sont reçues qu'au poids dans les changes des hôtels des monnaies; le poids et le titre servent à déterminer la valeur absolue ou intrinsèque de ces matières (le cuivre ne se paye pas). De cette valeur on déduit les frais de fabrication, calculés suivant le poids du métal pur, aux taux indiqués ci-dessus.

La différence est la valeur en monnaie française des monnaies ou des matières présentées au change.

Tarif du 1ᵉʳ octobre 1849.

		Valeur intrinsèque.	Valeur nominale (au change).
1 kilog. d'or non monnayé.	pur	3444ʳ,44	3437
	à 0,900	3100	3093ʳ,30
1 kilog. d'argent non monnayé.	pur	222ʳ,22	220ʳ,56
	à 0,900	200	198ʳ,50

493 ter. PROBLÈME. *Combien valent au change 517ᵍʳ,25 d'or au titre de 0,784? Rép.* : 1393ʳ,78.

D'après le titre, 1 gr. de cet or contient 0ᵍʳ,784 d'or pur (228). 517ᵍʳ,25 contiennent 0ᵍʳ,784 × 517,25 = 405ᵍʳ,524.

Or, d'après le tarif, 1000 gr. d'or pur se payent 3437 fr.

1 gr. vaut 3ʳ,437, et 405ᵍʳ,524 valent 3ʳ437 × 405,524 = 1393ʳ,78 (*Rép.*)

Ainsi se résolvent les questions analogues. Le titre d'un alliage d'or ou d'argent exprime le poids d'or, ou d'argent pur contenu dans une unité de poids de l'alliage. Le cuivre ne se paye pas; on ne paye que l'or pur à raison de 3437 fr., ou l'argent pur à raison de 220^f,56 les 1000 gr.

D'après ce raisonnement le *poids du métal pur principal contenu dans un alliage s'obtient en multipliant le poids de l'alliage par le titre.* Ex. Dans 517^{gr},25 d'or au titre de 0,784, il y a 517^g,25 × 0,784 = 405^{gr},524 d'or pur.

494. Combien valent 1387^{gr},20 d'or au titre de 0,876? *Rép.* 4176^f,60.

Même raisonnement. *Poids de l'or pur* : 1387,20 × 0,876 = 1215^g,1872 qui valent 3^f,437 × 1215,1872 = 4176^f,60.

495. On demande la valeur au change de l'hôtel des monnaies de 49^{kil},425 de vaisselle d'argent, au titre de 0,860. *Rép.* 9375^f,01.

Poids de l'argent pur : 49^{Kg},425 × 0,860 = 42^{Kg},5055 qui valent 220^f,56 × 43,5055 = 9375^f,01.

496. Combien y a-t-il d'argent pur dans 45^{kil},56 d'argent au titre de 0,950, et combien vaut cet argent porté à l'hôtel des monnaies?

D'après la définition du titre, le poids de l'argent pur est les 0,950 du poids total; il est donc égal à 45^{Kg},56 × 0,950 = 43^{Kg},282 (1re *réponse*). Ces 43^{Kg},282 à 220^f,56 le Kg. valent 220^f,56 × 43,282 = 9546^f,28 (2e *réponse*).

497. Une tabatière, composée d'or et d'argent au titre de 0,750 pour l'or, vaut 240 fr. Quel est son poids, sachant que l'or à poids égal vaut 15,5 plus que l'argent, et que le kilog. d'argent pur vaut 220^f,56? *Rép.* 91^g,6.

Les 0,75 du poids de la tabatière étant de l'or pur, les 0,25 restant sont de l'argent. 0,25 du poids en or valent 15 fois 1/2 (15,5) autant que les 0,25 en argent; les 0,75 (3 fois plus) valent 15,5×3 ou 46,5 fois autant que les 0,25 en argent. La valeur de l'or et la valeur de l'argent, c'est-à-dire la valeur totale (240 f) égale donc 46,5 + 1 ou 47,5 fois la valeur de l'argent. La valeur de l'argent est donc 240^f: 47,5 = 2400 : 475 = 5^f,053. Celle de l'or pur est 240 − 5,053 = 234^f,947.

Connaissant la valeur de l'argent pur et celle de l'or pur, il est facile d'avoir les poids. 220^f,56 d'argent pur pèsent 1 Kg (n° 171); 1^f pèse 1^{Kg} : 220,56; et 5^f,053 pèsent 5^{Kg},053 : 220,56 = 22^g,9.

L'or pèse 3 fois plus ou 68^{gr},7. Poids total de la tabatière 91^{gr},6.

498. On demande le poids d'une certaine quantité de vaisselle d'argent au titre de 0,840, payée 1876 fr. à l'hôtel des monnaies. *Rép.* 10^{Kg},125.

L'argent pur a été payé 1876^f. Or, 220^f,56 d'argent pur pèsent 1^{Kg}.   1^f d'argent pur pèse 1^{Kg} : 220,56.   1876^f pèsent 1876^{Kg} : 220,56.   Mais le poids de l'argent pur = le poids total × 0,840. Donc, le poids total = le poids de l'argent pur (1876000^g : 220,56) : 0,840. Je fais ces deux divisions successives, et je trouve 10^{Kg},125.

499. La loi reconnaît 2 titres pour les ouvrages d'argent, et 3 pour les ouvrages d'or ; elle tolère 5 millièmes d'erreur pour les premiers, et 3 millièmes pour les seconds. Le 1er titre de l'argent est 0,950, et le 2e, 0,800. Le 1er titre de l'or est 0,900 ; le 2e, 0,840 ; le 3e, 0,750.

500. Combien y a-t-il d'argent pur dans 2^{gr},456 d'argent au 1er titre ? Combien vaut cet argent au change des monnaies ? *Rép.* 2^g,333 ; 0^f,514.

Il y a 2^g,456 × 0,950 = 2^g,3332 d'argent pur qui valent 0^f,22056 × 2,3332 = 0^f,5146.

501. Combien y a-t-il d'argent pur dans 45^{kil},56 d'argent au 2e titre ? Combien vaut cet argent au change des monnaies ? *R.* 36^{Kg},448 ; 8038^f,97.

Il y a 45^{Kg},56 × 0,80 = 36^{Kg},448 d'argent pur qui valent 220^f,56 × 36,448 = 8038^f,97.

502. Combien y a-t-il d'or pur dans 84 grammes au 1er titre ? Quelle est la valeur de cet or au change des monnaies ? *Rép.* 75^g,6 ; 259^f,84.

Il y a 84^g × 0,9 = 75^g,6 d'or pur qui valent 3^f,437 × 75,6 = 259^f,84.

503. Combien payerait-on, au change des monnaies, une cuiller d'or au second titre, pesant 115^{gr},74 ? *Rép.* 334^f,15.

La cuiller contient 115^{gr},74 × 0,84 = 97^{gr},2216 d'or pur qui valent 3^f,437 × 97,2216 = 334^f,15 (prix demandé).

504. Combien payerait-t-on, au change des monnaies, un vase d'or au 3e titre, pesant 582^{gr},830 ? *Rép.* 1502^f,39.

Ce vase contient 582^{gr},83 × 0,75 = 437^g,1225 qui valent 3^f,437 × 437,1225 = 1502^f,39 (prix demandé).

505. Quel est le poids d'un bijou d'or au second titre payé 238^f,40 l'hôtel des monnaies ? *Rép.* 82^g,57.

L'or pur a été payé 238^f,40 ;   3^f,437 d'or pur pèsent 1^{gr} ; 1^f

pèse 1ᵍ : 3,437;   238ʳ,40 pèsent 238ᵍ,40: 3,437. Le poids de l'or pur = le poids total × 0,84; le poids total est donc égal au poids de l'or pur (238,40 : 3,437): 0,840. Je fais ces deux divisions successives, et je trouve 82ᵍʳ,57.

506. Le contrôle des ouvrages d'argent coûte 1 fr. et 2 dixièmes en sus par hectogramme d'argent. Quel est le prix du contrôle d'un vase d'argent pesant 2569 grammes? *Rép.* 30ᶠ,83.

Pour 2569ᵍʳ = 25ᴴᵍ,69 on paye 25ᶠ,69 plus les 0,2 de 25ᶠ,69.

507. Le contrôle des ouvrages d'or coûte 20 fr. et 2 dixièmes en sus par Hg. Quel est le prix du contrôle d'un vase d'or pesant 567 gr.? *Rép.* 136ᶠ,07.

Pour 567ᵍʳ = 5ᴴᵍ,67, on paye 20ᶠ × 5,67 = 113ᶠ,40, plus les 0,2 de 113,40, ou 113,40 × 0,2 = 22ᶠ,68. *Total* 136ᶠ,08.

RACINES CARRÉES.

Racines à extraire.

Ex. **508.** $\sqrt{5446}$; $\sqrt{32761}$; $\sqrt{432718}$; $\sqrt{57835619}$; $\sqrt{8793621789}$.
Réponses.   73;   181;   657;   7604;   93774.

Ces racines sont extraites à moins d'une unité (181 est exacte).

Ex. **509.** $\sqrt{432761}$; $\sqrt{8753219746}$; $\sqrt{35741968721}$; $\sqrt{4993154981}$,
Réponses.   657;   93558;   189055;   70662.

à moins d'une unité.

Ex. **510.** $\sqrt{19\frac{3}{16}}$; $\sqrt{\frac{1470}{1296}}$; $\sqrt{19\frac{13}{18}}$; $\sqrt{368\frac{117}{144}}$; $\sqrt{19\frac{57}{120}}$
Réponses.   4 1/4;   38/36;   4 1/3;   19 1/6;   4,4
      à 1/4 près;   1/36 près;   1/6 près;   1/12 près;   1/60 près.

16 et 1296 sont des carrés; 13/18 = 26/36; 144 (carré); on multiplie les 2 termes de 57/120 par 30.

Ex. **511.** $\sqrt{231\frac{15}{32}}$; $\sqrt{539\ 1/2}$; $\sqrt{\frac{3760}{5128}}$; $\sqrt{\frac{1389}{1728}}$; $\sqrt{58\frac{19}{72}}$.
Réponses.   15 1/8; $\frac{46}{2} = 23$; $\frac{2195}{2564}$; $\frac{64}{72}$; $7\frac{7}{12}$
      à 1/8 près;   à 1/2 pr.;   à 1/2564 pr.;   à 1/72 pr.;   à 1/12 pr.

On remplace 15/32 par 30/64; 1/2 par 2/4; $5128 = 2^2 \times$
1282. On multiplie 4760 par 1282; $5128 \times 1282 = 2^2 \times$
$1282^2 = (2564)^2$; $1728 \times 3 = 5184$ qui est un carré. On remplace
19/72 par 38/144.

Ex. 512. Trouver $\sqrt{0,479}$; $\sqrt{0,00041732}$; $\sqrt{531,491}$; $\sqrt{0,00079}$.
Réponses.   0,69;   0,0204;   23,05;   0,028.
         à 0,01 près;   à 0,0001 pr.;   à 0,01 pr.;   à 0,001 pr.

Racines à extraire à moins de 0,001.

On applique les trois règles du n° 282 de l'Arithmétique.

Ex. 513. $\sqrt{3967}$; $\sqrt{419,317}$; $\sqrt{0,173}$; $\sqrt{15,1415826}$; $\sqrt{0,0297}$.
Réponses.   62,984;   20,477;   0,416;   3,891;   0,172.

Ex. 514. $\sqrt{0,2761}$; $\sqrt{3,14159265}$; $\sqrt{0,0016}$; $\sqrt{16,00437}$; $\sqrt{19,8}$.
Réponses.   0,525;   1,772;   0,040;   4,000;   4,449.

Ex. 515. $\sqrt{19\ 3/17}$; $\sqrt{147\ 51/85}$; $\sqrt{43\ 19/37}$; $\sqrt{19/53}$; $\sqrt{1\ 11/25}$.
Réponses.   4,379;   12,149;   6,594;   0,598;   1,200 (exacte).

On convertit chaque fraction en décimales jusqu'au 6°
chiffre décimal; on joint les chiffres décimaux au n. entier,
quand il y en a un, et on extrait la racine carrée.

RACINES CUBIQUES (à extraire).

Ex. 516. $\sqrt[3]{54932714}$; $\sqrt[3]{647349567}$; $\sqrt[3]{74594278142}$.
Réponses.   380;   865;   4209.

à une unité près.

PROGRESSIONS.

516 bis. Trouver le 100° terme, 1° de cette progression : 7.12.17, etc.;
2° de celle-ci : 3/17.4 3/4..., etc. *Réponses :* 1° 502; 2° 452 53/58.

J'applique la formule $l = a + (n - 1)\ r$ (n° 309).

1° $a = 7$; $r = 12 - 7 = 5$; $n = 100$.   Donc $l = 7 + 5 \times 99$
$= 7 + 495 = 502$.

2° $a = 3/17$; $r = 4\ 3/4 - 3/17 = 4\ 39/68$; $n = 100$.
$l = 3/17 + (4\ 39/68) \times 99 = 452\ 53/68$.

517. Les nombres consécutifs : 1.2.3.4... forment une progression dont la raison est 1. *Trouver la somme des* 100 *premiers nombres consécutifs.*

Appliquons la formule $S = \dfrac{(a+l)n}{2}$. $a=1, l=100, n=100$.

$S = 101 \times 100 : 2 = 101 \times 50 = 5050$.

518. Les nombres impairs consécutifs 1.3.5.7, etc., forment une progression par différence. *Trouver la somme des* 100 *premiers nombres impairs.*

$a=1, r=2,$ et $n=100$; $\quad l = a + (n-1)r = 1 + 99 \times 2 = 199$.

$S = \dfrac{(a+l)n}{2} = \dfrac{(1+199) \times 100}{2} = \dfrac{200 \times 100}{2} = 100 \times 100 = 10000$.

519. QUESTION GÉNÉRALE. *Insérer* m *moyens arithmétiques entre deux nombres donnés* a *et* l. *Trouver la raison.*

Soit r la raison. Le nombre des termes sera en tout $m+2$.

Le dernier terme $l = a + (m+1)r$; donc $l - a = (m+1) \times r$;

d'où
$$r = \frac{l-a}{m+1}.$$

Cette formule sert à trouver la raison. Connaissant la raison r et le 1er terme, on forme facilement la progression.

520. Trouver le 140e terme et la somme des 140 premiers termes de la progression par différence suivante : 3 1/4. 4 1/3. 5 5/12..., etc.

1° J'applique la formule : $l = a + (n-1)r$ (1) (n° 309).

$a = 3$ 1/4; $r = 4$ 1/3 $-$ (3 1/4) $= 4$ 4/12 $-$ (3 3/12) $=$ 1 1/12; $= 13/12$; $n = 140$; $n - 1 = 139$.

La formule donne : $l = 3 + \dfrac{1}{4} + \dfrac{13}{12} \times 139 = 3 + \dfrac{3}{12} + \dfrac{1807}{12} =$ 153 10/12.

2° J'applique la formule : $S = \dfrac{(a+l)n}{2}$ (2) (n° 311).

$2S = \dfrac{(3 \ 3/12 + 153 \ 10/12) \times 140}{2} = (157 \ 1/12) \times 70 =$ 10995 5/6.

521. Mêmes questions pour la progression : 1,59. 3,25. 4,91, etc.

J'applique les mêmes formules (1) et (2).

$a = 1,59; r = 3,25 - 1,59 = 1,66.$

$$l = 3,25 + 1,66 \times 139 = 233,99.$$

$$S = \frac{(a + l) \times n}{2} = \frac{(3,25 + 233,99) \times 140}{2} = 237,24 \times 70 =$$

16606,80.

522. Un joueur gagne 5^f,25 une première fois; la deuxième fois 7^f,85; la troisième fois 10^f,45, et ainsi de suite, son gain augmentant en progression arithmétique. Combien aura-t-il gagné en 12 parties? *Rép.* 234^f,60.

La raison de la progression est $7,85 - 5,25 = 2,60$. Il faut trouver la somme des 12 premiers termes.

Le 12e terme $l = 5,25 + 2,60 \times 11 = 5,25 + 28,60 = 33,85$.

Les 12 termes valent $(5,25 + 33,85) \times 12 : 2 = 39,10 \times 6 = 234,60$.

523. Un individu a 25 payements égaux de 640 fr. chacun à faire le 18 de chaque mois à partir du 18 mai 1862. Il demande à payer tout le 8 mai à condition qu'on lui tiendra compte de l'intérêt à raison de 6 p. 0/0 par an. Quelle somme devra-t-il donner? *Rép.* 15013^f,34.

Le payement fait le 8 mai est anticipé de 10 jours ou 1/3 de mois. Le 2e payement de 1^{m}1/3; le 3e, de 2^{m}1/3; ainsi de suite.

L'unité étant le mois, l'anticipation des 25 payements est $(1/3 + 1\ 1/3 + 2\ 1/3 + ..)$. C'est la somme des termes d'une progression dont le 1er terme, $a = 1/3$, le dernier terme, $l = 24\ 1/3$ et le n. des termes, 25. Appliquons la formule $2S = (a + l) \times n..$ On a $2S = (1/3 + 24\ 1/3) \times 25 = (24 + 2/3) \times 25$.

D'où $S = (12 + 1/3) \times 25 = 308^{mois}\ 1/3$.

L'escompte à faire est de 308^{mois} 1/3 d'intérêt d'un payement de 640^f, à raison de 6 p. 0/0 l'an ou 1/2 p. 1 mois.   Or 1/2 p. 0/0 de 640^f = 6^f,40 × 1/2 = 3^f,20; l'escompte d'un payement pour 1 mois est 3^f,20.   L'escompte de 308^m 1/3 est 3^f,20 × 308 1/3 = 986^f,66.

Le capital des 25 payements est 640^f × 25 = 16000^f. Je déduis l'escompte. Le particulier devra donner le 8 mai, 15013^f,34.

524. Un corps abandonné à lui-même parcourt 4^m,9044 pendant la première seconde de sa chute, 3 fois cette distance dans la deuxième seconde, 5 fois pendant la troisième, et ainsi de suite, les multiplicateurs suivants étant les nombres impairs consécutifs 7, 9, 11, etc. On demande combien de mètres ce corps aura parcouru en 40 secondes? *Rép.* 7847^m,04.

1re seconde, 1 distance; 2e sec., 3 distances; 3e sec., 5 distances; ainsi de suite. Ces n. de distances forment une progression par différence de 40 termes, dont la raison est 2. Le 40° terme $= 1 + 2 \times 39 = 79$.

La somme des termes (form. (2), n° 311) $= \dfrac{(1 + 79) \times 40}{2} = \dfrac{80 \times 40}{2} = 40 \times 40 = 40^2 = 1600$.

Le corps parcourt 1600 distances de $4^m,9044$, c'est-à-dire $4^m,9044 \times 1600 = 7847^m,04$.

525. Un corps abandonné à lui-même a parcouru $1961^m,76$, dans les conditions précédentes. Combien de temps a duré sa chute? *Rép.* 20 secondes.

Je cherche d'abord combien le corps a parcouru de distances de $4^m,9044$. Pour cela, je divise $1961^m,76$ par $4^m,9044$. Je trouve 400. Ce nombre de distances est la somme des termes d'une progression par différence $1.3.5.7...$ etc. Si j'appelle n le n. des termes, on a : 1° $S = \dfrac{(a+l)n}{2}$, 2° $l = a + (n-1) \times r$.

Par suite, $S = \dfrac{[a+a+(n-1)r] \times n}{2} = \dfrac{[2a+(n-1)r] \times n}{2}$ (3).

Mais $S = 400$; $a = 1$; $r = 2$; je remplace et je trouve
$$400 = \frac{(2+(n-1) \times 2)n}{2} = \frac{(2+2n-2) \times n}{2} = \frac{2n \times n}{2} = n^2.$$
Le carré de $n = 400$; $n = \sqrt{400} = 20$.

526. Quelle est la raison d'une progression par différence qui commence par 3 1/4, finit par 6 11/12, et dont la somme des termes est 61? *Rép.* 4/12.

Je prends la formule $S = \dfrac{(a+l) \times n}{2}$; d'où $2S = (a+l) \times n$. $S = 61$; $l = 6\ 11/12$; $a = 3\ 3/12$. On a
$122 = (3\ 3/12 + 6\ 11/12) \times n = (10 + 2/12) \times n = 122/12 \times n$. Donc $n = 122 : 122/12 = 12$.

Pour trouver la raison, je me sers de la formule : $l = a + (n-1)r$.
$l = 6\ 11/12$; $a = 3\ 3/12$; $n = 12$. La formule donne :
$6 + \dfrac{11}{12} = 3 + \dfrac{3}{12} + 11\,r$. Donc $11\,r = 3 + \dfrac{8}{12} = \dfrac{44}{12}$;
par suite $r = \dfrac{4}{12}$.

527. Un particulier doit s'acquitter d'une somme de 1080 fr. en 10 payements, dont la valeur augmente en progression arithmétique. Le 1er payement est de 72 fr.; quels sont les autres? *Rép.* 80^f, 88^f, 96^f, etc.

Il faut trouver la raison de la progression. La somme des termes est 1080; $n=10$ et $a=72$. Prenons la formule (3) dans l'ex. 525 : $S = \dfrac{(2a+(n-1)r)\times n}{2}$. En remplaçant les lettres par leurs valeurs, on trouve : $1080 = \dfrac{(72\times 2 + 9r)\times 10}{2} = (144 + 9r)\times 5 = 720 + 45r$. D'où $45r = 1080 - 720 = 360$; $r = 360 : 45 = 8$.

Le 1er payement étant de 72^f, le 2e sera de 80^f; le 3e, de 88^f; ainsi de suite.

528. Un ouvrier qui creuse un puits reçoit 5^f,40 pour le premier mètre; 7^f,20 pour le second; 9 fr. pour le troisième, etc., en augmentant toujours de 1^f,80 par mètre, jusqu'au 18e mètre. Combien recevra-t-il en tout?

C'est la somme des termes d'une progression dans laquelle, $a=5,40$; $r=1,80$, $n=18$. J'emploie la formule (3). Ex. 525.

$$2S = (2a+(n-1)r)\times n = (5,40\times 2 + 1,80\times 17) \times 18.$$

$$S = (5,40 \times 2 + 1,80 \times 17) \times 9 = 41^f,40 \times 9 = 372^f,60.$$

529. Combien doit-on réclamer pour une rente de 50 fr. qui n'a pas été payée depuis 18 ans, en calculant l'intérêt simple de chaque payement arriéré à 4 1/2 p. 0/0 par an? *Rép.* 1244^f,25.

La 1re rente étant due à la fin de la 1re de ces 18 années, il est dû pour celle-là 17 ans d'intérêt en plus; pour la 2e rente, 16 ans; pour la 3e, 15 ans, ainsi de suite jusqu'à la 18e pour laquelle il n'est pas dû d'intérêt. L'intérêt de 50^f pour un an est la moitié de 4^f,50, c'est-à-dire 2^f,25. Cet intérêt est dû un n. de fois égal à $(17 + 16 + 15 + \ldots + 2 + 1)$. C'est une progression

$$S = (1 + 17) \times 17 : 2 = 18 \times 17 : 2 = 9 \times 17 = 153.$$

$2^f,25 \times 153 = 344^f,25.$ On doit d'ailleurs 18 rentes de 50 fr.; $50^f \times 18 = 900^f$. J'additionne; *total* 1244^f,25.

Si on supposait la 1re rente due au commencement de la 18e année, il faudrait ajouter 18 ans d'intérêt et 50^f. Mais la question doit, je pense, être entendue comme ci-dessus.

530. Un journalier est chargé de transporter une brouettée de terreau au pied de chacun des arbres d'une double allée. Il y a 75 arbres de chaque côté, espacés de 8ᵐ,40; le tas de terreau est hors de l'allée à **32** mètres du premier arbre. On demande le chemin parcouru par le journalier et le temps qu'il mettra pour accomplir sa tâche, sachant qu'il parcourt en moyenne 1625 mètres à l'heure et qu'il travaille 9 heures par jour, déduction faite du temps des repas. *Rép.* 102840 mètres et 7ʲ 0ʰ 17ᵐ.

Les chemins parcourus par le journalier pour porter de la terre aux deux arbres d'une allée sont :

	Aller.	Retour.
1ᵉʳ arbre	32ᵐ,	32.
2ᵉ *id.*	32ᵐ + 8ᵐ,40,	32ᵐ + 8,40.
3ᵉ *id.*	32ᵐ + 8ᵐ,40 + 8ᵐ,40,	32ᵐ + 8,40 + 8ᵐ,40.
. . . . .	. . . .	. . . .
75ᵉ *id.*	32ᵐ + 8ᵐ,40 × 74,	32ᵐ + 8ᵐ,40 × 74.

Chaque chemin total (aller ou retour) est la somme des termes d'une progression par différence dans laquelle $a = 32$, $l = 32 + 8,40 \times 74$; $n = 75$.

$$2S = (32 + 32 + 8,40 \times 74) \times 75 = (32 \times 2 + 8,40 \times 74) \times 75$$
$$S = (32 + 8,40 \times 37)\,75 = 342,80 \times 75 = 25710.$$

Aller et retour : 25710ᵐ × 2 = 51420 m. pour une allée. Pour les deux allées : 51420 × 2 = 102840 *m.*

Le journalier emploie autant d'heures qu'il y a de fois 1625 dans 102840; je divise, et je trouve 63ʰ17ᵐ, qui à 9ʰ par j., font 7ʲ 0ʰ 17ᵐ.

Progressions par quotient.

531. Trouver le 8ᵉ terme de la progression : 5 : 12,5 : etc. Trouver la somme des 8 premiers termes.

La raison $q = 12,5 : 5 = 2,5$. D'après la formule (6), $S =$
$$\frac{5 \times (2,5)^8 - 5}{2,5 - 1} = \frac{(2,5)^8 - 1}{0,5} = 1236,9713542.$$

532. La fraction décimale périodique 0,376376376..., continuée indéfiniment, est une progression géométrique indéfiniment décroissante dont le 1ᵉʳ terme est 0,376, le 2ᵉ 0,000376, etc. (La raison est 0,001.) Trouver la limite de la somme des termes, c'est-à-dire la valeur de la fraction ordinaire équivalente (nᵒ 185).

0,376376376... $= 376/1000 + 376/1000^2 + 376/1000^3 + ...$, C'est la somme des termes d'une progression géométrique indéfiniment décroissante dont la raison est 1/1000 ou 0,001. Il y a donc lieu d'appliquer la formule (7), n° 316.

$$S = \frac{a}{1-q} = \frac{0,376}{1-0,001} = \frac{0,376}{0,999} = \frac{376}{999}.$$ Ce qu'il fallait trouver.

533. L'inventeur du jeu des échecs demanda, dit-on, comme récompense 1 grain de blé pour la première case de l'échiquier, 2 grains pour la deuxième, 4 grains pour la troisième, et ainsi de suite en doublant toujours jusqu'à la soixante-quatrième case. Quel est le total du nombre des grains demandés?

Le nombre des grains $1 + 2 + 2 \times 2$ ou $2^2 + 2^3 + $ etc., est la somme des 64 termes de la progression géométrique, 2, 2^2, 2^3, 2^4, etc., $a = 1$; $q = 2$; $n = 64$.

$$S = \frac{a \times q^n - a}{q - 1} = \frac{2^{64} - 1}{2 - 1} = 2^{64} - 1.$$

On calcule la 64ᵉ puissance de 2 et on retranche 1. *Réponse.* 18446744073709551615.

Pour trouver ce nombre, on multiplie 2 par 2, ce qui donne 2^2 ; puis 4 par 4, ce qui donne 2^4 ; puis 16 par 16, ce qui donne 2^8 ; puis 256 par 256, ce qui donne 2^{16} ; puis 65536 par 65536, ce qui donne 2^{32} ; et enfin le dernier produit par lui-même.

534. Quel est le plus avantageux d'acheter un cheval 5000 fr. ou de le payer à raison d'un centime pour le 1ᵉʳ clou de ses fers, 2 centimes pour le 2ᵉ clou, 4 centimes pour le 3ᵉ clou, et ainsi de suite en doublant toujours jusqu'au 24ᵉ clou? *Rép.* Il vaut mieux le payer 5000ᶠ.

On cherche le prix par le 2ᵉ mode de payement. Le nombre des centimes est la somme des nombres $(1+2+2^2+2^3+.....)$. C'est la somme des 24 premiers termes de la progression précédente (*Ex.* 533). $S = \frac{2^{24} - 1}{1} = 16777215 = $ 167772ᶠ,15ᶜ.   (Je multiplie $2^{16} = 65536$ par $2^8 = 256$).

535. Deux courriers A et B suivent une même ligne droite; A est en arrière de B de 240 mètres; mais il va 3 fois plus vite. Quel chemin fera A pour atteindre B? *Rép.* 360ᵐ.

Quand A fait 1ᵐ, B ne fait que 1/3ᵐ; chaque fois que A fait 1ᵐ, il gagne sur B, 2/3 de m. Pour atteindre B, il fera autant

de m. qu'il y a de fois 2/3 dans 240. Je divise. 240 : 2/3 =
720 : 2 = 360.

INTÉRÊTS COMPOSÉS.

5 3 5 *bis.* Quelle valeur prendra un capital de 42538 fr. placé à intérêts
composés et à 4^f,50 p. 0/0 pendant 8^{ans} 7^{mois} 25^{jours} ? *Rép.* 62270^f,32.

Je cherche d'abord la valeur acquise par le capital au bout
de 8 ans. Pour cela, j'applique la formule : $A = a (1 + i)^n$.
$a = 42538$; $n = 8$; i (int. de 1^f pour 1 an) $= 4^f,5 : 100 = 0^f,045$.
Donc $A = 42538 \times (1,045)^8$.
J'applique les logarithmes :

$$\text{Log. } A = \text{log. } 42538 + 8 \text{ log. } (1^f,045)^8.$$

Log. 42538 = 4,6287771 ; log. 1,045 = 0,0191163 ; 8 log.
1,045 = 0,1529304 ; log. A = 4,7817075 ; A = 60493^f,33.

C'est la valeur du capital au bout de huit ans. Il faut l'augmenter de ses intérêts pour 7^m 25^j = 235^j = 235/360. On ap-
plique la formule $I = \dfrac{a \times i \times t}{100}$. $\quad a = 60493^f,33$; $i = 4,5$;
$t = 235/360$. On trouve $I = 1776^f,99$. J'ajoute I à 60493^f,33 ;
total : 62270^f,32 qui est la valeur cherchée.

5 3 5 *ter.* Quel capital faut-il placer à 5 p. 0/0 et à intérêts composés
pour avoir 100000 fr. au bout de 7^{ans} 3^{mois} 24^{jours} ?

J'appelle a le capital inconnu. Le considérant comme
connu, je cherche sa valeur au bout de 7^{ans} 3^m 24^j. Au bout
de 7 ans, a sera $a \times (1,05)^7$.
Pour compléter la valeur cherchée, je cherche l'intérêt de 1^f
pour 3^m 24^j = 114^j = 114/360 d'année. Pour cela, je fais $a = 1$
dans la formule $I = a \times i \times t : 100$; $i = 5$, et $t = 114/360$.

$$I = \frac{5 \times 114}{100 \times 360} = \frac{570}{36000} = \frac{57}{3600} = \frac{19}{1200}.$$

L'intérêt de 1 fr. étant 19/1200, 1^f augmenté de son intérêt
devient $1 + 19/1200 = 1219/1200$. Chaque franc prenant cette
valeur, le capital $a \times (1,05)^7$, augmenté de ses intérêts pour
3^m 24^j, devient $1219/1200 \times a \times (1,05)^7$. Mais cette valeur doit
être égale à 100000^f. Donc

$$a \times \frac{(1,05)^7 \times 1219}{1200} = 100000.$$

D'où on déduit $\qquad a = \dfrac{100000 \times 1200}{(1^f,05)^7 \times 1219}$.

J'applique les logarithmes :

Log. $a=$ log. $10000 +$ log. $1200 - 7$ log. $1,05 -$ log. 1219.

Log. $100000 = 5$. $\qquad$ (Log. $(1,05) = 0,0211893$).

Log. $\quad 1200 \quad = 3,0791812$ $\qquad 7$ log. $(1,05) = 0,1483251$.

$\qquad\qquad\qquad \overline{\quad 8,0791812 \quad}$ $\qquad$ log. $1219 \quad = 3,0860037$.

$\qquad\qquad\qquad\qquad\qquad\qquad\qquad\qquad \overline{\quad 3,2343288. \quad}$

Log. $a = 8,0791812 - 3,2343288 = 4,8448524$.

$a = 69960^f,42$. C'est le capital cherché.

PROBLÈMES PROPOSÉS AUX EXAMENS

POUR LES BREVETS D'INSTITUTEURS ET D'INSTITUTRICES.

---

536. L'alliage employé dans la fabrication des cloches est composé de 8 parties de cuivre et 2 d'étain. Le cuivre vaut $4^f,75$ le Kg et l'étain $5^f,25$. Les frais de fabrication et d'installation s'élèvent à 10 p. 0/0 du prix de la matière. On demande la somme déboursée par une commune qui a fait installer une cloche pesant 1345 Kg. *Rép.* $7175^f,575$.

Sur 8 parties de cuivre, il y a 2 parties d'étain ; sur 4 parties de cuivre, 1 d'étain. $4 + 1 = 5$. Sur 5^{Kg} de l'alliage, il y a 4^{Kg} de cuivre et 1^{Kg} d'étain ; sur 1^{Kg}, 4/5 et 1/5 de Kg ; sur 1345^{Kg},

$$\frac{1345^{Kg} \times 4}{5} \quad \text{et} \quad \frac{1345^{Kg}}{5}.$$

J'effectue, et je trouve 1076^{Kg} de cuivre et 269^{Kg} d'étain.

Les 1076^{Kg} de cuivre coûtent $4^f,75 \times 1076 = 5111$; les 269^{Kg} d'ét., $5^f,25 \times 269 = 1412^f,25$. *Total* $6523^f,25$, prix de la matière. J'ajoute pour les frais 10 p. 0/0 ou 0,1 de ce prix $= 652^f,325$. *Total* $7175^f,575$ (somme déboursée).

537. La livre de 8 bougies coûte 1f,50; chaque bougie a 17 *cm*. de long; on en consomme 32 *mm*. par heure. Supposons qu'au lieu de bougie on brûle de l'huile à 0f,65 le 1/2 Kg à raison d'un Kg pour 6 jours de 5 heures. On demande la différence des deux dépenses par mois de 30 jours? *R.* 1f,20.

Bougie. La longueur de 8 bougies est $17^{cm} \times 8 = 136^{cm} = 1360^{mm}$; ces 1360^{mm} coûtant 1f,50, 1^{mm} coûte $\dfrac{1^f,50}{1360}$; 32^{mm}, consommés en une heure, coûtent $\dfrac{1^f,50 \times 32}{1360} = \dfrac{480^c}{136} = \dfrac{60}{17}$.

Huile. En 6^j de 5^h ou 30^h, on brûle 1^{Kg} d'huile, valant $0^f,65 \times 2 = 1^f,30$; la dépense d'une heure $\dfrac{1^f,30}{30} = \dfrac{13^c}{3}$.

Je réduis 60/17 et 13/3 au même dénomin^r.; je trouve 180/51 et 221/51. La dépense en huile est la plus grande, et la différence est 41/51 de centime par heure. Pour 1^m de 30^j, ou 30 fois $5^h = 150^h$, la différence est $\dfrac{41}{51} \times 150 = \dfrac{6150}{51} = 120^c = 1^f,20$ à 1^c près.

538. Un train direct, parti de Paris à $8^h 30^m$ du matin, arrive à Lyon ($507^{Km},5$ de Paris) à $8^h 35^m$ du soir. A quelle heure est-il arrivé (avec la même vitesse moyenne) à Dijon (315 K*m* de Paris)? *Rép.* A 4^h du soir.

De $8^h 30^m$ du matin à $8^h 35^m$ du soir, il y a $12^h 5^m = 725^m$.

Le train parcourt $507^{Km},5 = 507500^m$ en 725 min.; en 1 min., $507500^m : 725 = 700^m$. Pour parcourir les $315^{Km} = 315000^m$ de Paris à Dijon, il a mis autant de minutes qu'il y a de fois 700 dans 315000. Je divise. Il a mis 450^m ou $7^h 30^m$. J'ajoute $7^h 30$ à $8^h 30^m$; je trouve 16^h. A la 16e heure du jour, il est 4^h du soir. Le train est arrivé à Dijon à 4^h du soir.

539. La bougie stéarique se vend dans le commerce par paquets de 1/2 Kg de 5 bougies chacun; on retire 10 Kg d'acide stéarique de 100 Kg de suif. Combien fabriquera-t-on de bougies avec 64 Kg de suif? *R.* 64 bougies.

5 bougies pèsent $1/2^{Kg}$; 10 bougies, 1^{Kg}; 100 bougies, 10^{Kg}. Or, ces 10^{Kg} d'acide stéarique sont précisément fournis par 100 K*g* de suif. Avec 100^{Kg} de suif on fabrique donc 100 bougies; avec 1^{Kg}, 1 bougie; avec 64^{Kg}, 64 bougies.

9.

540. La nourriture de 17 pauvres pendant 19 jours a été payée avec le prix de $8^{Kg},5$ de marchandise vendue à raison de $0^f,09$ 1/2 le **D**g. Combien a coûté la nourriture d'un pauvre par jour? *Rép.* $0^f,25$.

$0^f,09$ 1/2 $= 0^f,095$. $8^{Kg},5 = 850^{Dg}$ ont été vendus $0^f,095 \times 850$. Cet argent est le prix de 17 fois 19 journées de pauvres; 1 j. coûte donc $\dfrac{0,095 \times 850}{17 \times 19} = 0,005 \times 50 = 0^f,25$.

541. Partager 627 fr. entre 3 personnes, de manière que la part de la 1re soit à celle de la 2e comme 2/3 est à 3/4, et celle de la 2e à celle de la 3e comme 4/8 est à 8/7? *Rép.* 1re, $133^f,50$; 2e, $150^f,20$; 3e, $343^f,30$.

1re part : 2e part $= 2/3 : 3/4 = 8/9$; 1re part $= 2^e \times 8/9$ (*); 3e part : 2e part $= 8/7 : 4/8 = 16/7$; 3e part $= 2^e \times 16/7$. Si donc la 2e part est p, la 1re est $8/9\ p$ et la 3^e $16/7\ p$.   Les parts dans cet ordre : 1re, 2e, 3e, sont donc proportionnelles aux nombres 8/9, 1 et 16/7.   On partage 627 en parties proportionnelles à ces trois nombres qui, réduits au même dénom., deviennent 56/63, 63/63, et 144/63. On partage en parties proportionnelles aux nombres 56, 63 et 144 (*V*. n°s 211 et suivants).

542. Quelle somme un boulanger retirera-t-il de $48^{Hl}60^l$ de blé, si un Hl donne 75 Kg de farine, si 4 Kg de farine donnent 5 Kg de pain, et enfin si le pain de 2 Kg se vend $0^f,52$ 1/2?

Les $48^{Hl},6$ de blé donnent $75^{Kg} \times 48,6 = 3645^{Kg}$ de farine. 4^{Kg} de farine donnent 5^{Kg} de pain. 1^{Kg} donne $5/4^{Kg}$,   et 3645^{Kg} donnent $(3645 \times 5 : 4)$ Kg de pain $= 4556^{Kg},25$.

Le Kg de pain se vend $0^f,2625$. Le boulanger retirera donc $0^f,2625 \times 4556,25 = 1196^f,02$ à 1^c près.

543. A quel taux pour 0/0 faut-il placer un capital pour qu'au bout de 18 ans 1/2 les intérêts simples soient égaux aux 37/40 du capital? *R.* 5 p. 0/0.

On emploie la formule : $I = \dfrac{a \times i \times t}{100}$.

$I = 37/40\,a$; $t = 18$ 1/2 $= 37/2$. On a donc $\dfrac{37}{40}\,a = \dfrac{a \times i \times 37}{100 \times 2}$

(*) Les deux points (:) indiquent une division ou un rapport. **Exemple :** 1re *part* : 2e *part*. Lisez : 1re part *divisée* par 2e part, ou le rapport de la 1re part à la $2^e = 2/3$ divisé par 3/4.

Je divise les deux nombres par $37a$; il reste $\frac{1}{40} = \frac{i}{200}$; donc $i = 200 : 40 = 5.$ *Rép.* 5 p. 0/0.

544. Une pièce d'or de 20 fr., usée par le frottement, ne pèse plus que 6ᶢ,3851. Quelle est sa valeur? *Rép.* 19ᶠ,794.

Nous avons vu (*Ex.* 262) que 1ᵍʳ d'or monnayé vaut 3ᶠ,1. Donc la pièce vaut actuellement 3ᶠ,1 $\times$ 6,3851 = 19ᶠ,79381.

545. 15 soldats ont fait en 9 jours la même dépense que 6 officiers en 5 jours. On demande ce que dépenseront 13 officiers en 8 jours, sachant que 9 soldats ont dépensé 108 fr. en 7 jours? *Rép.* 802ᶠ,28.

Pour abréger, nous dirons 1ʲ de soldat et 1ʲ d'officier, en parlant de la dépense. 9×15 ou 135ʲ de sold. $= 5 \times 6$ ou 30ʲ d'officier; 1ʲ d'officier $= 135/30$ de la j. de soldat. D'ailleurs 7ʲ $\times$ 9 $=$ 63ʲ de soldat $=$ 108ᶠ; 1ʲ de soldat $=$ 108/63 de fr.

$$1^j \text{ d'officier} = 108/63 \times \frac{135}{30} = \frac{108 \times 135}{63 \times 30} = \frac{2 \times 27}{7} = 54/7$$

de fr. La dépense de 13 officiers en 8ʲ, ou 8ʲ $\times$ 13 $=$ 104ʲ

$$\text{d'officier} = \frac{54 \times 104}{7} = \frac{5616}{7} = 802^f,28.$$

546. Un capital, placé à 4 2/3 p. 0/0 par an, produit, au bout de 15 ans 8 mois, un intérêt qui a été employé au payement d'une vigne dont la surface est 1ᴴᵃ5ᵃ28ᶜᵃ, vendue à raison de 0ᶠ,50 le *mq*. Quel est ce capital?

Je calcule d'abord l'intérêt produit. 1ᴴᵃ 5ᵃ 28ᶜᵃ $=$ 105ᵃ,28 $=$ 10528ᶜᵃ $=$ 10528ᵐᵠ qui ont été vendus 0ᶠ,50 $\times$ 10528 $=$ 5264ᶠ.

Cette somme est l'intérêt du capital inconnu pour 15ᵃⁿˢ 8ᵐ $=$ 15ᵃⁿˢ 2/3 $=$ 47/3 d'année. Pour trouver ce capital, j'emploie la formule : $I = \dfrac{a \times i \times t}{100}$.

$I = 5264$; $i = 4\ 2/3 = 14/3$; $t = 47/3$. On a donc :

100 I ou 526400 $= a \times 14/3 \times 47/3 = a \times 658/9.$

D'où $\qquad a = \dfrac{526400 \times 9}{658} = 7200^f.$

547. Un sac de blé de 150 litres pèse 118 K*y*.; quand on le réduit en farine il perd les 0,17 de son poids. Avec 3 kilog. de farine on fait 4 K*g* de pain. Combien pourra-t-on faire de pain avec un H*l* de ce blé? *R.* 87ᴷᵍ,05.

150ˡ pèsent 118ᴷᵍ; 1ˡ pèse $\dfrac{118^{Kg}}{150}$, et 100ˡ ou 1ᴴˡ, $\dfrac{11800^{Kg}}{150}$.

Chaque Kg de blé perdant 0,17 de son poids, se réduit à 0^{Kg},83. $\dfrac{11800^{Kg}}{150}$ se réduisent à $\dfrac{0^{Kg}.83 \times 11800}{150}$.

Mais 3^{Kg} de farine donnant 4^{Kg} de pain, 1^{Kg} de farine donne 4/3 de Kg de pain.

$\dfrac{0^{Kg},83 \times 11800}{150}$ donneront $\dfrac{0^{Kg},83 \times 11800 \times 4/3}{150}$. On effectue les opérations.

548. Combien y a-t-il de grammes de cuivre dans une somme d'argent qui pèse autant que 7 l. 3/4 de vin, le poids de ce vin étant les 0,9 du poids de l'eau? *Rép.* 0^{kg},6975.

7^l 3/4 ou 7^l,75 d'eau pèsent 7^{Kg},75; le poids du vin ou de la somme d'argent = 7^{Kg},75 $\times$ 0,9 = 6^{Kg},975. Le cuivre pèse le 10e de ce poids (n° 115). Il pèse donc 0^{Kg},6975.

549. Un métier tisserait une pièce de toile de 65m. de long en 2 jours, en travaillant 6 heures par jour; un autre métier tisserait la pièce de toile en 3 jours, en travaillant 5 heures par jour. Si on applique les deux métiers à tisser la même pièce en les faisant marcher 4 heures par jour, combien mettront-ils de temps pour tisser une longueur de 100m.? *Rép.* 2^j 2^h 15^m.

2 journées de 6^h font 12^h.　　3 j. de 5^h font 15^h.
Le 1er métier tisse donc 65^m en 12^h, ou 65/12 de m. en 1^h.
Le 2e métier tisse donc 65^m en 15^h ou 65/15 de m. en 1^h.
Les deux métiers ensemble tissent 65/12 + 65/15 = 585/60 de m. en 1^h.　　Ils tissent donc 1/60 de m. en 1/585 d'h.; 1^m en 60/585 d'h.; et enfin 100^m en 6000/585 d'h. = 10^{h}150/585. (On divise.)
La journée étant de 4^h, cela fait 2^j 2^h 15^m, à 1^m près.

550. Deux fontaines coulant dans un bassin le rempliraient, la 1re en 3 heures, la 2e en 5 heures. On laisse couler la première pendant 1^h 20^m, puis la 2e pendant 45 m., et ensuite les deux ensemble. Combien mettront-elles de temps pour achever de remplir le bassin? *Rép.* 0^h 45^m 37^s,5.

Appelons 1 la capacité du bassin. La 1re fontaine remplit 1/3 en 1^h, la 2e, 1/5.　　En 1^h 20^m = 1^h 1/3 = 4/3 d'h., la 1re remplit 1/3 $\times$ 4/3 = 4/9.　　En 45^m = 3/4 d'h., la 2e remplit 1/5 $\times$ 3/4 = 3/20.　　Or 4/9 + 3/20 = 107/180. Après les 3/4 d'h., il reste à remplir 1 — 107/180 = 73/180.　　Mais les deux fontaines ensemble remplissent 1/3 + 1/5 = 5/15 + 3/15 = 8/15 en 1^h;

1/15 en 1/8 d'h.; 1 en 15/8 d'h. Elles mettront donc pour remplir les 73/180 restants, $\dfrac{15}{8} \times \dfrac{73}{180} = \dfrac{73}{8 \times 12} = \dfrac{73}{96}$ d'h. $=$ 0ʰ 45ᵐ 37ˢ 1/2.

551. Si à un capital on ajoute ses intérêts de 18 mois 2/3, on trouve un nombre qui est à ce capital comme 674 est à 625. A quel taux est-il placé?

Le capital a augmenté de ses intérêts pour 18ᵐ 2/3 devient 674/625 a. Les intérêts valent donc : $\dfrac{674a}{625} - a = \dfrac{49}{625}\,a$.

$$I = \frac{a \times i \times t}{100} = \frac{49}{625}\,a. \qquad \text{D'où } \frac{i \times t}{100} = \frac{49}{625}. \qquad \text{Or } t = 18ᵐ$$

2/3 $=$ 56/3 de mois $=$ 1/12 $\times$ 56/3 $=$ 14/9 d'année. Je remplace, et je trouve $\dfrac{14\,i}{900} = \dfrac{49}{625}$. D'où $\dfrac{i}{450} = \dfrac{7}{625}$, et enfin

$$i = \frac{7 \times 450}{625} = \frac{3150}{625} = 5ᶠ{,}04.$$

Le *taux* est 5ᶠ,04 p. 0/0.

552. Un sac renferme 6ᴷᵍ,4 de monnaie d'or et d'argent; un tiers de la somme est en or. On demande la valeur de la monnaie contenue dans le sac. *Rép.* 1860ᶠ.

Il y a 1/3 de la valeur en or, 2/3 en argent. Si les valeurs étaient égales, l'argent pèserait 15 fois 1/2 plus que l'or. L'argent ayant une valeur *double* pèse (15,5×2) ou 31 fois plus que l'or. Si donc on représente le poids de l'or par 1, le poids de l'argent sera 31. Les deux poids réunis valent 32 fois le poids de l'or. Mais ces poids réunis valent 6ᴷᵍ,4; 32 fois le poids de l'or valent donc 6ᴷᵍ,4; ce poids vaut 6ᴷᵍ,4 : 32 = 0ᴷᵍ,2.

L'argent pèse 31 fois plus, ou 6ᴷᵍ,2. Le Kg d'or monnayé vaut 3100ᶠ; les 0ᴷᵍ,2 valent 3100 × 0,2 = 620ᶠ. Le Kg d'argent monnayé vaut 200ᶠ; les 6ᴷᵍ,2 valent 200ᶠ × 6,2 = 1240ᶠ. *Total* 1860ᶠ.

553. Une personne a acheté pour la somme de 432000ᶠ une propriété qui lui rapporte annuellement 13748 fr. Un 5ᵉ de cette propriété fournit des céréales; les 2/9 sont en prairies, les 3/8 en vignes et les 175 hectares restant en bois. Combien le bois rapporte-t-il pour 0/0, sachant que la 1ʳᵉ culture rapporte 3¾ pour 0/0, la 2ᵉ, 3½ et la 3ᵉ, 3 p. 0/0? *Rép.* 2,33.

Le 5° de 432000ᶠ=86400ᶠ; les 2/9 valent 96000ᶠ; les 3/8 valent 162000ᶠ. *Total* 344400ᶠ. Le reste des 432000ᶠ est égal à 87600ᶠ. A 3 2/3 p. 0/0, 86400ᶠ rapportent 86400×(3 2/3) : 100 = 3168ᶠ. A 3 5/6 p. 0/0, les 96000ᶠ rapp. 96000 × (35/6) : 100 = 3680ᶠ; A 3 p. 0/0, les 162000ᶠ rapp. 162000 × 3 : 100 = 4860ᶠ. Ces trois intérêts additionnés valent 11708ᶠ. Je les soustrais de 13748ᶠ. Il reste 2040ᶠ pour les intérêts de la dernière partie, 87600ᶠ.

100ᶠ qui valent 876 fois moins que 87600ᶠ, rapp. 2040 : 876 = 2ᶠ,33, à 0,01 près. C'est la réponse.

554. Une personne a placé deux capitaux à intérêt simple, le 1ᵉʳ à 4 p. 0/0 et le 2ᵉ à 5 p. 0/0 par an. Elle a retiré au bout de 7 ans 9 mois, une somme de 23800 fr. pour le capital et les intérêts. On demande quels sont les deux capitaux placés, sachant que le 1ᵉʳ n'est que les 5/6 du second. *Rép.* 8000ᶠ et 9600ᶠ.

Soit a le 2ᵉ capital. Le 1ᵉʳ capital est 5/6 a.

La rente de a à 5 p. 0/0, est 5/100 a = 1/20 a. La rente du 1ᵉʳ capital, 5/6 a, vaut 5/6 a× 4/100 = 20/600 a = 1/30 a. Les deux rentes additionnées : (1/20 + 1/30) a = (3/60 + 2/60)a = 5/60 a = 1/12 a. Les deux capitaux rapportent donc ensemble 1/12 a en un an. En 7ᵃⁿˢ9ᵐ = 7ᵃⁿˢ + 9/12 = 93/12 = 31/4 d'année, ils rapportent 1/12 a × 31/4 = 31/48 a.

Les deux capitaux, augmentés de leurs intérêts pour 7ᵃⁿˢ 9ᵐ, valent donc a + 5/6 a + 31/48 a = (48/48 + 40/48 + 31/48) de a = 119/48 a. Mais tout cela vaut 23800ᶠ. Donc 119/48 a = 23800ᶠ; 1/48 a = 23800ᶠ. : 119 = 200ᶠ; a = 200 × 48 = 9600ᶠ.

C'est le 2ᵉ capital. Le 1ᵉʳ capital qui vaut 5/6 a = 9600ᶠ × 5 : 6 = 8000ᶠ.

On peut vérifier en cherchant les intérêts pour 7ᵃⁿˢ 9ᵐ. Pour 1ᵃⁿ c'est 1/12 a ou 800ᶠ; pour 7ᵃⁿˢ, 5600ᶠ; pour 9ᵐ ou 3/4 d'année, c'est 600ᶠ; 5600ᶠ + 600ᶠ = 6200ᶠ. Or 9600ᶠ + 8000ᶠ + 6200ᶠ = 23800ᶠ.

555. On a échangé une timbale d'or au titre de 0,900 contre un vase d'argent au titre de 0,950 et de même valeur que la timbale au change de l'hôtel des monnaies. On demande le poids du vase d'argent sachant que la timbale d'or pèse 280 *gr.* et qu'au change de l'hôtel des monnaies le Kg d'or pur vaut 3437 fr. et le Kg d'argent pur 220ᶠ,56. *Rép.* 4ᴷᵍ,134.

Les 280ᵍ d'or, au titre de 0,900, contiennent 280ᵍ × 0,900 = 252ᵍ d'or pur qui valent 3437ᶠ × 0,252 = 866ᶠ,124. Ce prix

st celui du vase d'argent.   Or 220',56 d'argent pur pesant
1^{Kg}, 1' pèse 1^{Kg} : 220,56; 866',124 pèsent 866^{Kg},124 : 220,56
= 3^{Kg},927 à 001 près.   Mais le poids de l'argent pur est égal
au poids total du vase × 0,950. Le poids du vase est donc
égal au poids de l'argent pur (3^{Kg},927) : 0,950. Je divise, et je
rouve 4^{Kg},134 à 1^s près.

556. Deux cavaliers sont en marche sur un manége de 100 mètres de
our et marchent dans le même sens. Le 1er parcourt 3 mètres par seconde,
t le second, qui est à 17 mètres en arrière, ne parcourt que 2^m,65. Au
out de combien de temps, et à quelle distance du point de départ du 1er,
l'un rattrappera-t-il l'autre ? 1re *Rép.* 48^s 4/7 ; 2e *Rép.* 45^m 5/7.

Le 1er gagne à chaque seconde sur le 2e, 3^m—2^m,65=0^m,35.
Pour gagner 17^m, il mettra un n. de secondes égal à 17^m : 0,35
= 1700/35 de seconde.   Pendant ce temps, il parcourra 3^m ×
1700/35 = 5100/35 = 145^m 5/7...   Le 1er cavalier rattrape
donc le 2e au bout de 1700/35 de seconde=48^s 4/7, après avoir
parcouru 146^{m}5/7, c'est-à-dire après avoir fait un tour du
manége, plus 45^m 5/7. Il rattrapera l'autre à cette dernière
distance de son point de départ.

557. Un pré de 4 hectares rapporte annuellement 20 quintaux métriques
de foin par hectare. Un autre pré rapporte annuellement 25 quintaux
métriques par hectare ; mais ce dernier foin se vend 10 p. 0/0 le millier
de moins que le 1er. Combien faut-il d'hectares du second pré pour valoir autant que les 4 hectares du 1er ? *Rép.* 3^{Ha} 55^a 5/9.

Le 2e foin se vend 10 p. 0/0 de moins que le 1er, c'est-à-dire
qu'une quantité du 2e foin ne vaut que les 0,90 de la même
quantité du 1er.   L'Ha du 2e pré, rapportant 25 quintaux métriques du 2e foin, rapporte l'équivalent de 25^{Qx}×0,90=22^{Qx},5
du 1er foin.   Un hectare du 1er pré rapporte 20^{Qx}; les 4^{Ha} rapportent 80^{Qx} du 1er foin.   Un hectare du 2e pré rapportant
l'équivalent de 22^{Qx},5 de ce 1er foin, il faut autant d'hect. du
2e pré pour valoir les 4 hectares du 1er qu'il y a de fois 22^{Qx},5
dans 80^{Qx}. Je divise. *Rép.* 3^{Ha}55^a 5/9.

558. Un marchand de grains a acheté une certaine quantité de froment. Il en a vendu un quart à 5 p. 0/0 de bénéfice, un second quart à
7 p. 0/0 de bénéfice; enfin il a vendu les deux autres quarts à 4 2/3
p. 0/0 de perte. En fin de compte il a gagné 500 fr. Combien lui avait
coûté son achat ? *Rép.* 18750'.

Soit a le prix de son achat.

1er *gain* : 5 p. 0/0 ou 5/100 de 1/4 a = 1/4 $a \times$ 5/100 = 5/400 a = 1/80 a ; 2e *gain* : 15 p. 0/0 du 2e quart de a = 1/ $a \times$ 15/100 = 15/400 a = 3/80 a ; *Bénéfice total* : 4/80 a = 1/20 a ; *Perte* : 4 2/3 ou 14/3 p. 100 des 2/4 ou de 1/2 a = 1/2 $a \times$ 14/300 = 14/600 a = 7/300 a (*). *Bénéfice final* 1/20 a — 7/300 a = (15/300 — 7/300) a = 8/300 a. On donc 8/300 a = 500^f. D'où a = 500 $\times$ 300 : 8 = 18750^f.

559. On admet : 1° que le poids moyen de l'hectolitre de blé est d 75 kilog. ; 2° qu'il faut 3 ^{Hl},12 de blé pour donner un sac de farine pesa net 157 Kg ; 3° que d'un sac de farine on peut tirer 68 pains de 3 Kg. Cel posé, on demande : 1° quel poids de farine et quel poids de pain on pe tirer d'un kilog. de blé ; 2° combien il faut de grammes de blé et d grammes de farine pour produire un kilog. de pain ; 3° combien le bl perd p. 0/0 de son poids en passant à l'état de farine et à l'état de pain

3^{Hl},12 de blé pesant 75^{Kg} $\times$ 3,12 = 234^{Kg} produisent 157^k de farine qui donnent 3^{Kg} $\times$ 68 = 204^{Kg} de pain.

1° 1^{Kg} de blé donne 157/234^{Kg} de farine et 204/234^{Kg} de pai

Je divise 157^{Kg} par 234 et 204^{Kg} par 234, et je trouve 67 de farine et 871^g de pain, à 1^g près.

2° 1^{Kg} de pain est produit par 234/204^{Kg} = 1147^g de bl (à 1^g près) et par 157/204^{Kg} = 770^g de farine (Je divise de même

3° 234^{Kg} de blé se réduisant en farine à 157^{Kg}, 1^{Kg} se rédu à 157/234 de Kg = 0^{Kg},67 à 0,01 près. Le blé perd donc 0, pour 1, ou 33 p. 0/0. (J'ai converti 157/234 en décimale

234^{Kg} de blé donnant 204^{Kg} de pain, 1^{Kg} de blé donne 204/234 = 0^{Kg},87 à 0,01 près. Le blé perd donc 0,13 pour 1, ou 13 p. 0/

560. On a deux minerais de fer contenant, le 1er 22 1/2 p. 0/0 de f et le 2e 27 p. 0/0 ; on les mélange dans la proportion de 5 à 7. Combi le mélange renferme-t-il p. 0/0 de fer, et combien p. 0/0 peut-on en r tirer, si le fer perdu dans l'opération est 1 1/2 p. 0/0 de celui que re ferme le minerai ? 1re *Rép.* 25,125 p. 0/0 ; 2e *Rép.* 24,748 p. 0/0.

100^{Kg} du 1er minerai renferment 22^{Kg},5 de fer, 100^{Kg} du 2 27^{Kg} de fer. 500^{Kg} du 1er renferment 22^{Kg},5 $\times$ 5 = 112^{Kg}, 700^{Kg} du 2e renf. 27 $\times$ 7 = 189^{Kg} de fer. Un mélange d 500^{Kg} et des 700^{Kg} renferme 112^{Kg},5 + 189^{Kg} = 301^{Kg},5 fer. 1200 Kg du mélange renfermant 301^{Kg},5 de fer ; 100 k

---

(*) 1 p. 0/0, c'est 0,01 ; 14/3 p. 0/0, c'est 14/3 de 1 p. 0/0, ou 14/3 1/100 = 1/100 $\times$ 14/3 = 14/300.

renferment 301^{Kg},5 : 12 = 25^{Kg},125. Le mélange renferme donc 25,125 p. 0/0 de fer.

2° Sur 100^{Kg} de fer de l'alliage, on perd dans l'opération 1^{Kg},5 ; sur 1^{Kg}, 0^{Kg},015 ; sur 25^{Kg},125, 0^{Kg},015 × 25,125 = 0^{Kg},376875. Je retranche de 25^{Kg},125 ; il reste 24^{Kg},748, à 0,001 près. Ainsi donc 100^{Kg} de l'alliage des deux minerais produisent finalement 24^{Kg},748 de fer (24,748 p. 0/0).

561. Un particulier a acheté, pour 10117 fr., 2500 hectol. de blé rendu dans ses magasins. 500 hectol ont été avariés dans le transport, et il a été forcé de ne les vendre que les 4/5 du prix auquel il a vendu les 2000 autres hectolitres ; le bénéfice total a été de 10 p. 0/0. On demande : 1° à quel prix il a vendu l'hectolitre du blé bien conservé ; 2° à quel prix il a vendu l'hectolitre du blé avarié ? 1re *Rép.* 5^f,05 ; 2e *Rép.* 4^f,04.

Le bénéfice est 0,10 de 10117^f=1011^f,70. Il a vendu 10117^f+ 1011^f,7 = 11128^f,70. Les 500^{Hl} de blé avarié ont été vendus les 4/5 du prix de 500^{Hl} du blé conservé, c'est-à-dire au prix de 400^{Hl} de ce blé. 12128^f,70 représentent donc le prix de la vente de 2000 + 400 = 2400^{Hl} du blé conservé. 1^{Hl} de ce blé a été vendu 12128^f,70 : 2400 = 5^f,05 à 0,01 près. 1^{Hl} de blé avarié a été vendu 5^f,05 × 4/5 = 4^f,04.

562. Un voyageur qui parcourt 5200 mèt. par heure, étant parti depuis 3 heures, on fait partir après lui un homme à cheval qui parcourt 9980 mèt. par heure. On demande au bout de combien d'heures, minutes et secondes, le second voyageur atteindra le premier. *Rép.* 3^h 15^m 49^s.

Quand le cheval part, le voyageur a une avance de 5200^m × 3 = 15600^m. Le cheval gagne 9980^m — 5200^m = 4780^m par heure. Il mettra pour atteindre le voyageur autant d'h. qu'il y a de fois 4780 dans 15600. Je divise et j'évalue le quotient en h., m. et s. (Ex. 280.) *Réponse.* 3^h 15^m 49^s, à 1^s près.

563. L'hectolitre de blé coûte 24^f et pèse environ 80 kilog. ; l'hectolitre de seigle coûte 14^f et pèse environ 70 kilog. On prélève pour la mouture, le blutage et les frais de fabrication 25 p. 0/0, et le reste rend 1 kilog. de pain pour 1 kilog. de farine. Dans quelle proportion faut-il mélanger ce froment et ce seigle pour que le kilog. de pain revienne à 0^f,32, et combien devra-t-on acheter de kilog. de l'un et de l'autre pour pouvoir fabriquer chaque jour, pendant 45 jours, 120 kilog. de pain ? 1re *Rép.* 5^{Kg} 1/3 de blé pour 8 de seigle ; 2e *Rép.* 2880 Kg de blé et 4320 de seigle.

Les 80^{Kg} de blé perdent 80^{Kg}×0,25 = 20^{Kg} dépensés en frais. Il reste 60^{Kg} de blé produisant 60^{Kg} de pain qui coûtent 24^f ;

1^{Kg} de ce pain coûte $24/60 = 0^f,40$.   Les 70^{Kg} de seigle perdent $70^{Kg} \times 0,25 = 17^{Kg},5$. Je retranche

40   5 1/3   de 70^{Kg}; il reste $52^{Kg},5$ de seigle, produisant

32      $52^{Kg},5$ de pain qui coûtent 14^f; 1^{Kg} de ce pain

26 2/3   8   coûte $14^f : 52,5 = 0^f26^c,2/3$.

Il faut mélanger les deux grains de manière que le pain revienne à $0,32$ le Kg. On détermine la proportion comme il a été indiqué (n° 223).   C'est 5 1/3 de blé pour 8 de seigle (1re *réponse*).

2° Il faut pour 45 jours : $120^{Kg} \times 45 = 5400^{Kg}$. Puisqu'on déduit pour les frais 25 p. 0/0 sur le grain converti en pain, 100^{Kg} de grains donnent 75^{Kg} de pain. Pour 1^{Kg} de pain, il faut $100/75$ de Kg de grain. Pour 5400^{Kg} de pain, il faut $540000/75$ de Kg $= 7200^{Kg}$ de grain.

$5 \ 1/3 + 8 = 13 \ 1/3 = 40/3$.

Nous avons trouvé 5 1/3 ou 16/3 de blé pour 8 de seigle.

Sur 40/3, on emploie 16/3 de blé, 24/3 de seigle;
Sur 40,   16   24
Sur 1,   16/40   24/40
Sur 7200^{Kg}, $16 \times 7200 : 40$ $24 \times 7200 : 40$;
C'est-à-dire 2880^{Kg} et 4320^{Kg}.

564. Sachant : 1° que 3 kilog. de sapin donnent autant de chaleur que 2 kilog. de chêne; 2° que le décimètre cube de sapin pèse 463 gr. et le décimètre cube de chêne 117 décagram., on demande combien il faut de centistères de sapin pour produire autant de chaleur qu'un stère de chêne.

Pour produire autant de chaleur que 2^{Kg} de chêne, il faut 3^{Kg} de sapin; pour 1^{Kg} de chêne, il faut $3/2^{Kg}$ de sapin.   Le *dmc* de chêne pèse $117^{Dg} = 1170^g$; le stère qui est un *mc* $= 1000 \ dmc$ pèse $1170^g \times 1000 = 1170000^g = 1170^{Kg}$. Pour produire autant de chaleur qu'un *st.* de chêne pesant 1170^{Kg}, il faut $(3/2 \times 1170)$ Kg $= 1755^{Kg}$ de sapin.   Mais 1^{dmc} de sapin pèse 463^g; 1st ou 1^{mc} pèse $463000^{gr} = 463^{Kg}$; 1 centistère pèse $4^{Kg},63$. Il faut autant de *cst* qu'il y a de fois $4^{Kg},63$ dans 1755. Je divise. *Rép.* 379 *cst* à 1 *cst* près.

565. Une montre qui retarde de 2 heures par jour a été mise à l'heure à midi; quelle sera l'heure exacte quand elle marquera 5^h 1/2 du soir? *R.* 6^h.

(*V.* l'Ex. 353.) Cette montre retarde de 2^h en 24^h, en 1^h de

2/24 = 1/12 d'h.   A 1^h vraie, elle marque $1^h - \dfrac{1}{12} = 11/12$.

Réciproquement, quand elle marque 11/12 d'h., il est 1^h; quand elle marque 2 fois 11/12 d'h., il est 2^h.   Ainsi, quand elle marque 5^h 1/2, l'heure vraie se compose d'autant d'h. qu'il y a de fois 11/12 dans 5^h 1/2 ou 11/2. Je divise.   11/2 : 11/12 = 12^h : 2 = 6^h. *Rép.* 6 heures.

566. Un négociant a acheté : 1° 150 hectolitres de blé à 18^f l'hectolitre; 2° 100 hectolitres qui lui ont coûté 10 p. 0/0 plus cher que les premiers; il a revendu le tout 23^f,63 l'hectolitre; on demande combien il a gagné p. 0/0.

Chaque Hl du dernier blé lui a coûté $18^f + 18 \times 0,10 = 18^f + 1^f,80 = 19^f,80$.   150 Hl à 18^f, ont coûté $18^f \times 150 = 2700^f$; 100 Hl à 19^f,80, 1980^f.   Les 250 Hl ont coûté ensemble $2700^f + 1980^f = 4680^f$; 1 Hl a coûté $4680^f : 250 = 18^f,72$.   Le négociant l'a vendu 23^f,63; il a donc gagné 4^f,91 pour 18^f,72 dépensés; pour 1^f dépensé, il a gagné 4^f,91 : 18,72; pour 100^f dépensés, $491^f : 18,72 = 26^f,24$ à 0,01 près. *Rép.*: 26,24 p. 0/0.

567. Un particulier veut vendre une certaine quantité de bois qui doit fournir 300 stères de quartier et 200 stères de rondin. Pour faire fabriquer lui-même tout ce bois, il payera 0^f,50 de façon par stère de quartier et 0^f,37 1/2 par stère de rondin; de plus, il devra donner 100 fr. à la personne chargée de surveiller le travail. Le bois fabriqué sera vendu : 1° celui de quartier, 12 fr. le stère ; 2° celui de rondin 8 fr. On lui offre 4000 fr. du tout s'il veut le vendre sur pied. Il refuse et le vend après l'avoir fait fabriquer lui-même. On demande combien le particulier a perdu ou gagné p. 0/0 en refusant de faire le marché qu'on lui offrait. *Rép.* Il a gagné 21,875 p. 0/0.

Frais. La fabrication du bois de quartier coûtera $0^f,50 \times 300 = 150^f$; celle du rondin $0^f,375 \times 200 = 75^f$. *Total des frais* 225^f, plus 100^f, de surveillance, 325^f.

Prix de vente. Bois de quartier : $12^f \times 300 = 3600^f$; *bois de rondin* : $8^f \times 200 = 1600^f$. Total 5200^f. Déduisons les frais. Prix net $5200^f - 325 = 4875^f$.

Le particulier a donc gagné 875^f en refusant.

Sur 4000^f, il a gagné 875^f; sur 1^f, 875 : 4000.   Sur 100^f, $87500^f : 4000 = 21^f,875$. *Rép.*: 21,875 p. 0/0.

568. Le marchand qui a acheté la totalité du bois fabriqué veut le réunir en un seul tas. Les 500 stères sont disposés au bord d'un chemin par tas de 2 stères chacun, et à 6 *m.* les uns des autres. Un voiturier qui n'a qu'un cheval et qu'une voiture, se charge de les amener tous au 1er tas. Il part de ce premier tas pour aller charger successivement tous les autres et les amener les uns après les autres à côté du 1ᵉʳ tas. Combien aura-t-il parcouru de mètres avec sa voiture quand il aura terminé son travail ? *Rép.* 373500ᵐ.

Il y a 250 tas dont 249 à ramener. 2ᵉ *tas*, aller et retour 12ᵐ; 3ᵉ *tas*, 24ᵐ; 4ᵉ *tas*, 36ᵐ; ainsi de suite jusqu'au 250ᵉ tas. Le nombre de mètres est la somme des termes d'une progression par différence, dont le 1ᵉʳ terme a est 12ᵐ, la raison 12ᵐ et le n. des termes 249. Le dernier terme, l, est $12+12\times248 = 12\times249$. La somme des termes $S = (a + l)\times n : 2 = (12 + 12\times249)\times249 : 2 = (12\times250\times249) : 2 = 12\times125\times249 = 1500\times249 = 373500$ᵐ.

569. On a tapissé deux pièces de 3ᵐ,30 de hauteur avec des rouleaux de papier de 50 *cm.* de large et 6ᵐ,80 de long. La seconde pièce a même longueur et même hauteur que la première; mais elle est plus large et a 2 fenêtres au lieu d'une; ces fenêtres ont 1ᵐ,15 de large et 2ᵐ,85 de haut. On demande de combien la 2ᵉ pièce est plus large que la première sachant qu'il a fallu pour la tapisser 3 rouleaux 4/5 de plus. *Rép.* 2ᵐ,454.

Il y a dans chaque pièce: 1° deux murs ayant longueur et hauteur (ceux-là sont les mêmes dans les deux pièces); 2° deux murs ayant largeur et hauteur (ceux-là sont plus larges dans la 2ᵉ pièce). Je cherche la surface tapissée en plus avec les 3 rouleaux 4/5. Un rouleau recouvre $(0,50\times6,8)$ᵐq $= 3$ᵐq,4. Les 3 r. 4/5 $= 3$ʳ,8 recouvrent 3ᵐq,4$\times$3,8$=12$ᵐq,92. Cette surface et celle de la fenêtre en plus composent l'excédant de surface des deux murs plus larges de la 2ᵉ pièce. Or la surface de la fenêtre est $(1,15\times2,85)$ᵐq $= 3$ᵐq,28 à 0,01 près; l'excédant total est donc 16ᵐq,20. L'excédant pour un seul mur est 8ᵐq,10.

Cette surface, 8ᵐq,10, est égale à la largeur de cette partie excédante du mur $\times$ par la hauteur 3ᵐ,30. La largeur est donc égale à 8,10 : 3,30 $= 2$ᵐ,454 à 0ᵐ,001 près.

570. Un boulanger, en vendant son pain 0ʳ,25 le Kg, fait un bénéfice de 20 p. 0/0 sur le prix du blé sans tenir compte des frais de mouture. Sachant qu'à la mouture le blé perd un quart de son poids, et que 100 Kg de blé fournissent 130 Kg de pain, on demande le prix de l'hectol. de blé pesant 76 Kg.

L'Hl de blé de 76 Kg perd 76ᴷᵍ : 4 $=$ 19; il reste 57 Kg.

Mais 100 Kg de blé donnent 130 Kg de pain; 1 Kg donne 1ᴷᵍ,30; les 57 Kg de l'Hl donnent 1ᴷᵍ,30$\times$57$=$74ᴷᵍ,1 de pain, qui se vendent 0ʳ,25$\times$74,1$=$18ʳ,525. Puisque le boulanger gagne 20 p. 0/0, ces 18ʳ,525 composent une fois le prix du blé,

us les 0,20 de ce prix; ils valent donc ce prix × 1,20. Ce
rix est donc égal à 18^f,525 : 1,20 = 15^f,44 à 1^c près.

571. La monnaie de bronze actuellement en usage est composée en
ids de 0,95 de cuivre, 0,04 d'étain et 0,01 de zinc. Un *cmc* de cuivre pèse
,85; id. d'étain 7^{gr},25; id. de zinc 7^{gr},19. On demande en *cmc* le vo-
me d'une pièce de 10 c. qui pèse 10^{gr} (on suppose qu'en s'alliant les
lumes des trois métaux ne changent pas). *Rép.* 1^{cmc},142.

Sur les 10 g de la pièce, il y a 9^g,5 de cuivre, 0^g,4 d'étain et
1 de zinc.   8^g,85 de cuivre ont un volume d'un *cmc*; 1^g a
n volume de 1^{cmc} : 8,85; les 9^g,5 de la pièce ont un volume
9^{cmc},5 : 8,85 = 1^{cmc},073.   On trouve de même que les 0^g,4 d'é-
in de la pièce ont un volume de 0^g,4 : 7,25 = 0^{cmc},055; 0^g,1
zinc a un volume de 0,1 : 7,19 = 0^{cmc},014.   J'ajoute les
lumes des trois métaux, et je trouve 1^{cmc},142 (volume de
pièce).

572. En Angleterre, 65 acres de terre ont coûté 7248 livres 14 shillings
ence. Combien coûteraient en monnaie française 58^{Ha},28 de la même terre?
are contient 7540 yards carrés, et le yard vaut 0^m,9144. La livre de
shillings vaut 25 fr. et le shilling vaut 12 pence. *Rép.* 257729^f,75.

Je convertis 65 acres en hectares. L'acre vaut 7540 yards
rrés.   Le yard carré = (0,9144 × 0,9144)^{mq} = 0^{mq},83612736.
Donc 1^{acre} = 0^{mq},83612736 × 7540 = 6304^{mq},4003; 65 acres
= 6304^{mq},4003 × 65 = 409786^{mq},02 = 40^{Ha},9786 à 1^{mq} près.
Je convertis en francs les livres, les shillings et les pence.
248^l = 25^f × 7248 = 181200^f.   14 sch. = 1^f,25 × 14 = 17^f,50;
8 pence = 1^f,25 × 8/12 = 0^f,83.   J'additionne; *total*,
181218^f,33.   Le problème proposé est ramené à celui-ci :
40^{Ha},9786 *ont été payés* 181218^f,33. *Combien coûteront* 58^{Ha},28 ?
On trouve par la réduction à l'unité : 181218^f,33 × 58,28 :
40,9786.   J'effectue, et je trouve : 257729^f,75 à 0^f,01 près.

PROBLÈMES SUR L'AGRICULTURE.

573. Le purin qui sort des étables, ou s'écoule des tas de fumier expo-
s à la pluie, est excellent pour arroser les prairies artificielles. Loin de
laisser perdre dans les fossés ou gâter l'eau des mares et des puits, le

cultivateur devrait le conserver avec soin, soit pour arroser les tas de fumier, soit, s'il est trop abondant, pour le répandre sur ses prairies.

Problème. Un fermier a fait établir, pour le recueillir, une cuve qui lui a coûté 20 fr., et un tonneau à arrosoir qui vaut 65^f,50. Il l'a transporté étendu d'eau dans une prairie d'un hectare 25 ares qui ne produisait par hectare que 1500 Kg de mauvais foin vendu 2^f,50 les 100 Kg. Au lieu de cela, elle a produit le double de foin, vendu 4^f,25 les 100 Kg; le fermier est-il remboursé au bout de l'année des frais qu'il a faits? *Rép.* Oui.

Dépense. $20^f + 65^f,50 = 85^f,50$.

Ancien produit : $1500^{Kg} \times 1,25 = 1875$ Kg., rapportant $2^f,50 \times 18,75 = 46,875$.

Nouveau produit : 3750 Kg à 4^f,25 les 100 Kg., rapp. $4^f,25 \times 37,50 = 159^f,375$.

Différence des deux produits : $112^f,50$. Le fermier est remboursé.

574. Pour conserver le fumier en tas, c'est-à-dire pour empêcher le dégagement de l'ammoniaque, on emploie la couperose verte (sulfate de fer), ou le plâtre en poudre. Avec la première dissoute dans l'eau, on arrose le fumier; avec le second on le saupoudre (couche par couche dans les deux cas).

Problème. Pour 1000 Kg de fumier, il faut $2^{Kg},5$ de couperose dans 5 litres d'eau, ou $12^{Kg},5$ de plâtre. Quel est le plus économique de la couperose ou du plâtre, en supposant la couperose à 0^f,35 le kilog. et le plâtre à 3 fr. l'hectolitre de 215 Kg? *Rép.* le plâtre.

Dans les terrains argileux le plâtre est préférable à la couperose.

Couperose. $2^{Kg},5$. coûtent $0^f,35 \times 2,5 = 0^f,875$.

Platre. 215^{Kg} coûtent 3^f; 1 Kg coûte $3^f : 215$. Donc $12^{Kg},5$ coûtent $3^f \times 12,5 : 215 = 0^f,174$. Le plâtre est plus économique.

575. Dans le voisinage des villes importantes, les cultivateurs emploient comme engrais l'urine, que l'on utilise en la mélangeant avec 3 ou 4 fois son volume d'eau. Cet engrais convient particulièrement pour les prairies artificielles, les pommes de terre, les laitues, les choux; mais il ne conviendrait pas en général pour les blés qu'il pourrait faire verser.

Problème. L'urine se vend 0^f,25 l'hectol.; 260 hectol. suffisent pour un hectare. Quelle serait, non compris les frais de transport, la dépense à faire pour arroser une prairie de 345 ares? *Rép.* 224^f,25.

La dépense pour 1 Ha est $0^f,25 \times 260 = 65^f$. Pour $345^a = 3^{Ha},45$, la dépense sera $65^f \times 3,45 = 224^f,25$.

576. Le guano se vend de 40 à 45 fr. les 100 Kg; 200 Kg mêlés à eur poids de plâtre ou de sel suffisent pour un hectare de terre qui a déjà reçu une demi-fumure de fumier d'étable. Quelle serait la dépense de guano à 42 fr., et de sel à 18 fr. les 100 Kg, pour un hectare 56 ares? $R. 187^f,20$.

Il faut pour 1^{Ha}, 200 Kg de guano, coûtant $42^f \times 2 = 84^f$, et 200 Kg de sel, coûtant $18^f \times 2 = 36^f$;   total 120^f.   **Pour** $1^{Ha},56$, il faut $120^f \times 1,56 = 187^f,20$.

577 La paille de blé doit sa solidité à la silice qu'elle renferme. Les cendres en contiennent 66 p. 100 de leur poids, et c'est ce qui explique pourquoi l'urine, le guano, et le purin qui ne contiennent pas de silice, non plus que les autres engrais purement animaux, ne conviennent pas aux céréales.

PROBLÈME. **Quel** est le poids de la silice puisée dans le sol par la paille de 430 **gerbes** de blé pesant chacune $6^{Kg},50$? On sait d'ailleurs que le poids de la cendre ne représente que les 0,07 du poids total de la paille, et que le poids de celle-ci est les 9/4 de celui du grain. *Rép.* $89^{Kg},397$.

Les 430 gerbes pèsent $6^{Kg},5 \times 430 = 2795 \, Kg$. Pour 1 Kg de grain, il y a 9/4 de Kg de paille. Pour 4 Kg de grain, 9 Kg de paille; $9 + 4 = 13$. Sur 13 Kg de gerbes, il y a 9 Kg de paille et 4 de grains. Sur 1 Kg, 9/13 et 4/13; sur 2795 Kg, il y a $(9/13 \times 2795)$ Kg de paille. La cendre pèse les 0,07 de ce poids, c'est-à-dire $\dfrac{(9 \times 2795 \times 0,07) \, Kg}{13}$. Enfin le poids de la silice (0,66 du poids de la cendre) $= \dfrac{(9 \times 2795 \times 0,07 \times 0,66) \, Kg}{13}$. J'effectue les calculs, et je trouve $89^{Kg},397$.

578. Pour ne pas épuiser un sol, il convient de faire succéder à une récolte quelconque une autre récolte qui n'emprunte pas à la terre les mêmes éléments : du blé à des pommes de terre, par exemple. C'est là le premier principe des assolements (*).

PROBLÈME. Dans un hectare de terre, que l'on voulait planter en pommes de terre, on a mis 6000 Kg de fumier d'étable contenant par kilog. $36^{gr},25$ de silice; on en a tiré 12000 Kg de tubercules qui n'ont pris à la terre que 8 Kg de silice. L'année suivante, on fume avec du guano et on retire 1000 gerbes de blé pesant chacune $6^{Kg},5$. On demande, eu égard aux données du problème précédent, si la silice introduite par le fumier l'année précédente a été suffisante?

Les 6000 Kg de fumier contenaient $36^g,25 \times 6000 = 217^{Kg},50$ de silice.

(*) Le second, c'est de faire succéder en général les céréales aux plantes sarclées, pommes de terre, betteraves, etc.

Il reste après les pommes de terre 217^{Kg},5 — 8^{Kg} = 209^{Kg},5.

Les 1000 gerbes pesant 6500 Kg, ont pris, d'après l'ex. précédent,

$$\frac{6500 \times 9 \times 0,07 \times 0,66}{13} = 207^{Kg},90 \text{ de silice.}$$

La silice du fumier a été suffisante.

579. Les meilleures litières en général sont celles qui contiennent le plus d'azote. La paille de sarrasin en contient 0,48 p. 0/0, et celle de seigle 0,17. Quel serait le poids de la paille de seigle renfermant autant d'azote que 540 bottes de paille de sarrasin du poids moyen de 2^{kg},50? Quel serait encore le poids de la paille de pois équivalente ? Elle renferme 1,79 p. 0/0 d'azote. *Rép.* : 3811^{Kg} 13/17 de p. de seigle ; 362^{Kg},01 de p. de pois.

540 bottes de 2^{Kg},50 = 2^{Kg},5 × 540 = 1350 Kg, qui a raison de 0^{Kg},48 par 100 Kg., renferment 0^{Kg},48 × 13,50 = 6^{Kg},48 d'azote.

Il y a 0^{Kg},17 d'azote dans 100 Kg de seigle. 0^{Kg},01 est contenu dans 100 Kg : 17, et 6^{Kg},48 sont contenus dans 64800^{Kg} : 17 = 3811^{Kg} 13/17.

Il y a 1^{Kg},79 d'azote dans 100 Kg de paille de pois,   0^{Kg},01 dans 100^{Kg} : 179,   et 6^{Kg},48 dans 64800^{Kg} : 179 = 362^{Kg},01.

580. La luzerne est un des meilleurs fourrages qu'on puisse cultiver; mais elle demande un sol calcaire, riche et profond ; dans un pareil terrain elle peut durer de 15 à 20 ans. On la sème à raison de 30 Kg par hectare.

PROBLÈME. Quelle serait la dépense à faire pour ensemencer un champ rectangulaire ayant 125 mètres de long et 95 mètres de large, la graine coûtant 0^f,95 le kilogramme? *Rép.* 33^f,85.

La surface du champ = (125 × 95)^{mq} = 11875^{mq} = 1^{Ha},1875. Il faut donc 30^{Kg} × 1,1875 = 35^{Kg},625 de luzerne coûtant 0^f,95 × 35,625 = 33^f,85.

581. Pour rendre au sol les éléments que lui a enlevés une récolte de blé, il faut un poids de fumier égal à 6 fois le poids du blé, paille et grain. Un champ d'un hectare a produit 18 hectolitres de blé pesant 80 Kg l'hectolitre, et 2 fois 1/4 autant de paille. Quel est le poids du fumier qu'on devrait donner à la terre pour réparer les pertes occasionnées par la récolte de blé? Quelle en serait la valeur à 8^f,25 le mèt. cube pesant 840 Kg? *Rép.* 28080^{Kg} de fumier coûtant 275^f,78.

Poids du grain : 80^{Kg} × 18 = 1440 Kg. Poids de la paille : 1440 × (2 + 1/4) = 3240 Kg. Poids réunis : 4680 Kg. Il faudra 4680^{Kg} × 6 = 28080 Kg de fumier. Mais 840 Kg de fumier valent

8',25. **Un Kg vaut 8',25 : 840,** et 28080 Kg **valent** 8',25 × 28080 : 840 = 275',78.

582. Un cultivateur prend le parti de supprimer les jachères et de les remplacer par du sarrasin sur une étendue de 2 hect. 28 ares. Il recueille par hectare 20 hectolitres de sarrasin, déduction faite de la semence, et le vend 9',60 l'hectolitre. L'année suivante, il trouve que la suppression de la jachère a fait diminuer par hectare la récolte du froment de 2 hectol., à 22',50 l'hectol. Il a d'ailleurs été obligé d'acheter en plus 5 mèt. cubes de fumier au prix de 6',50 le mèt. cube. Quel est son bénéfice net, en supposant que la paille de sarrasin, qu'on peut employer comme litière, compense à 50 fr. près les frais de la récolte? *Rép.* 252',66.

Récolte de sarrasin. 20^{HI} × 2,28 = 45^{HI},6 qui valént 9',60 × 45,6 = 437',76. Les frais déduits, cette récolte rapporte 437',76 — 50' = 387',76.

L'année suivante, la perte a été de 22',50×2×2,28 = 102',60; la dépense en plus 6',50×5 = 32',50. Total à déduire 135',10. Le bénéfice *net* est 387',76 — 135',10 = 252',66.

583. On draine en général les terrains bas et argileux. Le drainage bien pratiqué facilite l'écoulement de l'eau surabondante, permet à l'air de pénétrer dans la terre et change complétement l'aspect et la qualité du terrain.

PROBLÈME. On veut drainer un champ rectangulaire de 113 ares, ayant 126 mèt. de large avec des tuyaux de 0^{m},37 de long, qui coûtent 1',80 le cent. On demande le nombre et le prix des tuyaux qui doivent être placés dans le sens de la longueur, sachant que les lignes de drains sont écartées de 10^{m},50, que la première ligne est à 5^{m},25 du bord du champ, et qu'il y a 9 p. 100 de déchet dans l'emploi des tuyaux (V. n° 94 du Cours). *Rép.* **3185 tuyaux coûtant 59',13.**

5^{m},25 sur un bord et 5^{m},25 sur l'autre, total 10^{m},50 à déduire de 126 *m*; reste 115^{m},50. Les lignes des drains étant distantes de 10^{m},5, il y en a sur 115^{m},50 de large, 115,50 : 10,50 = 11 (je comprends dans les 10^{m},5 la largeur des tuyaux). La surface du champ étant 113^{a} = 11300 *mq*, sa longueur est $\dfrac{11300}{126}$ = 89^{m},682. Les 11 lignes de drains forment en tout une longueur de 89^{m},682 × 11 = 986^{m},502 de tuyaux. La longueur d'un tuyau étant 0^{m},33, il en faut autant que 0^{m},33 est contenu dans 986,502; je divise et je trouve 2989,4. Les drains se composent de 2989,4 tuyaux. Comme il y a 9 p. 0/0 de déchet, il faut demander 100 tuyaux pour 91 nécessaires; je cherche donc combien de fois 91 dans 2989,4. Je divise et je trouve 32,85.

On achètera donc $100 \times 32,85 = 3285$ tuyaux qui, à 1',80 le cent, se payeront $1',80 \times 32,85 = 59',13$.

584. Un cheval de labour de taille ordinaire exige toutes les 24 heures de 12 à 15 Kg environ d'aliments solides, qui doivent contenir à peu près $1^{Kg},20$ d'azote et 3 Kg de carbone. On sait que le kilog. de tourteau de lin contient $0^{Kg},350$ d'azote, et $0^{Kg},200$ de carbone ; le kilog. de son, $0^{Kg},120$ d'azote et $0^{Kg},270$ de carbone ; enfin 16 Kg de bon foin, $1^{Kg},16$ d'azote et $3^{Kg},54$ de carbone. Un cheval aura-t-il à peu près la quantité convenable de carbone et d'azote, si on lui donne 9 Kg de bon foin, 4 de tourteau de lin et 3 de son? *Rép.* Il y a $0^{Kg},1425$ d'azote de trop.

Sur 16 Kg de foin, il y a $1^{Kg},16$ d'azote et $3^{Kg},54$ de carbone.

Sur 1 Kg, $1^{Kg},16 : 16 = 0^{Kg},0725$, d'azote et $3^{Kg},54 : 16 = 0^{Kg},22125$ de carbone. Sur 9 Kg, $0^{Kg},0725 \times 9 = 0^{Kg},6525$ d'azote, et $0^{Kg},22125 \times 9 = 1^{Kg},99125$ de carbone. Voici donc les proportions du mélange :

Foin.	$0^{Kg},6525$ d'azote et		$1^{Kg},991$ de carbone.		
Tourteau. . . .	0 ,35	—	et	0 ,20	—
Son.	0 ,36	—	et	0 ,81	—
Totaux.	$1^{Kg},3625$	—	et	$3^{Kg},001$	—

Il y a un peu trop d'azote.

585. Le problème précédent donne un exemple de ration mixte. Ces sortes de rations peuvent être composées de bien des manières ; mais on y doit retrouver sensiblement les proportions indiquées ci-dessus. Ainsi, le tourteau employé seul ne conviendrait pas. En effet, on demande : 1° quel serait le poids de tourteau de lin qu'il faudrait prendre pour avoir $1^{Kg},20$ d'azote, et combien il manquerait de carbone ; 2° quel serait alors le poids de l'azote en excès, proportions gardées (*)?

1° A raison de $0^{Kg},35$ d'azote par Kg de tourteau, il en faudrait prendre $1^{Kg},20 : 0,35 = 3^{Kg},428$. Ces 3,428 de tourteaux contiendraient $0^{Kg},200 \times 3,428 = 0^{Kg},6856$ de carbone. La proportion de carbone est de 3 Kg pour $1^{Kg},20$ d'azote ; il manque donc $2^{Kg},3144$ de carbone.

(*) Ces deux exemples font voir l'avantage qu'il peut y avoir pour l'agriculteur à connaître la valeur nutritive des aliments destinés à son bétail, et comment, en variant la nourriture qu'on donne aux animaux, sans négliger toutefois l'expérience, on pourrait avec économie obtenir de bons résultats.

Avec 3 Kg de carbone, il doit y avoir $1^{Kg},20$ d'azote. Avec Kg de carbone, $0^{Kg},40$ d'azote. Avec $0^{Kg},6856$ de carbone, doit y avoir $0^{Kg},40 \times 0,6856 = 0^{Kg},27424$ d'azote. Il y en a $^{Kg},20$. L'azote en excès pèse donc $0^{Kg},92576$.

586. 100 Kg de foin ont la même valeur nutritive que 315 Kg de tubercules de pommes de terre. En supposant qu'un hectolitre de tubercules, esant 85 Kg, coûte 2^f, et 1000 Kg de foin 60^f, y a-t-il avantage à acheter u foin? Quelle serait la perte ou le gain sur 2500 Kg de foin?

1000 Kg de foin coûtent 60^f; 100 Kg, 6^f.
85 Kg de tubercules coûtent 2^f; 1 Kg, $2^f : 85$. 315 Kg, $^f \times 315 : 85 = 7^f,41$.
Avec 6^f de foin, on nourrit autant qu'avec $7^f,41$ de tubercules. *Il y a donc avantage à acheter du foin* (1re *réponse*).
Sur 100 Kg de foin employés, coûtant 6^f, il y a $1^f,41$ de bééfice. Sur 2500 Kg de foin, il y aura un bénéfice de $1^f,41 \times 5 = 35^f,25$ (2e *réponse*).

587. On peut nourrir une vache laitière avec 3 Kg de bon foin par 00 Kg du poids de l'animal vivant. Il convient de distribuer cette ration n trois repas (que l'on ferait bien de n'administrer même que par porons). Quel est le poids de foin à donner pour chaque repas à une vache esant 475 Kg? *Rép.* $14^{Kg},25$.

Pour 100 Kg de poids, 3 Kg de foin. Pour 1 Kg, 0,03. our 475^{Kg}, $0^{Kg},03 \times 475 = 14^{Kg},25$ de foin.

588. De bons agriculteurs ajoutent à la ration ci-dessus environ 113 rammes de sel marin par jour. Quelle serait la dépense du sel marin, ur un an, à 18 fr. les 100 Kg (365 jours)? *Rép* $7^f,42$.

Pour 365 j., il faut $113^g \times 365 = 41245^g = 41^{Kg},245$. A 18^f s 100 Kg, 1 Kg coûte $0^f,18$. Les $41^{Kg},245$ coûtent $0^f,18 \times 1,245 = 7^f,424$.

589. Les céréales se sèment de deux manières, à la volée ou en lignes vec le semoir. 1/4 environ de la semence qu'on emploie dans le premier ode ne peut pas lever, et est par conséquent perdu. En supposant qu'on mploie 1 hectol. 80 litres de blé par hectare quand on sème à la volée, uelle serait l'économie réalisée en se servant du semoir sur une étendue 12 hectares 50 ares, l'hectolitre de blé valant $18^f,50$? *Rép.* $104^f,0625$.

En semant à la volée, on perd par hectare $1^{Hl},8 : 4 = 0^{Hl},45$; our $12^{Ha},5$ la perte est de $0^{Hl},45 \times 12,5 = 5^{Hl},625$ qui valent

18^r,50 $\times$ 5,625 = 104^r,0625. On économise cette somme en employant le semoir.

590. Un hectare de terre en labour rapporte, année moyenne, 105^r net. Une prairie de même étendue produit 3250 kilog. de foin vendus 3^r,50 les 100 Kg, et un regain évalué au quart de la récolte de foin; les frais s'élèvent annuellement à 32^r,50. Quel est le plus avantageux de la terre en labour ou de la prairie? A quel chiffre le prix des 100 Kg de foin devrait-il être amené, pour que les deux produits fussent égaux? 1re R. la prairie; 2e à 3^r,38.

A 3^r,50 les 100 Kg de foin, 1 Kg vaut 0^r,035; 3250 Kg valent 0^r,035 $\times$ 3250 = 113^r,75. Le regain vaut 113^r,75 : 4 = 28^r,44. *Total*, 142^r,19, dont il faut déduire les frais. *Produit net* de l'Ha : 142^r,19 — 32^r,50 = 109^r,69. *La prairie est plus avantageuse*.

Le foin et le regain pèsent 3250^{Kg} + 812^{Kg},5 = 4062^{Kg},5.

Cette quantité de foin devrait se vendre le prix net du blé, plus 32^r,50 pour payer les frais, c'est-à-dire : 105^r+32^r,50 = 137^r,50. Cela met le Kg à 137^r,50 : 4062,5, et les 100 Kg à 13750^r : 4062,5. J'effectue la division, et je trouve 3^r,38 pour le prix demandé des 100 Kg de foin.

591. Pour la nourriture des bestiaux, 100 Kg de foin équivalent à 248 Kg de topinambours. La ration journalière d'une vache en foin sec étant de 15^{Kg},5, on demande à combien il faudra réduire cette ration si on lui donne 17 Kg de topinambours. *Rép.* à 8^{Kg},645.

248 Kg de topinambours équiv. à 100 Kg de foin. Un Kg à 100^{Kg} : 248. 17 Kg à 1700^{Kg} : 248 = 6^{Kg},855. On ne lui donnera donc que 15^{Kg},5 — 6^{Kg},855 = 8^{Kg},645 de foin.

592. Un bœuf à l'engrais et une vache laitière nourris à l'étable avec la même ration de foin produisent, le premier 1 Kg de viande, la deuxième 15 litres de lait, pendant le même temps. Or 1 Kg de viande contient 437^s,5 de substances nutritives, et 1 litre de lait 123 grammes. Seulement la composition de ces matières nutritives est différente, et on admet que 6 Kg des premières équivalent à 11 Kg des secondes. On demande si, au point de vue de l'alimentation de l'homme, il vaut mieux produire du lait que de la viande. *Rép.* Du lait.

Le bœuf produit 437^s,5 de substances nutritives, et la vache 123^s $\times$ 15 = 1845 g. Mais 6 g des premières substances valent 11 g des secondes; 1 g vaut 11/6, et 437^s,5 valent 11/6^s $\times$ 437,5 = 802 g. Ainsi, à qualité équivalente, le bœuf produit

802 *g.* de matières nutritives, pendant que la vache en produit
1845 *g.* Il vaut donc mieux produire du lait.

593. La partie la plus nutritive des fourrages est assurément ce que
l'on nomme le fleurain, c'est-à-dire les fleurs, les grains, les feuilles.
Un cultivateur a transporté plusieurs fois, d'un endroit à un autre, et
sans précaution, 2000 bottes de luzerne pesant avec le transport $7^{Kg},50$;
une partie du fleurain a été perdue, de sorte que la botte ne pèse plus
que $6^{Kg},75$. On demande d'évaluer la perte faite par le cultivateur, en ad-
mettant que la valeur nutritive du fleurain perdu soit 2 fois 1/3 celle de
la portion restante, poids pour poids, et que la luzerne valût d'abord $6^f,50$
les 100 kilog. *Rép.* $200^f,75$.

Les 2000 bottes de foin pèsent $7^{Kg},50 \times 2000 = 15000$ K*g.*
Il y a perte de $7^{Kg},50 - 6^{Kg},75 = 0^{Kg},75$ par botte.   Sur les
2000 bottes, la perte est de $0^{Kg},75 \times 2000 = 1500$ K*g.* Il reste
13500 K*g,*   Les 1500 K*g* perdus valent autant que $1500 \times$
$(2 + 1/3) = 3500$ K*g* de la luzerne conservée.   Les 15000 Kg de
luzerne à $6^f,50$ les 100 K*g,* ou $0^f,065$ le K*g,* valaient $0^f,065 \times$
$15000 = 975^f$.   Ces 975^f sont la valeur des 13500 K*g* conservés,
et du fleurain perdu équivalent à 3500 K*g* de la luzerne conservée, c'est-à-dire sont la valeur de 17000 K*g* de la luzerne
conservée.   1 K*g* vaut 975^f : 17000, et 3500 K*g* valent : $975^f \times$
$3500 : 17000 = 200^f,735$. La perte se monte donc à $200^f,75$.

594. La suie est un très-bon engrais ; on peut l'employer à la dose de
1/3 d'hectolitre par are mélangée avec deux ou trois fois autant de terre.
Quelle serait la dépense à faire pour fumer un champ de 75 ares 50 centiares,
la suie coûtant sur place $4^f,50$ l'hectolitre, les frais de transport étant de
$0^f,25$ par 100 K*g,* et le mètre cube pesant 1205 K*g*? *Rép.* $120^f,85$.

Pour les $75^a,5$, il faut $1/3 \times 75,5 = 25^{Hl},17$ de suie, dont le
prix sur place est de $4^f,50 \times 25,17 = 113^f,265$.
$1^{Hl} = 100^l = 100^{dme} = 0^{mc},1$ pèse $120^{Kg},5$. $25^{Hl},17$ pèsent
$120^{Kg},5 \times 25,17 = 3032^{Kg},985$.   Les frais de transport sont pour
100 K*g,* $0^f,25$; pour 1 K*g,* $0^f,0025$; pour $3032^{Kg},985$, $0^f,0025 \times$
$3032\,985 = 7^f,58$.   J'ajoute ces frais au prix sur place, et je
trouve $120^f,845$ pour la dépense totale.

595. 1000 K*g* de cendre de luzerne contiennent 508 K*g* de chaux et
34 de silice ; 1000 K*g* de cendre de raygrass d'Italie renferment 100 K*g*
de chaux et 594 de silice. On demande les poids de cendre de raygrass
qui renferme autant de chaux et de silice que 45 K*g* de cendre de luzerne.
Rép. $228^{Kg},6$ et $2^{Kg},575$.

1000 Kg de luzerne contiennent 508 Kg de chaux; 1 Kg en contient $0^{Kg},508$; 45 Kg, $0^{Kg},508 \times 45 = 22^{Kg},86$.

100 Kg de chaux sont contenus dans 1000 Kg de cendre de raygrass; 1 Kg dans 10 Kg; $22^{Kg},86$ dans $228^{Kg},6$ (1re *réponse*).

1000 Kg de cendre de luzerne contiennent 34 Kg de silice; 1 Kg contient $0^{Kg},034$; 45 Kg contiennent $0^{Kg},034 \times 45 = 1^{Kg},53$.

594 Kg de silice sont contenus dans 1000 Kg de cendre de raygrass. Un Kg de silice est contenu dans $1000^{Kg} : 594$.

$1^{Kg}, 53$ est contenu dans $1530^{Kg} : 594 = 2^{Kg},575$. 2e *réponse*.

Ainsi : 1° 45 Kg de cendre de luzerne et $228^{Kg},6$ de cendre de raygrass contiennent la même quantité de chaux ($22^{Kg},86$).

2° 45 Kg de c. de luzerne et $2^{Kg},575$ de cendre de raygrass contiennent la même quantité de silice ($1^{Kg},53$).

596. Les cendres de blé et de toutes les céréales contiennent près de la moitié de leur poids d'acide phosphorique. (Cet acide est contenu en grande quantité dans les os, et c'est ce qui leur donne leur principale valeur comme engrais.) Quel est le poids de l'acide phosphorique contenu dans 10 hectol. de blé, pesant 81 Kg l'hectolitre ? On sait que 1000 Kg de blé donnent 24 Kg de cendre, et que le poids de l'acide phosphorique est les 0,46 du poids de la cendre. *Rép.* $8^{Kg},9424$.

Les 10^{Hl} pèsent 810 Kg. 1000 Kg de blé contiennent $24^{Kg} \times 0, 46 = 11^{Kg},04$ d'acide phosphorique. 1 Kg contient $0^{Kg},01104$, et 810 Kg contiennent $0^{Kg},01104 \times 810 = 8^{Kg},9424$.

597. On peut admettre en général que la valeur nutritive d'une graine ou d'un fourrage est proportionnelle à sa richesse en matière azotée. Résoudre d'après ce principe les deux questions suivantes :

1° L'hectolitre d'avoine pèse 48 Kg et se vend $13^{f},50$; l'Hl de seigle pèse 75 Kg et se vend 18^{f}. Le seigle contient 18 *gr.* d'azote par Kg et l'avoine $13^{g},5$. Quel est p. 0/0 le bénéfice qu'il y aurait à se servir du seigle? A quel prix devrait être amené l'Hl d'avoine pour que son emploi devînt aussi avantageux que celui du seigle (*)? 1re *Rép.* 36 p. 0/0; 2e *Rép.* $8^{f},64$.

1° Pour 18^{f}, on a 75 Kg de seigle contenant $18^{g} \times 75$.

Pour 1^{f} de seigle, on a $18^{g} \times 75 : 18 = 75$ *g* d'azote.

Pour $13^{f},50$ d'avoine, on a $13^{g},5 \times 48$ d'azote.

Pour 1^{f} d'avoine, on a $(13^{g},5 \times 48) : 13,5 = 48$ *g* d'azote.

Quand on emploie le seigle, 1 *g* d'azote coûte 1/75 de fr. Avec

---

(*) Toutes choses égales d'ailleurs, l'avoine est préférable au seigle.

l'avoine, 1 g d'azote coûte 1/48 de fr. En employant le seigle, on gagne (1/48 — 1/75) de fr. = 3/400 de fr. pour 1/48 de fr. dépensé. C'est 144/400 pour 1ᶠ, et 14400/400 = 144/4 = 36ᶠ pour 100ᶠ. On gagne donc 36 p. 0/0 en employant le seigle.

Pour que l'emploi de l'avoine fût aussi avantageux que celui du seigle, il faudrait que pour 1ᶠ d'avoine on eût 75ᵍ d'azote.

Or, plus l'avoine coûte cher, moins on a de g d'azote pour 1 fr.. On a 48 g d'azote pour 1 fr., quand l'Hl d'avoine coûte 13ᶠ,50. On aurait 1 g pour 1 fr., si l'Hl coûtait 48 fois plus, c'est-à-dire 13ᶠ,50 × 48. On aurait 75 g pour 1 fr., si l'Hl coûtait $\dfrac{13ᶠ,50 \times 48}{75} = 8ᶠ,64.$ 2ᵉ *Rép.* A 8ᶠ,64 l'Hl, l'avoine serait aussi avantageuse que le seigle à 18ᶠ l'Hl.

598. On offre à un agriculteur du sainfoin à 50 fr. les 750 Kg, et du foin à 40 fr. Le 1ᵉʳ contient 18ᵍ,5 d'azote par Kg, et le 2ᵉ 11ᵍ,5. Quel avantage p. 0/0 y a-t-il dans l'emploi du sainfoin ? *Rép.* 22ᶠ,3 p. 0/0.

50ᶠ dépensés en sainfoin donnent 18ᵍ,5 × 750 = 13875 g d'azote. 1ᶠ *id.* donne 13875ᵍ : 50 = 277ᵍ,5 d'azote.

40ᶠ dépensés en foin donnent 11ᵍ,5 × 750 = 8625 g d'azote. 1ᶠ *id* donne 8625ᵍ : 40 = 215ᵍ,625.

Sur 1ᶠ dépensé en sainfoin, il y a avantage de 277ᵍ,5 — 215ᵍ,625 = 61ᵍ,875 d'azote. Ces 61ᵍ,875 sont gagnés sur 277ᵍ,5 achetés. Sur 1ᵍ acheté, on gagne 61ᵍ,875 : 277ᵍ,5. Sur 100 g achetés, on gagne 6187ᵍ,5 : 277,5. Je divise, et je trouve : 22ᵍ,30. On gagne donc 22,30 pour 0/0.

599. Dans la construction des bergeries on compte généralement 0ᵐᑫ,90 par tête de bétail. Les proportions ordinaires sont 5 m. de large sur 16 de long. La hauteur doit être d'au moins 3 m. Déterminer d'après cela les dimensions d'une étable destinée à 140 moutons, sachant d'ailleurs que le centre de la bergerie est occupé par un râtelier double, posé à terre et large de 0ᵐ,95. *Rép.* Longueur 20ᵐ ; largeur 7ᵐ,20.

Je cherche d'abord l'espace nécessaire indépendamment de la place du râtelier. Pour 140 moutons, il faut 0ᵐᑫ,90 × 140 = 126ᵐᑫ. La largeur est à la longueur dans le rapport de 5 à 16 ; c'est-à-dire que la largeur = 5/16 de la longueur. Mais largeur × longueur = la surface = 126ᵐᑫ. Donc $\dfrac{5}{16}$ longᵣ × longᵣ = 126 ;

ou $\dfrac{5}{16}$ (longᵣ)² = 126 ;

$(long^r)^2 = 126 : 5/16 = 126 \times 16 : 5 = 2016 : 5 = 40320 : 100,$

$(long^r)^2 = 40320/100$ (j'ai rendu le dénom^r carré parfait). J'extrais la racine carrée de 40320 à moins d'une unité; je trouve 200. La racine de 100 est 10.

La long^r = 200/10 de m = 20 m. La larg^r = 5/16 de 20 m. = 100 : 16 = 6^m,25. J'ajoute à cette largeur 0^m,95 pour le râtelier; *total* 7^m,20. *Réponse*. Les dimensions cherchées sont donc 7^m,20 de large et 20 m de long.

600. Dans un grand nombre de vignobles, on plante deux rangs de vignes espacés de 60 cm, en espaçant également les plans de 60 cm dans les lignes. On laisse ensuite un intervalle d'un mètre, après lequel on plante deux nouveaux rangs, et ainsi de suite. Déterminer le nombre de plants nécessaires pour 1^Ha de terre dont la largeur est de 81 m, en laissant environ 1 m libre tout autour. *Rép*. 15300 plants.

1^Ha = 10000^mq. La larg^r du terrain, 81^m, × sa longueur = 10000^mq; la long^r = 10000 : 81 = 123^m,45.

En parcourant la vigne dans le sens de sa largeur, d'un bord à l'autre, je trouve : 1° Un m libre, un rang, 60 cm, un rang; 2° un m libre, un rang, 60 cm, un rang; 3° *idem*, etc. Puisqu'on ne mentionne pas la place occupée par chaque plant, c'est que cette place est comptée dans les 60 cm en long et en large; je ne la compte donc pas.

Du bord jusqu'au 2e rang inclus, on compte donc 1^m,60; au 4e rang, 1^m,60 de plus; au 6e rang, 1^m,60 de plus; etc. Je cherche donc combien il y a de fois 1^m,60 dans les 81 m de large. Je divise et je trouve 50, avec 1 m de reste; c'est justement le mètre libre à l'autre bord. Il y a donc 50 doubles rangs dans le sens de la largeur.

Je parcours maintenant la vigne dans le sens de la longueur : c'est exactement la même chose (1 m libre, 1 rang, 60 cm, 1 rang); 2° *idem*, etc. Je cherche donc combien de fois 1^m,60 dans 123^m,45. Je divise et je trouve 77 et 25 cm de reste. Ces 25 cm de bordure ne suffisent pas; on mettra 1 rang de moins, et il y aura 60^cm + 25^cm = 85 cm de bordure libre, ou 2 rangs de moins et 1^m,85 de libre. Nous ne mettrons qu'un rang de moins avec 85 cm de libre au bord, pour nous rapprocher le plus possible des conditions ordinaires. On compte donc 50 × 2 = 100 plants dans le sens de la largeur, et 77 × 2 — 1 = 153 plants dans le sens de la longueur. Autrement dit, on compte 100 rangs de 153 plants, c'est-à-dire $153^{\text{plants}} \times 100 = 15300$ plants,

601. La chaux convient surtout aux sols non calcaires, envahis par les mauvaises herbes, telles que les fougères, les bruyères, le petit jonc, etc. On l'emploie généralement mélangée avec de la terre ou certains terreaux froids, des curures de mare, par ex., avec lesquels elle forme ce qu'on appelle un compost.

On demande la dépense annuelle à faire pour un terrain de $3^{\text{Ha}},05$, en supposant qu'on ne chaule que tous les trois ans à la dose de 15 *hectol.* de chaux par Ha, sachant d'ailleurs que la chaux coûte $15^{\text{f}},50$ les 1000 Kg, et que le *mc* pèse 1100 Kg. *Rép.* 26^{f}.

On emploie tous les 3 ans : $15^{\text{Hl}} \times 3,05 = 45^{\text{Hl}},75$. L'H*l* est 0,1 de *mc*; $45^{\text{Hl}},75 = 0^{\text{mc}},1 \times 45,75 = 4^{\text{mc}},575$, qui pèsent $1100^{\text{Kg}} \times 4,575 = 5032^{\text{Kg}},500$. A $15^{\text{f}},50$ les 1000 Kg, 1 Kg coûte $0^{\text{f}},0155$. $5032^{\text{Kg}},5$ coûtent $0^{\text{f}},0155 \times 5032,5 = 78^{\text{f}},00375$, ou 78^{f} à 0,01 près.

La dépense est de 78^{f} pour 3 ans. Pour 1 an, c'est $78^{\text{f}} : 3 = 26$ fr.

602. Quand on se propose d'utiliser la chaux pour la destruction des herbes ou pour la mise en culture des fonds dont la terre est généralement acide, on l'emploie vive, sans mélange et à forte dose.

On demande, d'après les données du problème précédent, le nombre des voyages qu'un fermier devrait faire pour transporter la chaux nécessaire à $16^{\text{Ha}},6$ de fonds à raison de 80 *hectol.* de chaux par Ha, avec trois voitures portant : la 1re, $1^{\text{mc}},375$; la 2e, 12 *hectol.*; la 3e, 2680 Kg de chaux. *Rép.* 26 voyages des 3 voitures et 1 de la 3e.

Il faut transporter $80^{\text{Hl}} \times 16,6 = 1328$ Hl qui valent $132^{\text{mo}},8$. La 1re voiture transporte $1^{\text{mc}},375$. La 2e, $12^{\text{Hl}} = 1^{\text{mc}},2$. La 3e, 2680 Kg de chaux. Nous savons que le *mc* pèse 1100 Kg. Le n. des m. cubes transportés par cette voiture, multiplié par 1100, donne pour produit 2680 Kg. Ce n. de m. cubes est donc égal à $2680 : 1100 = 268 : 110 = 2^{\text{mc}},436$.

Les trois voitures transportent donc par voyage $1^{\text{m}},375 + 1^{\text{mc}},2 + 2^{\text{mc}},436 = 5^{\text{mc}},011$. Elles feront autant de voyages qu'il y a de fois $5^{\text{mc}},011$ dans $132^{\text{mc}},8$. Je divise, et je trouve pour quotient 26 et pour reste $2^{\text{mc}},514$ - Les trois voitures feront donc 26 voyages. La 3e voiture portera le reste avec une légère surcharge dans un 27e voyage.

603. On sait que la France produit annuellement environ 55 millions de quintaux métriques de froment. Le prix ordinaire de l'hectolitre pesant en moyenne 79^{Kg},5 est 22^f,75. Quelle est la valeur totale de la récolte? *Rép.* 1573899371^f,07.

55 millions de quintaux métriques = 5500000000 Kg.   Or 79^{Kg},5 valent 22^f,75;   1 Kg vaut 22^f,75:79,5;   5500000000 Kg valent 22^f,75 × 5500000000 : 79,5. Je divise. *Rép.* 1573899371^f,07 à 0^f,01 près.

604. On fait subir aux céréales destinées à l'ensemencement des terres nouvellement défrichées une préparation qui porte le nom de *pralinage*, et qui a pour but de communiquer à la jeune plante plus de vigueur. On emploie à cet effet par Hl de blé, 2 Kg de nitrate de soude et 170 Kg de noir de raffinerie. Quelle est la dépense par Hl, le nitrate coûtant 67^f,60 les 100 Kg, et le noir, 18^f,35 l'hectol. pesant 134 Kg? *Rép.* 15^f,05.

Les 100 Kg de nitrate coûtent 67^f,60;   1 Kg, 0^f,676;   2 Kg, 0^f,676 × 2 = 1^f,352.

134 Kg de noir coûtent 18^f,35;   1 Kg, 18^f,35 : 134;   100 Kg, 1835^f : 134 = 13^f,694.   J'additionne les deux dépenses. *Total*: 15^f,05 à 0,01 près.

CALCULS GÉOMÉTRIQUES.

Nous croyons utile de récapituler ici les formules les plus usuelles de la géométrie que nous avons expliquées dans l'arithmétique.

(1) Longueur d'une circonférence.

$$\text{Circ. R} = 2\pi \times \text{R ou } 2\,\text{R} \times \pi. \qquad (1)$$

Surfaces planes.

(2) RECTANGLE = B × H.

(3) Carré = C × C = C^2

(4) Parallélogramme = B × H.

(5) Triangle = 1/2 B × H.

(6) Trapèze = 1/2 (B + b) × H.

(6 *bis*) Polygone régulier = (périmèt. × 1/2 apot.).

(7) Cercle = circ. × 1/2 R, ou

(8) Cercle = π × R^2 = R^2 × π,

ou bien

(9) Cercle = (1/2 circ.)^2 × $\dfrac{1}{\pi}$.

Surfaces des corps ronds.

(10) Cylindre = 2π × R × H = 2R × H × π, sans les bases.

(11) Cône = π × R × A (*idem*, A étant l'arête du cône).

(12) Tronc de cône) = π × (R + r) × A.

(13) Sphère = 4π × R^2 = π × (2R)^2.

Volumes.

(14) Parallélipipède rect.$=B\times H$, ou le produit des trois dimensions.

(15) Prisme $= B \times H$.

(16) Pyramide $=\frac{1}{3}B \times H$.

(17) Tronc de pyramide

$$=\tfrac{1}{3}H \times [B+b)+\sqrt{B\times b}].$$

(18) Cylindre $=\pi \times R^2 \times H$.

(19) Cône $=\frac{1}{3}\pi R^2 \times H$.

(20) Tronc de cône

$$=\tfrac{1}{3}\pi \times H \times (R^2+r^2+R\times r)$$

(21) Sphère $=$ surf. sphère $\times \frac{1}{3}R$,

ou bien, sphère $=\frac{4}{3}R^3 \times \pi$.

Le poids d'un corps est égal à son volume multiplié par sa densité :

$$P = V \times D \ (22).$$

Le volume est égal au poids divisé par la densité :
$$V = P : D (23).$$

Ellipse. Nous parlons de l'ellipse, page 203.

EMPLOI DU NOMBRE π.

La valeur de π, $22/7 = 3\,1/7$ est très-commode. Pour multiplier par cette valeur, il suffit, en effet de multiplier le n. donné par 3, puis d'en prendre le 7^{mc}, et d'additionner. Bien des personnes cependant hésitent à se servir de cette valeur, craignant de ne pas avoir un résultat assez approché, trop fautif. On peut éviter cet inconvénient, et obtenir une approximation très-généralement suffisante en appliquant la règle suivante.

Ex. Soit à multiplier 45,842 par π.

Règle. *On multiplie le nombre donné par 3 ; on prend ensuite le 7ième, puis on additionne.*

Correction. *On multiplie la somme par 0,0004, et on soustrait ce produit de la somme.*

Le reste est la valeur du produit demandé à moins d'un 288000e de sa valeur.

		45,842
	3	137,526
	1/7	6,5488
		144,0748
Correction.		,0576
		144,0172

45,842
3,1416
275052
45842
183368
45842
137526
144,0172272

Explication de la 1re opération. Je souligne 45,842 et je le multiplie par 3. Puis j'en prends le 7ème; autrement dit, je le divise par 7 comme il est expliqué pages 17 et 18 (DIVISION). Le 7ième de 45 unités est 6 unités (pour 42); j'écris 6 sous le chiffre des unités de 137. Il reste 3 qui valent 30, et 8, 38; le 7ième de 38 est 5 (pour 35); j'écris 5. Il reste 3 qui valent 30, et 4, 34; le 7ième de 34 est 4 (pour 28); j'écris 4. Il reste 6 qui valent 60, et 8, 68; etc. (Je continue ainsi jusqu'à ce que j'aie 0 pour reste, ou bien 5 ou 6 chiffres du 7e au plus). Puis j'additionne.

Enfin je fais la correction suivant la règle.

REMARQUE. On multiplie par 0,0004 en multipliant par 4 et en avançant chaque chiffre du produit de 4 rangs vers la droite. Le produit du chiffre des unités par 4 dix-millièmes est un n. de dix-millièmes; si donc on ne tient pas à considérer les chiffres décimaux du produit au delà des dix-millièmes, il suffit, pour la correction, de multiplier par 0,0004 la partie entière du n. proposé. C'est ce que nous avons fait. Nous avons simplement multiplié 144 par 4 en commençant à écrire le produit sous les dix-millièmes.

Nous avons mis à côté la multiplication par 3,1416, afin que le lecteur puisse comparer. La multiplication par 22/7 avec correction est évidemment plus simple. Elle donne d'ailleurs une approximation suffisante, puisque les sept premiers chiffres à gauche sont les mêmes.

2e *Exemple*. Soit à multiplier 48 par π.

```
   48
 ─────
  144
  6,857
 ──────
 150,857
   0603
 ──────
 150,7967
```

J'applique la règle. Pour la correction, je multiplie seulement la partie entière 150 par 0,0004. Mais, pour plus d'exactitude, je commence mentalement au chiffre 8 des dixièmes. Je dis 4 fois 8, 32; je n'écris pas 2, mais je retiens 3 pour ajouter au produit des unités. 4 fois 0, 0, mais 3 de retenue, c'est 3; j'écris 3 sous les dix-millièmes; 4 fois 5, 20; j'écris 0, et je retiens 2; 4 fois 1, 4 et 2, 6. J'écris 6. Puis je soustrais.

On obtient ainsi beaucoup plus d'exactitude sans grande peine. C'est ainsi que nous avons opéré pour trouver les solutions de tous les problèmes suivants, dans lesquels il y a lieu de multiplier par π.

DIVISION PAR π. Soit à diviser 3,84 par π.

$$\frac{3,84}{\pi} = 3,84 \times \frac{1}{\pi}.$$

Au lieu de diviser par π, on peut multiplier par $\frac{1}{\pi}$

Pour trouver $\frac{1}{\pi}$, je divise 1 par 3,141592535... et je trouve 0,3183098.....

En prenant $\frac{1}{\pi} = 0,31831$, on commet une erreur moindre que

0,0000002, c'est-à-dire moindre que la 1500000ᵉ partie de $\frac{1}{\pi}$.

3,84
0,31831
————————
127324
254648
95493
————————
1,2223104

Au lieu de diviser un n. donné par π, nous multiplierons généralement par $\frac{1}{\pi} = 0,31831$. En opérant ainsi, on obtient le résultat cherché avec une erreur moindre que la 1500000ᵉ partie de sa valeur; ce qui est une approximation très-généralement suffisante.

La multiplication par 0,31831 est beaucoup plus simple que la division par 3,1416.

Nous allons maintenant résoudre nos problèmes.

Exercices sur la circonférence.

605. Trouver le contour d'une place circulaire de 48 *m.* de diamètre.

Il s'agit de trouver la longueur d'une circonférence. Circ. R $= 2$R$\times \pi = 48 \times \pi$.

Nous avons fait cette multiplication tout à l'heure (2ᵉ *Exemple*). *Réponse* 150ᵐ,80.

606. Quelle est la longueur d'un arc de 27° pris sur ce contour? 11ᵐ,31.

3,6
————
10,8
0,5143
————
11,3143
45
————
11,3098

La circonférence égale à $48 \times \pi$ se compose de 360°; 1° vaut donc $\pi \times 48 : 360$. L'arc de 27° $= \dfrac{\pi \times 48 \times 27}{360} = \dfrac{\pi \times 48 \times 3}{40}$. Je multiplie donc le produit précédent par 3, et je le divise par 10, puis par 4. Je trouve 11ᵐ,30975.

Si je calculais ce produit directement, je simplifierais encore l'expression fractionnaire, et je calculerais

11

$$\frac{\pi \times 12 \times 3}{10} = 3,6 \times \pi.$$ J'ai fait ce calcul à gauche pour vérification.

607. On veut planter sur la circonférence d'une corbeille circulaire de 3ᵐ,6 de rayon des fleurs espacées de 40 *cm* et coûtant 0ᶠ,60 la pièce. Les fleurs sont à 20 *cm* du bord. Quelle sera la dépense ? *Rép.* 31ᶠ,80.

Les fleurs étant à 20 *cm* du bord, le rayon de la circonférence sur laquelle elles se trouvent est 3ᵐ,6 — 0ᵐ,20 = 3ᵐ,40 ; le diamètre est 6ᵐ,8. Je calcule cette circonférence = 6,8 × π, et je trouve 21,3629.

Il y a une fleur sur chaque longueur de 40 *cm*. Or dans 21ᵐ,3629 = 2136ᶜᵐ,29 il y a 53 fois 40ᶜᵐ (je divise). On emploiera donc 53 fleurs valant 60ᶜ × 53 = 31ᶠ,80.

```
  6,8
 20,4
 9714
______
21,3714
     85
______
26,3629
```

608. Un cheval doit faire 100 fois le tour d'un manége circulaire de 25 *m*. de diamètre avec une vitesse de 68 *m*. à la minute. Combien de temps durera l'exercice ?

Je calcule le contour du manége = 25ᵐ × π, et je trouve 78ᵐ,5400. 100 tours font 78ᵐ,54 × 100 = 7854 *m*. L'exercice durera un n. de minutes égal à 7854 : 68. Je divise et je trouve 115ᵐ30ˢ = 1ʰ55ᵐ30ˢ.

```
 25
 75
 3,5714
______
78,5714
   314
______
78,5400
```

609. Un mécanisme permet de compter les tours faits par la roue d'une voiture de 80 *cm* de rayon. On en compte 216 en moyenne par heure dans un voyage qui dure 15ʰ 42ᵐ. Quel est le chemin parcouru ?

Le chemin fait à chaque tour de la roue est la longueur de sa circonférence ; le diamètre est 1ᵐ,60. Le chemin fait à chaque tour de la roue est donc égal à 1ᵐ,60 × π. J'effectue et je trouve 5ᵐ,0265.

Je cherche maintenant le nombre des tours effectués. En 15 h., c'est 216 × 15 = 3240 tours ; en 30 m. 108 tours ; en 10 m., 36 tours ; en 2 m., 36 : 5 = 7ᵗ,2 *Total* en 15ʰ42ᵐ : 3391ᵗᵒᵘʳˢ,2, qui valent 5ᵐ,0265 × 3391,2 = 17045ᵐ,8668.

```
 1,60
 4,80
 2285
______
 5,0285
    20
______
 5,0265
```

610. Quel est le diamètre d'une colonne qui a 3ᵐ,84 de tour ? *R.* 1ᵐ,222.

Le diamètre × π = la circonf. 3ᵐ,84 ; donc le diamètre = $$\frac{3,84}{\pi} = 3,84 \times \frac{1}{\pi}.$$ Je multiplie 3,84 par 0,31831, comme je 'ai expliqué dans les préliminaires, p. 181. et je trouve 1,222.

611. Quel est le diamètre d'une place circulaire autour de laquelle
n compte 34 arbres régulièrement espacés de 4^m,5? Les arbres sont à
5 cm du bord? *Rép.* 50^m,201.

53
　　　　　　　Les 34 arbres occupent une longueur circulaire
0,31831　　de 4^m,5 × 34 = 153 m.

95493
15 9155
31 831

La circonférence (2 R × π) occupée par les arbres
ayant pour longueur 153 m., son diamètre 2 R
$= \dfrac{153}{\pi} = 153 \times \dfrac{1}{\pi}$. Je multiplie 153 par $\dfrac{1}{\pi}$ = 0,31831,

48,70143　　et je trouve 48^m,70143.

Comme il y a au delà des arbres une bordure de 75 cm, le
iamètre trouvé doit être augmenté de 2 fois 75^{cm} = 1^m,50. Le
iamètre de la place est donc 50^m,20143.

Le lecteur étant familiarisé avec l'emploi de π = 22/7, je ne
erai plus en marge la multiplication par $\pi = \dfrac{22}{7}$, ni par $\dfrac{1}{\pi}$
emplacé par 0,31831.

Exercices sur les surfaces planes.

612. (*Trapèze.*) B=5^m,34 ; b=2^m,8 ; H=3^m,65. *Rép.* S=14^{mq},8555.

613. Un rectangle, un parallélogramme, un triangle, un trapèze, ont
ne base commune de 15^m,24 et la même hauteur de 8^m,20. La seconde
ase du trapèze a 10^m,50 de long. On demande la surface de chaque figure.

J'applique les formules (2), (4), (5) ; et (6), page 178.
Rect. ou parallélogr. = (15,24 × 8,20)^{mq} = 124^{mq},968.
Triangle = 1/2 parallélogr. = 62^{mq},484.. Trapèze = 1/2 (15,24
+ 10,50) × 8,20 = 25,74 × 4,10 = 105^{mq},534.

614. Un champ rectangulaire a 134^m,20 de long et 70^m,85 de large.
ombien contient-il d'ares ? *Rép* 95^a,0807.

(134,20 × 70,85)^{mq} = 9508^{mq},07 = 95^a,0807. (Form. 2).

615. On veut parqueter une chambre de 4^m,20 de long sur 3^m,70 de
rge avec des parallélogrammes ayant 0^m,64 de base et 0^m,085 de hau-
ur. Combien faut-il de ces planches? *Rép.* **286.**

(*Formule* (2). La surface de la chambre (4,20 × 3,70)^{mq} =
5^{mq},54. Aire d'une planche (0,64 × 0,085)^{mq} = 0^{mq},0544.
Il faut autant de planches qu'il y a de fois 0^{mq},0544 dans
5^{mq},54. Je divise. *Rép.* **286** planches (on force le dernier
iffre).

616. Pour déterminer l'étendue d'une salle de classe, on compte 3/4 de *mq* par élève au-dessus de 25 élèves, et 1 *mq* au-dessous.

Une salle d'école a 8^m,10 de long sur 2^m,20 de large. Combien peut-elle recevoir d'élèves suivant ces conditions? *Rép.* 17 ou 18 élèves.

(*Formule* (2). Superficie de la salle $(8,1 \times 2,2)^{mq} = 17^{mq},82$.

En 17^{mq},82 combien de fois 3/4 de $mq = 0^m,75$. Je divise. Le quotient est moindre que 25; la salle ne peut donc pas contenir 25 élèves à 3/4 de mq par élève. Le nombre des élèves étant moindre que 25, il faut compter 1 mq par élève. On y mettra donc 17 ou 18 élèves.

617. On reçoit 54 élèves dans une salle de 6^m,5 de long sur 4^m,9 de large. Y a-t-il au moins 3/4 *mq* par élève? *Rép.* Non. Il n'y a que 0^{mq},59.

(*Formule* (2). Superficie de la salle $(6,5 \times 4,9)^{mq} = 31^{mq},85$. Un élève occupe la 54e partie de la salle. Je divise par 54, et je trouve 0^{mq},59, quantité moindre que 3/4$^{mq} = 0^{mq},75$.

618. Si c'est moins, de combien faut-il allonger la classe pour que cette condition soit remplie? *Rép.* de 1^m,765.

Pour 54 élèves, à 0^{mq},75 par élève, il faut 0^{mq},75$\times$54$=40^{mq}$,50. La salle, ayant 4^m,9 de large, devra avoir une longueur de 40,50 : 4,9. Je divise, et je trouve 8^m,265 à 0,001 près. Il faut allonger la salle de 8^m,265$—6^m$,5$=1^m$,765.

619. Combien la classe, telle qu'elle est, peut-elle recevoir d'élèves à raison de $^3/_4$ *mq* par élève? *Rép.* 42 ou 43 élèves.

Autant d'élèves qu'il y a de fois 0^{mq},75 dans 31^{mq},985. Je divise. *Rép.* 42 à 43 élèves.

620. Quelle doit être la longueur d'une salle large de 6^m,50 faite pour 64 élèves? *Rép.* 7^m,385.

Pour 64 élèves, il faut 0^{mq},75$\times$64$=48$ *mq*. La longueur demandée$\times$6,5$=48$; donc cette long$^r=48:6,5=7^m,385$ à 0,001 près.

621. A 1240^f l'hectare, combien vaut un pré triangulaire dont la base est 184 *m.* et la hauteur 92^m,8? *Rép.* 1058^f,66.

Formule (5). La superficie du pré est 1/2 $(184 \times 92,8)^{mq} = (92 \times 92,8)^{mq} = 8537^{mq},6 = 0^{Ha},85376$ qui valent 1240$^f \times 0,85376 = 1058^f,66$.

622. A 18^f,50 l'are, combien vaut un champ ayant la forme d'un trapèze dont les bases sont 136 *m.* et 104 *m.*, et la hauteur 68^m,5? *R.* 1520^f,70.

(*Formule* (6). Superficie du trapèze 1/2 (136 + 104) × 68,5 = 8220^{mq} = 82^a,20 qui valent 18^f,50 × 82,20 = 1520^f,70.

623. Dans un terrain à arpenter, partagé pour les mesures à prendre comme l'indique la 2e figure du n° 37 (page 222); AB′=3^m,20 : B′C′=6^m,34; C′D′=8^m,5 ; D′E′=3^m,6 ; E′F=2^m,85 ; BB′=7^m,56 ; CC′=10^m,80 ; DD′= 10^m.75 ; EE′=6^m,85 ; GG′=5^m,70 ; HH′=5^m,35 ; II′=5^m,20. On demande en ares la superficie du terrain. *Rép.* 3^a,1581.

Les données de ce problème ne sont pas complètes; il manque les mesures suivantes : AI′ = 2^m,79, I′H′ = 8^m,90; H′G′ = 8^m,15 et G′F = 4^m,65.

Nous allons évaluer successivement les triangles et les trapèzes. Pour cela, il faut d'abord faire la somme des bases de chaque trapèze.

Additions.

BB′	7,56	CC′	10,80	DD′	10,75	II′	5,20	HH′	5,35
CC′	10,80	DD′	10,75	EE′	6,85	HH′	5,35	GG′	5,70
	18,36		21,55		17,60		10,55		11,05

Ces sommes trouvées, je les multiplie par les hauteurs correspondantes B′C′, C′D′, D′E′, etc. J'évalue aussi les triangles ABB′, EFE′, FGG′ et AII′. Je fais la multiplication pour chaque triangle ou trapèze, mais sans diviser ensuite le produit par 2. Il est plus simple de ne diviser qu'une seule fois par 2, après avoir aditionné tous les produits.

Multiplications.

ABB′	BCC′B	CDD′C′	DED′E′	EE′F
7,56	18,36	21,55	17,60	6,85
3.20	6,34	8,5	3,6	2,85
24,192	116,4024	183,175	63,36	19,5225

GG′F	HGG′H′	H II′H′	AII′
4,65	11,05	10,55	5,20
5,70	8,15	8,90	2,79
26,505	90,0575	93,895	14,508

J'additionne tous ces produits. *Total* 631^m,6174. Je divise par 2, et j'ai enfin la surface du polygone égale à 315^{mq},8087.

624. On a repiqué, à raison de 0^f,60 le mètre carré, l'intérieur, le bord et l'extérieur d'une auge rectangulaire en granit ayant 2^m,40 de long., 1ᵐ,80 de large, 0ᵐ,85 de profondeur; la pierre a 8ᶜᵐ d'épaisseur. Combien est-il dû à l'ouvrier? *Rép.* 12ᶠ,34.

Surface intérieure. Elle peut être considérée comme composée de rectangles, se continuant et n'en faisant qu'un, ayant pour base $(2,40 + 1,80 + 2,40 + 1,80)^m = 8^m,40$ (je fais le tour) et pour hauteur $0^m,85$. Cette superficie est donc égale à $(8,40 \times 0,85)^{mq} = 7^{mq},14$. *Dimensions extérieures.* La longueur et la largeur intérieures doivent être augmentées de 2 fois l'épaisseur de la pierre $(0,8 + 0,8 = 0,16)$. La hauteur doit être augmentée d'une épaisseur 0,8. La longueur et la hauteur extérieures sont donc $2^m,56$; $1^m,96$ et $0^m,93$. On calcule d'après cela les surfaces extérieures. La surface des bords est égale au rectangle qui a pour dimensions extérieures $2^m,56$ et $1^m,96$, moins le rectangle du vide qui a pour dimensions intérieures $2^m,40$ et $1^m,80$.

Surface des côtés : $[(2,56 + 2,56 + 1,96 + 1,96) \times 0,93]^{mq} = 8^{mq},41$.

Surface des bords : $2,56 \times 1,96 - 2,40 \times 1,80 = 0^{mq},70$.

Surface latérale intérieure : $7^{mq},14$; *fond* : $4^{mq},32$. **Total général** : $20^{mq},57$ qui ont été payés $0^f,60 \times 20,57 = 12^f,34$.

625. Un salon de $8^m,50$ de long sur $4^m,75$ de large a été lambrissé à la hauteur de 95 *cm.* Combien coûte le lambris à raison de 9ᶠ,60 le mètre carré? *Rép.* 241ᶠ,68.

(*Formule* (2). La surface du lambris est $[(8,50 + 4,75 + 8,50 + 4,75) \times 0,95]^{mq}$ (je fais le tour), ou $[26,50 \times 0,95]^{mq} = 25^{mq},175$ qui coûtent $9^f,60 \times 25,175 = 241^f,68$.

626. Un pavé de 572 *cmq* tout posé coûte 0ᶠ,60. Combien coûtera le pavage d'une rue de 1562 *m.* de long sur $15^m,5$ de large? **253962ᶠ**.

(*Formule* (2). Superficie de la rue $(1562 \times 15,5)^{mq} = 24211^{mq} = 242110000^{cmq}$. Il faudra autant de pavés qu'il y a de fois 572^{cmq} dans 242110000^{cmq}. Je divise, et je trouve 423270 pavés (à 1 près), qui coûteront $0^f,60 \times 423270 = 253962^f$.

627 Combien faudra-t-il de carreaux hexagones réguliers dont le côté est 12 *cm* et l'apothème de 104 *mm*, pour carreler une salle de $4^m,50$ de long sur $3^m,50$ de large? *Rép.* 421 carreaux.

Superficie de la salle $(4,5 \times 3,5)^{mq} = 15^{mq},75$. Le périmètre de l'hexag. $= 12^{cm} \times 6 = 72$ *cm*; son apothème $10^{cm},4$. Sa superficie $= (72 \times 5,2)^{cmq} = 374^{cmq},4$. Il faut autant de carreaux qu'il y a de fois $374^{cmq},4$ dans $15^{mq},75 = 157500^{cmq}$. Je divise et je trouve 420 et un reste. Il faut 421 carreaux.

628. Un terrain long de $96^m,80$ perd en profondeur $1^m,35$ par suite d'un alignement. On demande l'indemnité due au propriétaire à raison de $16^f,90$ le mètre carré. *Rép.* $2208^f,50$.

La superficie du terrain perdu est $(96,80 \times 1,35)^{mq} = 130^{mq},68$ qui valent $16^f,90 \times 130,68 = 2208^f,492$.

629. A la place d'une écurie carrée de $5^m,25$ de côté, on en veut bâtir une autre rectangulaire de même surface large de $4^m,5$. Quelle doit être la longueur? *Rép.* $6^m,125$.

Surface de l'écurie carrée $= (5,25 \times 5,25)^{mq}, = 27^{mq}5625$.
La longueur cherchée multipliée par $4,5 = 27,5625$. Cette longueur est donc égale à $27,5625 : 4,5 = 6^m,125$.

630. Une charrue a 36 *cm* de largeur; l'attelage fait 37 raies dans un champ de 480 *m* de long; quelle est l'étendue du terrain labouré? $6393^{mq},60$.

La superficie d'une raie $= (480 \times 0,36)^{mq} = 172^{mq},80$. La superficie totale $= 172^{mq}8, \times 37 = 6393^{mq},60$.

631. On veut prendre 34 ares en largeur sur un champ qui a 175 *m* de long. Trouver sa largeur? *Rép.* $19^m,42$.

$34^a = 3400$ *mq*. La $larg^r \times$ la longueur $=$ la surface; autrement dit, la $larg^r$ cherchée $\times 175 = 3400$. La largeur $= 3400 : 175 = 19^m,42$.

632. Une salle a $5^m,4$ de long, $3^m,60$ de large et $2^m,90$ de hauteur. On a peint les murs à raison de 35^c le mètre carré et le plafond à raison de 25^c. Combien coûte le tout? *Rép.* $23^f,13$.

Superficie des murs $(5,4 + 3,6 + 5,4 + 3,6) \times 2,9$ (je fais le tour) $= (18 \times 2,9)^{mq} = 52^{mq},2$, qui coûtent $0^f,35 \times 52,2 = 18^f,27$.
Superficie du plafond $(5,4 \times 3,60)^{mq} = 19^{mq},44$ qui coûtent $0^f,25 \times 19,44 = 4^f,86$. J'additionne. *Total :* $23^f,13$.

633. On pave une place circulaire de 75 *m* de diamètre avec des pavés de 25 *cm* de long sur 21 *cm* de large et coûtant tout posés 60 *c.* la pièce. Combien coûtera ce pavage? *Rép.* 50490^f.

Le rayon est $(37^m,5)$. L'aire du cercle $\pi \times R^2 = (37,5)^2 \times \pi = 4417^{mq},875$. La surface d'un pavé $= (25 \times 21)^{cmq} = 525^{cmq}$.
Je cherche combien de fois 525^{cmq} dans $4417^{mq},875 = 44178750^{cmq}$. Je divise et je trouve pour quotient 84150. On emploie 84150 pavés à 60 *c*, qui coûtent 50490^f.

634. Trouver la superficie de la corbeille décrite dans l'exerc. 607.

Le rayon étant $3^m,6$ la surface du cercle, $R^2 \times \pi = (3,6)^2 \times \pi = 12,96 \times \pi$. Je multiplie suivant ma règle, et je trouve $40^{mq},7251$.

635. Un rond-point circulaire est planté de **72** arbres régulièrement espacés de $3^m,80$. Le contour de la place dépasse de $0^m,85$ l'alignement des arbres. On demande la superficie totale. *Rép.* $6191^{mq},8298$.

La circonférence occupée par les arbres $= 3^m,80 \times 72 = 273^m,6$. Son diamètre $=$ circ. $\times \dfrac{1}{\pi} = 273^m,6 \times 0,31831 = 87^m,089616 = 87^m,09$ à $0,01$ mèt. Son rayon $= 43^m,545$.

Mais le rayon de la place a $0^m,85$ de plus; ce rayon $= 43^m,545 + 0,85 = 44^m,395$. La superficie de la place circulaire, $R^2 \times \pi = (44,395)^2 \times \pi$. Je fais le calcul d'après ma règle, et je trouve $6191^{mq},8298$.

EXERCICES SUR LES SURFACES RONDES.

636. On a peint, à raison de 40^c le mètre carré, **12** colonnes ayant chacune $1^m,48$ de tour et $3^m,5$ de hauteur. Quel est le prix total? *Rép.* $24^f,86$.

Chaque colonne est un cylindre dont la circonf. de base a pour longueur $1^m,48$. D'après la formule (10), la surface $= (1,48 \times 3,5)^{mq} = 5^{mq},18$.

La superficie des 12 colonnes $= 5^{mq},18 \times 12 = 62^{mq},16$.
La peinture en a coûté $0^f,4 \times 62,16 = 24^f,86$.

637. La maçonnerie d'un puits cylindrique, ayant $1^m,20$ de diamètre et $15\,m$ de profondeur, a été payée $12^f,25$ le mètre carré. Quel est le prix total?

La circonf. du puits $= 1,20 \times \pi = 3^m,7699$ (d'après ma règle).
La surface du cylindre $= (3,7699 \times 15)^{mq} = 56^{mq},5485$.
Le prix payé est donc $12^f,25 \times 56,5485 = 692^f,72$.

638. On paye $50\,c$ chaque bout de tuyau de poêle ayant $30\,cm$ de tour t $40\,cm$ de long. Combien paye-t-on ainsi le mètre carré de tôle? *R.* $4^f,17$.

Superficie du tuyau $(30 \times 40)^{cmq} = 1200^{cmq} = 0^{mq},12$ qui ont coûté $0^f,50$; $0^{mq},01$ a coûté $\dfrac{0,50}{12}$; 1^{mq} a coûté $\dfrac{50^f}{12} = 4^f,17$, à 1^c près.

639. On a peint 1360 boulets de $25\,cm$ de diamètre en couleur noire à raison de $40\,c$ le mètre carré. Quel est le prix total? *Rép.* $106^f,81$.

La surface d'une sphère est $4\pi \times R^2 = \pi \times 4R^2 = \pi \times (2R)^2$. Or notre diamètre $2R = 25^{cm}$; $(2R)^2 = 625$. Je multiplie par π suivant ma règle, et je trouve $1963^{cmq},49$.

Je multiplie cette surface par 1360 pour avoir la superficie des 1360 boulets. Je trouve $2670346^{cmq},40 = 267^{mq},03464$, dont la peinture a coûté $0^f,4 \times 267,03464 = 106^f,81$ à 1^c près.

640. Le contour d'un boulet mesuré au milieu est de **48** *cm*. Quelle est sa surface? *Rép.* $733^{cmq},39$.

La surface du boulet sphérique $= 4\,\pi\,R^2 = \pi\,(2\,\pi\,R)^2 \times \dfrac{1}{\pi} =$

$(circ.)^2 \times \dfrac{1}{\pi}$. Mais sa circonférence $= 48^{cm}$. Sa surface est donc

$48^2 \times \dfrac{1}{\pi}$. $48^2 = 2304$.   Je multiplie 2304 par 0,31831

(page 181), et je trouve $733^{cmq},38624$.

CONTENANCE D'UN FUT.

641. *Mesures prises* : Hauteur du bouge, $0^m,560$; 1er fond, $0^m,462$; 2e fond, $0^m,460$; longueur extérieure, $0^m,884$; profondeur des jables, $0^m,032$; épaisseur des fonds, $0^m,01$. Calculer en litres la contenance du fût.

Voici le tableau modèle des opérations :

Diam. du bouge.	0,560
id. moyen des fonds	0,461
Différence. . . .	0,099
	0,56
	594
	495
	0,05544
Diam. des fonds. . . .	0,461
Total. . . .	0,51644
Longueur extérieure. . . .	0,884
Profond des 2 jables. 0,064	
Épaiss^r. des 2 fonds. 0,020	0,084
Longueur intér. . . .	0,800

ou 8 décimètres.

11.

Diam. moyen en *dm* : 5^{dm},16. Rayon moyen 2^{dm},58, à 1^{mm} près,

$$
\begin{array}{r}
2,58 \\
2,58 \\
\hline
2064 \\
1290 \\
516 \\
\hline
6,6564 \\
3^f \quad 19,9692 \\
1/7 \quad 0,9509 \\
\hline
20,9201 \\
83 \\
\hline
20,9118
\end{array}
$$

$$
\begin{array}{r}
20^{dmq},91 \\
8 \\
\hline
167^{dmq},28 \ \text{ou} \ 167^l,28
\end{array}
$$

On suit facilement sur ce tableau l'application de la règle. Ayant trouvé le diam. de base et la hauteur du cylindre équivalant à la capacité du tonneau, nous avons converti ces dimensions en décimètres afin que le résultat des calculs suivants exprimât immédiatement des *dmc*, c'est-à-dire des *litres*.

Nous avons exposé cette opération avec soin parce quelle est très usuelle. C'est ainsi qu'on calcule la contenance des *barriques, tonneaux, tonnes, tonnelets, barils*.

641 *bis*. Mesurage d'un sac de charbon de bois.

Le charbon de bois se vend ordinairement par sac contenant *deux hectolitres* ou une *voie*. Pour vérifier la contenance, on mesure la circonférence au milieu à l'aide d'un ruban métrique ; de la circonférence on déduit la surface du cercle (n° 38). Enfin, on multiplie cette dernière par la hauteur du sac diminuée de 4 *cm*. (Cette diminution est faite parce que le sac n'est pas exactement cylindrique en haut et en bas.)

642. Le contour d'un sac est de 1^m,40 et sa hauteur diminuée de 4 *cm* est de 1^m,26. On demande si le sac contient la voie de 2 hectolitres.

Connaissant la circ. de base de notre cylindre qui est égale à 1,40, je me sers de la formule (9) : cercle $= \left(\dfrac{1}{2}\text{circ.}\right)^2 \times \dfrac{1}{\pi}$.

La demi-circonf. $= 0^m,7$.   Je multiplie $(0,7)^2$ par $\dfrac{1}{\pi} =$ 0,31831, et je trouve : *cercle de base* $= 0^{mq},1559729$.   Je multiplie par la hauteur 1,26, et je trouve $0^{mc},196524594 = 196^{dmc},524594$.

La voie vaut 2H¹ ou 200ˡ = 200ᵈᵐᶜ. Le compte n'y est donc pas.

EXERCICES SUR LES POIDS, LES DENSITÉS, LES VOLUMES, ET LES SURFACES DES CORPS.

Abréviations. Nous emploierons les abréviations suivantes : V, volume; S, surface; H, hauteur; A, arête d'un cône.

643. On demande le poids d'une barre rectangulaire de platine ayant pour dimensions $5^m,4$; $0^m,5$, et $0^m,035$. *Rép.* $2034^{Kg},58$.

D'après la formule (14), le volume de la barre $= (5,4 \times 0,5 \times 0,035)^{mc} = 0^{mc},0955 = 94^{dmc},5$ (n° 56).

Dans les calculs où il est question de volumes et de densités, on prend ordinairement pour unités le *dmc* et le Kg, ou bien le *cmc* et le *gr*.

La densité du platine est $21,53$; par suite 1^{dmc} de platine pèse $21^{Kg},53$; $94^{dmc},5$ pèsent $21^{Kg},53 \times 94,5 = 2034^{Kg},58$.

644. Trouver le volume d'une masse de fer fondu qui pèse 234 K*g*.

Appliquons la formule $V = P : D$ (n° 68).
$V = 234 : 7,2 = 32,5$. Le volume est $32^{dmc},5$.
Quand l'unité des poids est le K*g*, l'unité de volume est le *dmc*.

645. Un fût pèse vide $24^{Kg},5$; plein de vin de Bordeaux, 245 K*g*. Quelle est sa contenance ? *Rép.* $221^l,83$.

Le vin pèse net $245^{Kg} - 24^{Kg},5 = 220^{Kg},5$, que je divise par la densité $0,994$ ($V = P : D$). Le quotient $221,83$ exprime des *dmc* ou des litres.

646. Quels sont, dans 1 franc, les volumes de l'argent pur et du cuivre? *Rép.* $0^{cmc},430$ et $0^{cmc},056$.

Un franc pèse 5^{gr}. L'argent pèse $5^g \times 0,9 = 4^g,5$. Le cuivre pèse $5^g \times 0,1 = 0^g,5$. J'applique la formule $V = P : D$.
Pour l'argent, $V = 4,5 : 10,474 = 0^{cmc},430$. Pour le cuivre $V = 0,5 : 8,857 = 0^{cmc},056$. J'ajoute les deux n. de *cmc*; le volume de la pièce est $0,430 + 0,056 = 0^{cmc},486$.

647. Quel est, à raison de 12 fr. le mètre cube, le prix de revient d'un mur ayant 58 *m* de longueur, 85 *cm* d'épaisseur et $2^m,80$ de hauteur?

Le volume du mur, $V = (58 \times 0,85 \times 2,80)^{mc} = 138^{mc},04$ (form. 14).   Le mur a coûté $12^f \times 138,04 = 1656^f,48$.

648. Le poids de l'air est $\dfrac{1}{770}$ du poids de l'eau. On demande le poids de l'air contenu dans une salle rectangulaire de $6^m,48$ de longueur, $4^m,80$ de largeur et $3^m,20$ de hauteur. *Rép.* $129^{Kg},263$.

Volume de la salle $= (6,48 \times 4,8 \times 3,2)^{mc} \times 99^{mc},5328$.
Le mc d'eau pèse 1000 Kg ; $99^{mc},5328$ d'eau pèsent $99532^{Kg},8$.
Le même volume d'air pèse $99532^{Kg},8 : 770 = 129^{Kg},263$ à 1^{gr} près.

649. Il faut 6 mc d'air par heure pour la respiration d'un élève. Une salle d'école bien close, qui reçoit 70 élèves, à $7^m,80$ de long, 7 m de large, et $3^m,5$ de haut. Pendant combien de temps l'air y suffira-t-il à la respiration? *Rép.* Pendant 27^m 18^s.

Volume de la salle $(7,8 \times 7 \times 3,5)^{mc} = 191^{mc},10$.
Pour 70 élèves, il faut $6^{mc} \times 70 = 420^{mc}$ par heure. La salle contient $191^{mc},10$ d'air qui dureront un n. d'heures égal à $191,10 : 420 = 1911 : 4200$. Je divise et j'évalue le quotient en minutes et secondes. (Ex. 280) Je trouve $27^m 18^s$.

650. Les élèves devant rester 3 heures à l'école, combien devra-t-on introduire d'air par minute pour que l'aération soit suffisante? *R.* $5^{mc},937$.

$3^h - (27^m 18^s) = 2^h 32^m 42^s = 152^m,7$. Il faut introduire de l'air pour $152^{min},7$.   Pour 1^h, il faut 420^{mc}.   Pour $1^{min}, 420^{mc} : 60 = 7^{mc}$. Il faut donc introduire pendant les 3^h de classe un supplément d'air égal à $7^{mc} \times 152,7 = 1068^{mc},9$. Trois heures valent 180^{min}. Dans 1^{min} il faut introduire $1068^{mc},9 : 180 = 5^{mc},937$.

651. Quelle doit être la grandeur de l'ouverture faite pour introduire cet air qui doit entrer avec une vitesse de $0^m,5$ par seconde? *R.* $0^{mq},1980$.

$5^{mc},937$ par minute, c'est $5^{mc},937 : 60 = 0^{mc}.0990$ par seconde.   Il doit entrer par seconde une colonne d'air de ce volume, ayant $0^m,5$ de long.   Le volume $0,0990 = $ la surface de l'ouverture $\times 0,5$; donc la surface de l'ouverture $= 0,0990 : 0,5 = 0^{mq},1980$.

652. Un bassin qui a la forme d'un prisme hexagonal a $2^m,40$ de profondeur. On le remplit avec 48 Hl d'eau. Quelle est la surface de sa base?

$1^{Hl} = 0^{mc},1$; $48^{Hl} = 4^{mc},8$.

Ce volume 4,8 = la surface de la base × 2,4. Donc la sur face= 4,8 : 2,4 = 2^{mq}.

653. On a creusé une cave ayant 15^m,25 de longueur, 6^m,50 de largeur et 2^m,70 de profondeur. On a enlevé les déblais à la brouette à raison de 0^f,15 le mètre cube; combien doit-on pour le tout? *Rép.* 40^f,15.

V. de la cuve = $(15,25 \times 6,5 \times 2,7)^{mc}$ = 267^{mc},6375, pour lesquels on doit 0^f,15 × 267,6375 = 40^f,15 à 1^c près.

654. Une pyramide haute de 35 m a pour base un carré de 4^m,5 de côté. On demande le prix de la pierre dont elle est composée à raison de 6 fr. le mètre cube. *Rép.* 1417^f,50.

Vol. de la pyramide $= \dfrac{1}{3}\ [(4,5)^2 \times 35]^{mc} = 236^{mc}$,25 de pierre.

Prix de la pierre : $6^f \times 236,25 = 1417^f$,50.

655. Une auge en pierre de forme cubique a intérieurement 1^m,42 de côté. Combien contient-elle d'hectolitres? L'épaisseur de la pierre est de 15 cm, et sa densité 2,68 ; trouver le poids de l'auge? *Rép.* 4774^{Kg},152.

Le $mc = 1000\ dmc = 1000^l = 10^{Hl}$.

1° Le volume intérieur $= (1,42)^3 = 2^{mc}$,863288 $= 28^{Hl}$,63288.

2° Le volume de l'auge pleine, pierre comprise, est un parallélipipède ayant pour dimensions : longueur et largeur $(1^m,42+0^m,15+0^m,15 = 1^m,72)$; hauteur $1^m,42+0^m,15 = 1^m,57$. Le volume $= (1,72)^2 \times 1,57 = 4^{mc}$,644688.

On en retranche 2^{mc},863288. Il reste 1781^{dmc},4 qui pèsent $2^{Kg},68 \times 1781,4 = 4774^{mc}$,152.

656. Combien entre-t-il d'hectolitres de blé dans un silo rectangulaire ayant 4^m,56 de long, 3 m de large et 5^m,48 de profondeur? R. 749^{Hl},664.

Le volume $= (4,56 \times 3 \times 5,48)^{mc} = 74^{mc}$,9664 $= 749^{Hl}$,664.

657. Un tas de bois à brûler a la forme d'un parallélipipède rectangle long de 2^m,40 et large de 1^m,80. On le vend 138^f,24 à raison de 20 fr. le stère. Quelle est la hauteur du tas? *Rép.* 1^m,6.

Le prix du tas ou 138^f,24 $= 20^f \times$ le n. des stères.

Le n. des stères ou des mc est donc égal à 138,24 : 20 = 6,912. Ce volume 6,912 $= 2,4 \times 1,8 \times$ H [(form. (14)]. Donc H $= 6,912 : 2,4 \times 1,8 = 6,912 : 4,32 = 1,6$.

658. La plus grande pyramide d'Égypte a 146 m de hauteur ; sa base est un carré de 237 m de côté et ses faces latérales sont des triangles isocèles ayant pour hauteur 86^m,82. On demande son volume, sa surface latérale et son poids, sachant que la densité de la pierre est **2,64**.

$$\text{Le volume} = \frac{1}{3} \times 237^2 \times 146 = 2733558^{mc}.$$

Le *dmc* de pierre pèse 2^{Kg},64 ; le *mc* 2640^{Kg}. **Le poids de la** pyramide est donc égal à 9640^{Kg} × 2733558 = 7216593120 K*g*.

La surface se compose de 4 triangles isocèles **ayant pour** base 237 et une hauteur égale à $\sqrt{146^2 + (118,5)^2} = 188,038$. L'aire d'un triangle = 237 × 94,019 ; l'aire des **quatre trian-** gles = 237 × 94,019 × 4 = 89130^{mq},0120.

659. On demande le volume d'un tronc de pyramide dont la hauteur est de **12** *m* et dont les bases sont des carrés ayant respectivement **pour** côtés 3^m,60 et 0^m,80. *Rép.* **65**^{mc},920.

$$\text{Vol. du tronc} = \frac{1}{3} \times 12 \times \left[(3,6)^2 + (0,8)^2 + \sqrt{(3,6)^2 \times (0,8)^2}\right]$$

(form. 16) $= 4 \times (12,96 + 0,64 + 2,88) = 16,48 \times 4 = 65^{mc},92.$

660. On demande la valeur d'une pyramide régulière d'argent massif au titre de 0,40 dont la base est un carré de 0^m,25 de côté et la hauteur 75 *mm*. La densité de la matière est 9,8 et le kilogramme d'argent au titre de 0,900 vaut 198^f,50. *Rép.* 1300^f,62.

Je prends le *cm* pour unité. Les dimensions données sont 25^{cm} et 7^{cm},5.

$$\text{Le volume} = \left[\frac{1}{3} \times (25)^2 \times 7,5\right]^{mc} = 1562^{cmc},5.$$

Mais ce ne sont pas 1562^{cmc},5 d'argent. Le titre est 0,40 ou 0,4, c'est-à-dire que sur 10 *g* de l'alliage, il y a 4 *g* d'argent et 6 de cuivre. Cherchons le poids de l'argent pur, et d'abord son volume.

La densité de l'argent pur est 10,474 ; celle du cuivre 8,857. Un *cmc* d'or pèse 10^g,474 ; un *cmc* de cuivre pèse 8^g,857. Un *g*. d'argent occupe un vol. de 1^{cmc} : 10,474 = 0^{cmc},0954.   Un *g* de cuivre occupe un vol. de 1^{cmc} : 8,857 = 0^{cmc},1129. 4*g* d'ar- gent occupent un vol. de 0^{cmc},0954 × 4 = 0^{cmc},3816.   6 *g* de cuivre occupent un vol. de 0^{cmc},1129 × 6 = 0^{cmc},6774. J'addi- tionne. *Total*, 1^{cmc},059.   Un alliage de 10^g d'argent et de cuivre occupe un volume de 1^{cmc},059.

Par suite, sur 1^{cmc},059 d'alliage, il y a 0^{cmc},3816 d'argent pur ; sur 1 *cmc* d'alliage, il y a 0^{cmc},3816 : 1,059.   Sur les 1562^{cmc},5 d'alliage qui composent la pyramide, il y a $\dfrac{0^{cmc},3816 \times 1562,5}{1,059}$ d'argent pur $= 563^{cmc}$,031 qui pèsent 10^s,474 $\times$ 563,031 $=$ 5897^s,187.

Le Kg d'argent, au titre de 0,900, vaut 198^r,50. Au titre de 0,001, il vaudrait $\dfrac{198^r,50}{900}$. A 1000 millièmes, c'est-à-dire *pur*, il vaut $\dfrac{198^r,50 \times 1000}{900} = \dfrac{1985}{9} = 220^r$,55.

5897^s,187 $=$ 5^{Kg},897187 d'argent pur valent 220^r,55 $\times$ 5,897187 $=$ 1300^r,62. C'est la valeur de la pyramide, abstraction faite du cuivre.

661. Un rouleau cylindrique plein de bois de chêne a 3 *dm* de diamètre, et 2^m,50 de long; la densité du bois de chêne est 1,17. Quel est le poids de ce rouleau? *Rép.* 206^{Kg},756.

Je prends le *cm* et le *g* pour unités. Les dimensions données sont 30^{dm} et 250^{dm}. Le rayon R $=$ 15^{cm}.

Le volume $=$ R$^2 \times$ H $\times \pi =$ 15$^2 \times$ 250 $\times \pi =$ 176715^{cmc}. Le *cmc* pèse 1^g,17. Le poids est donc 1^g,17 $=$ 176715 $=$ 206756^g,55.

662. Combien payera-t-on pour faire peindre le rouleau précédent à raison de 6 centimes le mètre carré? *Rép.* 14^c,14.

La surface $=$ 2πRH $=$ le volume πR$^2 \times$ H $: \frac{1}{2}$ R $=$ [176715 $:$ 7,5]$^{cmq} =$ 23562$^{cmq} =$ 2^{mq},3562, dont la peinture coûte 6$^c \times$ 2,3562 $=$ 14^c,1372.

663. On demande, à raison de 0^r,35 le litre, le prix du vin qui remplit une cuve cylindrique dont le diamètre intérieur est de 1^m,56 et la profondeur 0^m,80. *Rép.* 535^r,15.

Je prends pour unité le *dm* à cause du litre qui est un *dmc*.

Les dimensions données sont 15^{dm},6 et 8^{dm}; le rayon $=$ 7^{dm},8.

Le volume du cylindre $=$ R$^2 \times$ H $\times \pi =$ (7,8)$^2 \times$ 8 $\times \pi =$ 1529 *dmc*. La capacité de la cuve est donc 1529$^l =$ 15^{Hl},29, à moins d'un *dl*.

Le prix du vin est 0^r,35 $\times$ 1529 $=$ 535^r,15.

664. On verse dans cette cuve 12 hectolitres d'eau. A quelle hauteur s'élève le liquide? *Rép.* A 0^m,627.

12$^{Hl} =$ 1200$^l =$ 1200 *dmc*. L'eau occupe un volume cylindrique

$\pi R^2 \times x = 1200$.   Nous savons que $\pi \times R^2 \times 8 = 1529$.   En divisant, nous trouvons : $\dfrac{\pi R^2 \times x}{\pi R^2 \times 8} = \dfrac{1200}{1529}$; d'où $\dfrac{x}{8} = \dfrac{1200}{1529}$; d'où $x = \dfrac{1200 \times 8}{1529} = 6^{dm},27 = 0^m,627$ à moins d'un *mm*.

665. Le diamètre intérieur d'une cuve cylindrique est $1^m,50$, sa profondeur $0^m,90$. On y verse du mercure dont la densité est 13,6, jusqu'à la hauteur de $0^m,36$, et on achève de la remplir avec de l'alcool dont la densité est 0,79. On demande le poids du mercure et le poids de l'alcool. *Rép.* $8651^{Kg},966$ et $753^{Kg},866$.

Je prends pour unités le *dm* et le *Kg*. Les dimensions données sont alors 15^{dm}; 9^{dm}; $3^{dm},6$.   (V. cyl $= R^2 \times H \times \pi$).

1° Le mercure forme un cylindre, donc le rayon $R = 7^{dm},5$.

Son volume est $(7,5)^2 \times 3,6 \times \pi$, et son poids $13^{Kg},6 \times (7,5)^2 \times 3,6 \times \pi = 8651^{Kg},966$.

2° L'alcool forme au-dessus un cylindre, dont le rayon est le même, et la hauteur $9^{dm} - 3^{dm},6 = 5^{dm},4$. Le volume en est donc $(7,5)^2 \times 5,4 \times \pi$, et le poids : $0^{Kg},79 \times (7,5)^2 \times 5,4 \times \pi = 753^{Kg},866$.   *Poids total* : $9405^{Kg},832$.

666. On a fait peindre à $0^f,12$ le mètre carré une cuve cylindrique de $1^m,80$ de diamètre et $4^m,20$ de profondeur. Combien doit-on à l'ouvrier? $3^f,16$.

La surface convexe est $2 \pi R \times H = 2 R \times H \times \pi$.   La surface du fond est $R^2 \times \pi$.   Surface totale ; $\pi \times R \times (R + 2H) = [\pi \times 0,9 \times (0,9 + 8,4)] = 0,9 \times 9,3 \times \pi = 26^{mq},3$.   Le prix de la peinture est $12^c \times 26,3 = 3^f,16$.

667. Une meule cylindrique de blé de $3^m,60$ de rayon est terminée par un comble conique de $3^m,6$ de hauteur. La hauteur totale étant **8** *m*, on demande le volume et la surface de la meule. *Rép.* $228^{mc},005$ et $157^{mq},10$.

La meule se compose d'un cylindre et d'un cône.

Vol. cyl. $= \pi R^2 \times H$.   Cône $= \dfrac{1}{3} \pi R^2 \times h$.   Le volume total est $\pi \times R^2 \times \left(H + \dfrac{1}{3} h \right)$.

Or $R = 3^m,6$; $h = 3^m,6$. $H = 8^m - 3^m,6 = 4^m,4$.

Par suite, $H + \dfrac{1}{3} h = 4^m,4 + 1^m,2 = 5^m,6$ et le volume total $= (3,6)^2 \times 5,6 \times \pi = 228^{mc},005$.

La surface du cylindre $= 2\pi R \times H$.   La surface du cône $=$

$\pi \times R \times A.$ La surface totale $= \pi \times R \times (2H + A).$ Or A est égale à $\sqrt{(3,6)^2 \times (3,6)^2} = 3,6 \times \sqrt{2} = 5,0904.$ $2H + A = 13,8904.$ La surface totale $= 3,6 \times 13,8904 \times \pi = 167^{mq},10.$

668. La circonférence moyenne d'un arbre abattu et sans branches est $1^m,24$, sa longueur $5^m,04$. Quel est son volume? *Rép.* $0^{mc},6167.$

C'est un cylindre. Le volume $R^2 \times H = (1/2 \text{ circ.})^2 \times \dfrac{1}{\pi} \times H =$

$(0,62)^2 \times 5,04 \times \dfrac{1}{\pi} = 0^{mc},6167.$

669. Une cave a la forme d'un tronc de cône. Son plus grand diamètre intérieur est $2^m,10$; son plus petit diamètre $1^m,40$; sa profondeur $1^m,75$, Combien contient-elle d'hectolitres? *Rép.* $42^{Hl},65.$

Le volume $1/3\, \pi \times 1,75 \times [(1,05)^2 + (0,7)^2 + 1,05 \times 0,7 =$ $4^{mc},265$ qui valent $42^{Hl},65.$

670. Un entonnoir est composé : 1° d'un cylindre de 50 *cm* de tour et 35 *cm* de hauteur ; 2° d'un tronc de cône dont les bases ont respectivement 50 *cm* et 7 *cm* de circonférence, et dont l'arête est 14 *cm* ; 3° d'un deuxième tronc de cône dont les circonférences de bases sont 7 *cm* et 45 *mm* et l'arête 75 *mm*. Il est construit avec du fer-blanc qui coûte $3^f,50$ le mètre carré. On demande combien l'ouvrier doit le vendre pour gagner 30 p. 0/0. *Rép.* $1^f.$

1° La surface du cylindre $= (50 \times 35)^{cmq} = 1750^{cmq}.$
2° La surface du tronc de cône $= [(50+7) \times 7]^{cmq} = 399^{cmq}.$
3° La surface du 2° tronc du cône est égale à $[(7 + 4,5) \times 3,75]^{cmq} = 43^{cmq},1250.$
Total $2192^{cmq},1250 = 0^{mq},219212.$ Le prix de revient est $3^f,5 \times 0,2192 = 0^f,7672.$

L'ouvrier devant gagner 30 p. 0/0, vendra l'entonnoir $0^f,77 + 0^f,77 \times 0,30 = 0^f,77 + 0^f,23 = 1^f$ (à 0,1 près).

671. Le rayon intérieur d'une tour ronde est $1^m,15$, son épaisseur $0^m,15$, sa hauteur $13^m,20$. Quel est le volume de la maçonnerie. *Rép.* $15^{mc},240.$

Le cylindre de la tour supposée un cylindre massif est $\pi R^2 \times H.$ Le volume du vide est $\pi r^2 \times H.$ La différence ou le volume de la maçonnerie est $\pi \times H \times (R^2 - r^2)$ Or $R = 1,15 + 0,15 = 1,30$; $r = 1,15$; $H = 13,2.$ Le volume est $15^{mc},240.$

672. Le rayon de la Terre étant 6366 K*m*. on demande sa surface en myriamètres carrés. *Rép.* 5092641 M*ym*.

Le myriamètre étant pris pour unité R $= 636^{Mm},6$.

La surface $= \pi \times 4R^2 = \pi \times (2R)^2 = (1273,2)^2 \times \pi = 5092641^{Mmq}$.

673. Le rayon d'un boulet étant $0^m,18$, trouver son poids, sachant que la densité de la matière est 7,8? *Rép.* $190^{Kg},547$.

Le volume $4/3\ \pi \times R^3 = 4/3\pi \times 18^3$. Le poids est $7^g,8 \times 18^3 \times 4/3 \times \pi$. J'effectue, et je trouve $190547^g = 190^{Kg},547$.

674. Trouver à 1 *gr* près le poids du mercure que peut contenir un ballon sphérique 40 *cm* de rayon, sachant que la densité du mercure est 13,6? *Rép.* $3645^{Kg},9315$.

Le volume $4/3\ \pi R^3 = 4/3\ \pi \times (40)^3$. Le poids $= 13^g,6 \times 40^3 \times 4/3 \times \pi = 3645^{Kg},9315$.

CONVERSION DES MESURES ET DES MONNAIES.

675. Convertir 235 miles 440 yards anglais en kilom. *R.* $378^{Km},591$.

D'après le tableau, $1^{mile} = 1609^m,315$; $1^{yard} = 0^m,9144$.
Je multiplie respectivement ces valeurs par 235 et par 440; puis j'additionne.
Total : $378^{Km},591$.

676. Convertir 348 lieues marines anglaises en lieues de 4 kilom.

1^{lieue} marine $= 5556^m$; $348^{lieues} = 5556^m \times 348 = 1933^{Km},488$.
$1^{Km} = 1/4$ de la lieue française; $1933^{Km},488 = 1/4^{lieue} \times 1933,488 = 483^l,372$.

677. L'acre d'un terrain s'est vendu 3 souverains 15 shillings. On demande en francs le prix de l'hectare. *Rép.* $233^f,15$.

On convertit en unités de la demande. Je convertis 3 souverains 15 shillings en francs.
3 souv. $= 25^f,20 \times 3 = 75^f,60$; 15 shill. $= 1^f,25 \times 15 = 18^f,75$. Total $94^f,35$. 1 acre $= 40^a,4672$.
Le problème est ramené à celui-ci : $40^a,4672$ *ont coûté* $94^f,35$. *Combien vaut* l'Ha.
1^a a coûté $94,35 : 40,4672$. L'Ha vaut $9435^f : 40,4672 = 233^f,15$.

678. Une pièce de vin de 228 litres rendue en Angleterre a coûté en tout 186ʳ,50. On demande en shillings le prix de la pinte et celui du gallon.

Je cherche le prix d'un litre d'abord en fr., puis en shillings. Connaissant le prix d'un litre, j'aurai le prix du gallon et de la *pint* dont je connais la valeur en litres.

Un litre coûte 186ʳ,50 : 228 = 0ʳ,818. Je convertis ce prix en shillings. Pour cela, je dis : 1ʳ,25 valent 1 shill. ; 1 fr. vaut 1 shill. : 1,25, et 0ʳ,818 = 0ˢʰ,818 : 1,25 = 0ˢʰ,6544. Un litre a donc coûté 0ˢʰ,6544. Le gallon de 4ˡ,5435 vaut 0ˢʰ,6544 × 4,5435 = 2ˢʰ,9733. Une pinte = 1/8 de gallon = 0ˢʰ,372.

679. L'hectolitre de blé de 78 kilog. s'est vendu 18ʳ,50. On demande en florins le prix correspondant de la mesure autrichienne nommée *metze*, et son poids en livres de Vienne. *Rép.* 4ᶠˡᵒʳ,37 et 139ˡⁱᵛ 1/4.

1 Hl valant 18ʳ,50, le litre vaut 0ʳ,185. La *metze* de 61ˡ,5 vaut 0ʳ,185 × 61,5 = 11ʳ,3775. Je convertis en *florins*. Le florin d'Autriche vaut 2ʳ,60 ; 11ʳ,3775 valent autant de florins qu'il y a de fois 2,60 dans 11,3775. Je divise et je trouve 4ᶠˡ,37.

La livre de Vienne valant 560 gr., les 78 Kg poids de l'Hl valent autant de livres qu'il y a de fois 560 gr. dans 78000 g. Je divise et je trouve 139ˡ,28. La *metze* de 61ˡ,5 pèse 0ᴷᵍ,78 × 61,5 = 47ˡ,97.

680. Quel est en thalers et en silbergros le prix du quintal prussien du même blé ? *Rép.* 3ᵗʰᵃˡ 1/5 et 98ˢⁱˡᵇ 5/6.

Ce quintal vaut 50 Kg. Or 78 Kg coûtent 18ʳ,50 ; 1 Kg, 18ʳ,50 : 78, et 50 Kg, 18ʳ,50 × 50 : 78 = 11ʳ,86. Je convertis 11ʳ,86 en *thalers*. Le thaler vaut 3ʳ,70. Je cherche combien de fois 3ʳ,70 dans 11ʳ,86. Je divise, et je trouve 3 thal. 1/5.

Un silbergros = 0ʳ,12. Je cherche combien de fois 0ʳ,12 dans 11ʳ,86, et je trouve 98 silbergros 5/6.

681. A 5 shillings 3/4 le quarter d'étoffe, combien vaut en francs l'aune de 1ᵐ,20, et en florins l'aune de Vienne ? *Rép.* 37ʳ,73 et 9ᶠˡᵒʳ 11/26.

Le quarter = 0ᵐ,2286 coûte 5ˢʰ3/4 = 5ˢʰ,75 = 1ʳ,25 × 5,75 = 7ʳ,1875. 1 m. coûte 7ʳ,1875 : 0,2286 ; 1ᵐ,20 coûtent 7ʳ,1875 × 1,20 : 0,2286 = 37ʳ,73.

L'aune de Vienne = 0ᵐ,7792. Or 1 m. coûte 37ʳ,73 : 1,20. L'aune de Vienne vaut 37ʳ,73 × 0,7792 : 1,20 = 24ʳ,50.

Le florin vaut 2ʳ,60 ; 24ʳ,50 valent autant de florins qu'il y a de fois 2,60 dans 24,50. Je divise, et je trouve 9ᶠˡ 11/26. C'est le prix d'une aune de Vienne en florins.

682. Une pièce de vin de France de 228 litres revient, tout compris, à 185 fr. à un marchand de Vienne. Combien devra-t-il vendre (en kreutzers) le maas pour gagner 20 p. 0/0? *Rép.* 32^{kreutzers}1/20.

Je cherche le prix de *vente* du litre, d'abord en fr., puis en *kreutzers*. Connaissant le prix d'un litre, je trouverai le prix du *maas*, qui vaut 1^{l}, 415.

20 p. 100 de 185^{f} $= 185^{\text{f}} \times 0,20 = 37^{\text{f}}$. Le marchand devra vendre sa pièce de vin l'équivalent de 185^{f} + 37^{f} = 222^{f} les 228 litres.   Il vendra donc le litre 222^{f} : 228 = 0^{f},974.

Je convertis ce prix en kreutzers; le kreutzer vaut 0^{f},043. 0^{f},974 valent autant de kreutzers qu'il y a de fois 0^{f},043 dans 0^{f},974. Je divise et je trouve 22^{Kr}.65.

Ainsi le litre ou son équivalent doit être vendu à Vienne 22^{Kr},65.   Le maas qui vaut 1^{l},415, se vendra 22^{Kr},65 $\times$ 1,415 $= 32^{\text{Kr}}$,05 à 0^{Kr},01 près.

683. Le sucre coûtant à Paris 1^{f},30 le kilog., on demande le prix correspondant de la livre prussienne en silbergros, du quintal prussien en silbergros, du quintal anglais en souverains et en shillings? *Rép.* 5^{silb}5/12; 541^{silb}4/6; 52^{shill},833, ou 2^{souv} 12^{shill}10 pence.

1 Kg vaut 1^{f},30. Je cherche son prix en silbergros de 0^{f},12. 1^{f},30 vaut autant de silbergros qu'il y a de fois 0^{f},12 dans 1^{f}, 30.   Je divise, et je trouve 10^{silb} 5/6.

La livre prussienne qui vaut 500 gr. ou 1/2 Kg, coûtera 5^{silb} 5/12.

Le quintal prussien de 50 Kg coûtera 10^{silb} 5/6 $\times$ 50 = 541^{silb}4/6.

Pour l'Angleterre, je cherche la valeur de 1^{f},30 en sh. de 1^{f},25. Pour cela je divise 1^{f},30 par 1,25 et je trouve 1^{sh},04.

Le Kg coûte 1^{sh},04; le quintal anglais de 50^{Kg},8 coûtera 1^{sh},04 $\times$ 50,8 $= 52^{\text{sh}}$,832.

52^{sh} $= 2^{\text{souv}}$ 12^{sh}.   0^{sh},832 $= 9^{\text{p}}$,984 = 10 pence à 0,02 près.

Comparaison de l'escompte en dedans et de l'escompte en dehors.

684. On demande : 1° l'escompte *en dehors*, 2° l'escompte *en dedans* à 5 p. 0/0 d'un billet de 4560 fr. payable le 19 septembre, qu'on touche le 7 juillet.

Nombre de jours : 243 — 181 + 12 = 255 — 181 = 74.

Escompte en dehors $\dfrac{4560 \times 74}{7200} = \dfrac{5,7 \times 74}{9} = \dfrac{1,9 \times 74}{3} =$ 46^f,87

Escompte en dedans. Je calcule $a = \dfrac{4560 \times 100}{100 + 5 \times 74/360} =$
$\dfrac{456000 \times 360}{36000 \times 370} = \dfrac{456000 \times 360}{36370} = \dfrac{16416000}{36370} = 4513,61.$

Le banquier donnera 4513^f,61 et retiendra 4560^f — 4513,61 = 46^f,39.

La différence des deux escomptes est 0^f,48. Je cherche l'intérêt de 46^f,39 pour 74 jours (46,39×74 : 7200) et je trouve 0^f,476 ou 0^f,48. En prenant l'escompte en dehors, le banquier retient donc la somme qu'il devrait justement retenir, plus l'intérêt de cette somme.

Crédit foncier.

685. Un particulier qui a besoin de 84000^f comptant emprunte au crédit foncier. Combien devra-t-il demander d'obligations 4 p. 0/0 au cours de 487^f,70? Quelle annuité aura-t-il à payer, et quelle sera l'annuité réellement payée pour 100 fr. réalisés?

ERRATA. Il faut indiquer la durée du prêt. Nous supposons 50 ans.

L'emprunteur demandera autant d'obligations qu'il y a de fois 487^f,70 dans 84000 fr. Je divise. Le quotient est 172; il reste 115^f,60. Il demandera 173 obligations pour lesquelles il se reconnaîtra débiteur au crédit foncier de 500^f×173=86500^f.

L'annuité pour 100 fr. prêtés pour 50 ans est 5^f,65. Pour 86500^f = 100^f × 865, ce sera 5^f,65 × 865 = 4887^f,25.

Au lieu de 500 fr., l'emprunteur ne reçoit en réalité que 487^f,70, au lieu de 100 fr., 97^f,54. C'est pour ces 97^f,54 qu'il paye une annuité de 5^f,65. Pour 1^f, 5^f,65 : 97,74. Pour 100^f, 565^f : 97,74 = 5^f,79.

686. Résoudre les mêmes questions pour le cas où l'emprunteur reçoit des obligations 5 p. 0/0 sans lots (l'escompte étant de 1 p. 0/0).

Durée du prêt : 50 ans.

L'escompte étant de 1 p. 100, ou de 5 fr. pour 500^f, l'emprunteur ne recevra que 495 fr. par obligation. Il demandera donc un nombre d'obligations égal à 84000 : 495. Je divise.

Le quotient est 169; il reste 345 fr.   Il demandera 170 obligations pour lesquelles il se reconnaîtra débiteur de $500^r \times 170 = 85000$ fr. L'annuité étant de $6^r,06$ p. 100^r prêtés, sera de $6^r,06 \times 850 = 5151$ fr. pour 85000 fr.

Il n'a reçu en réalité que 99 fr. pour 100 fr. souscrits. C'est pour ces 99^r qu'il paye en réalité une annuité de $6^r,06$.   Pour 1 fr., 6,06 : 99. Pour   100 fr., $606^r : 99 = 6^r,1212$.

683. Vérifier chaque annuité inscrite au tableau précédent, sachant qu'elle se paye par moitié chaque semestre.

L'unité de temps étant le semestre, on fera $n = 60$ dans la formule (α) page 242, s'il s'agit d'un prêt de 30 ans, $i = 0,025$ ou $i = 0,0225$ suivant qu'il s'agira d'obligations à 5 p. 0/0 ou à 4 p. 0/0 Le résultat du calcul doit être la moitié de l'annuité considérée sur le tableau diminuée de 30 cent. (frais d'administration).

J'applique la formule (α),

$$a = \frac{A (1 + i)^n \times i}{(1 + i)^n - 1},$$

pour A=100; elle donne dans les hypothèses ci-dessus pour les obligations à 4 p. 100 :

$$a = \frac{100 (1,0225)^{60} \times 0,0225}{(1,0225)^{60} - 1}.$$

Je cherche $(1,0225)^{60}$ par logarithmes.

log. $(1,0225)^{60} = 60$ log. $(1.0225) = 0,00966632 \times 60 = 0,5799792$.

Je cherche le nombre correspondant, et je trouve 3,801713.

$(1,0225)^{60} = 3,801713$.   Je multiplie ce n. par 100 et par 0,0225, ce qui donne $8^r,55385425$.   Je divise ensuite par $3,801713 - 1 = 2,801713$. Le quotient est $3^r,0530$.

J'ajoute $0^r,30$ de frais d'administration, et j'ai $3^r,3530$.

L'annuité du tableau pour 30 ans est $6^r,714$, dont la moitié est de $3^r,357$. C'est la même chose à $0^r,004$ près.

On fera les autres vérifications de la même manière. Les nombres à trouver étant donnés dans le tableau, nous n'avons pas à indiquer les résultats.

ADDITION AUX NOTIONS GÉOMÉTRIQUES.

Ellipse. (Ovale des jardiniers.)

Nous avons oublié de parler dans le livre des élèves d'une

courbe nommée *ellipse* ou *ovale*, assez souvent employée, notamment par les jardiniers, qui donnent fréquemment cette forme aux plates-bandes et aux corbeilles de fleurs.

L'*ellipse* est une courbe plane fermée telle que la somme des distances de chacun de ses points à deux points fixes, nommés *foyers*, est constante, c'est-à-dire toujours la même quel que soit le point M considéré sur la courbe.

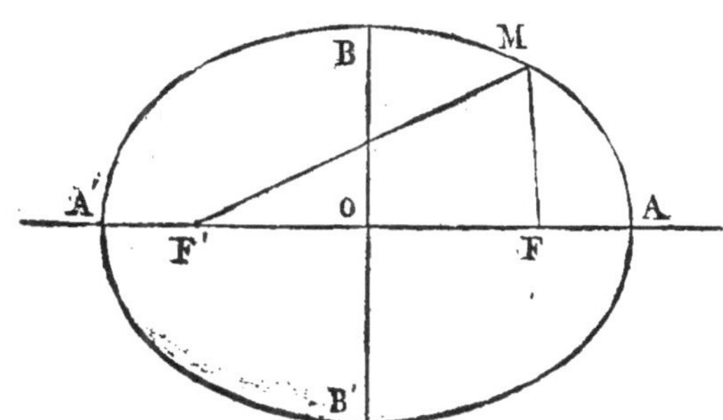

Soit par exemple l'ellipse A'BAB'.

La somme F'M + MF est la même, quel que soit le point M pris sur la courbe.

Les deux points fixes F et F' sont les *foyers* de l'ellipse.

Les droites telles que F'M, FM qui joignent un point de la courbe aux foyers s'appellent les rayons vecteurs de ce point.

Le point O, milieu de FF', est le *centre* de l'ellipse.

La droite A'F'FA, qui passe par le centre et les foyers, est le *grand axe* de l'ellipse. BOB', menée par le centre, perpendiculaire au grand axe A'OA, est le *petit axe*.

Chaque axe divise la courbe en deux parties égales et symétriques, c'est-à-dire telle que l'une recouvrirait l'autre exactement.

Tracé de l'ellipse sur le terrain. On plante deux piquets aux points F, F' choisis pour *foyers*, et on attache à ces piquets les extrémités d'une corde plus ou moins longue, suivant la grandeur qu'on veut donner à la courbe. On tend cette corde à l'aide d'un troisième piquet. La corde restant toujours tendue, on promène la pointe du 3e piquet sur la terre, d'abord d'un côté de la ligne FF', de manière à tracer la moitié A'BA de la courbe, puis de l'autre côté de FF', de manière à tracer la seconde moitié AB'A'.

AIRE OU SURFACE DE L'ELLIPSE. *L'aire de l'ellipse s'obtient en multipliant la moitié du grand axe par la moitié du petit axe, et le produit par le nombre* $\pi\left(\dfrac{22}{7} \text{ ou } 3,1416\right)$.

Le grand axe étant désigné par $2a$, le petit axe par $2b$,

$$l'aire\ de\ \text{L'ELLIPSE} = \pi \times a \times b. \qquad (24)$$

APPLICATION. Trouver l'aire d'une ellipse dont le grand axe $2a = 11^m,60$, et le petit axe $2b = 6^m,48$.

$a \times b = 5,8 \times 3,24 = 18,792$. Je multiplie ce nombre par π d'après ma règle, et je trouve $a \times b \times \pi = 59^{mq},0399$.

688. EXERCICES PROPOSÉS. **1re** Ellipse. $a = 8^m,84$; $b = 5^m,42$. *Rép.* $150^{mq}.5229$.

2e Ellipse. $a = 2^m,825$; $b = 1^m,420$. *Rép.* Ell. $= 4^{mq},0115$.

689. Le grand axe d'une ellipse est $12^m,8$, On demande de calculer le petit axe, sachant que l'aire de l'ellipse doit être $256^{mq},18$. *Rép.* $6^m,373$.

L'aire $256,28 = a \times b \times \pi$; $a = 12,8$. On a donc

$$b = [(256,28) : 12,8] : \pi = (256,28 : 12,28) \times \frac{1}{\pi}.$$

J'effectue la division, et je multiplie le quotient $20,022$ par $\dfrac{1}{\pi} = 0,31831$. *Rép.* $6^m,373$.

ADDITION AU LIVRE DES ÉLÈVES.

MULTIPLICATION ET DIVISION ABRÉGÉES.

La multiplication et la division effectuées suivant les règles ordinaires sont très-longues et très-pénibles quand les nombres proposés ont beaucoup de décimales (*voy*. les exemples suivants.) De plus, le calcul terminé, en répondant à la question traitée, on s'arrête ordinairement au 2ᵉ ou au 3ᵉ chiffre décimal du résultat (aux centièmes, par exemple, s'il s'agit de francs, aux millièmes s'il s'agit de kilogrammes) ; on néglige tous les chiffres qui suivent à droite et qui ont coûté beaucoup de temps et de peine à trouver ; ce temps et cette peine sont pour ainsi dire perdus.

Il y a des méthodes abrégées de multiplication et de division à l'aide desquelles on trouve beaucoup plus simplement le produit ou le quotient eherché, avec l'aproximation que l'on veut, quel que soit le nombre des chiffres décimaux des nombres proposés, ce nombre fût-il même illimité comme dans la valeur décimale de π, par exemple. Ces méthodes, très-faciles à appliquer, sont d'une simplicité et d'une utilité incontestables (*voy*. nos exemples). Il importe donc de les faire connaître, et elles devraient être enseignées dans toutes les classes d'arithmétique, même dans les *cours primaires*, au moins aux élèves les plus avancés. C'est pourquoi je les expose ici.

Si la multiplication et la division abrégées n'ont pas été généralement enseignées jusqu'à présent, c'est probablement que leurs démonstrations, au moins celle de la division, ont paru trop difficiles ; celles qu'on va lire étant faciles à comprendre pour le plus grand nombre des élèves, j'espère que les professeurs et les instituteurs donneront désormais place à ces méthodes dans leur enseignement. Je les y engage vivement. D'ailleurs on peut, si on veut, enseigner sans démonstration dans les cours élémentaires la pratique si facile de chaque méthode. Cela vaut mieux que de ne pas l'enseigner du tout.

MULTIPLICATION ABRÉGÉE.

MÉTHODE D'OUGTHTRED, pour obtenir, d'une manière abrégée et à moins d'une unité décimale donnée, le produit de deux nombres entiers ou décimaux de beaucoup de chiffres.

RÈGLE. *On écrit le multiplicande comme à l'ordinaire. On place ensuite le chiffre des unités simples du mutiplicateur (ou le zéro qui en tient quelquefois la place) sous les unités du multiplicande cent fois plus petites que l'unité d'approximation; puis les autres chiffres du multiplicateur dans l'ordre inverse de l'ordre ordinaire, c'est-à-dire les dizaines et les centaines, etc., A DROITE du chiffre des unités; les dixièmes, les centièmes, etc., A GAUCHE de ce chiffre. Cela fait, en allant de droite à gauche, on multiplie le multiplicande par chaque chiffre du multiplicateur, en ne commençant chaque multiplication partielle qu'au chiffre du multiplicande placé exactement AU-DESSUS du chiffre multiplicateur considéré. On écrit tous les produits obtenus les uns sous les autres, en mettant le premier chiffre à droite de chacun sous le premier chiffre à droite du précédent. Tous les produits effectués, on additionne.*

L'addition terminée, on sépare sur la droite du produit deux chiffres décimaux de plus qu'il n'y en a dans la fraction décimale qui marque l'approximation. On barre ensuite les deux derniers chiffres à droite, et on augmente de 1 le dernier chiffre conservé.

Le nombre ainsi obtenu est le produit des deux nombres donnés approchés par défaut ou par excès, à moins d'une unité décimale de l'ordre indiqué.

APPLICATION. *Calculer le produit de 7,48960584 par 43,8675 à moins de 0,01.*

Je mets en présence la multiplication effectuée par la règle ordinaire (n° 68) et la multiplication abrégée, afin que le lecteur compare et se rende compte de la simplification obtenue.

Multiplication ordinaire	*Multiplication abrégée.*
7,48960584	7,489 60584
43,8675	5 768, 34
3744802920	2995840
5242724088	224688
4493763504	59912
5991684672	4488
2246881752	518
2995842336	35
328,550284186200	328,5481
Produit approché	328,55

Si le produit doit exprimer un nombre de francs, il est clair qu'on répondra après l'une ou l'autre opération : 328^f,55. C'est finalement la même chose, et l'opération de droite est beaucoup plus courte.

EXPLICATION DE LA MULTIPLICATION ABRÉGÉE. L'unité d'approximation étant le *centième*, je place le chiffre 3 des unités simples du multiplicateur (43,8675) sous les *dix-millièmes* du multiplicande, puis les autres chiffres en renversant l'ordre habituel, c'est-à-dire le chiffre 4 des dizaines à droite du 3, et les chiffres décimaux à gauche, se suivant de *droite à gauche* à partir des dixièmes.

Cela fait, je multiplie par 4, en ne commençant la multiplication qu'au 0 supérieur, et en continuant de droite à gauche.

Puis je multiplie par 3, en ne commençant la multiplication qu'au chiffre supérieur 6, et en continuant de droite à gauche. J'écris ce 2e produit sous le 1er, en commençant sous le 1er chiffre *à droite*, et non sous le 2e, comme à l'ordinaire.

Ainsi de suite. Je multiplie de même par chacun des autres chiffres du multiplicateur suivant la règle. Tous les produits effectués, j'additionne.

L'addition effectuée, je sépare 4 chiffres décimaux sur la droite, deux de plus qu'il n'y en a dans la fraction décimale 0,01, qui marque l'approximation. Enfin je supprime les deux derniers chiffres à droite, et j'augmente de 1 le dernier chiffre conservé. Je trouve ainsi 328,55 pour le produit approché des deux nombres donnés à moins de 0,01.

La comparaison de ce résultat approché avec le produit

exact et vérifié écrit à gauche prouve qu'on a bien obtenu cette approximation.

1er CAS PARTICULIER. *Il peut arriver qu'en appliquant la règle, on laisse de côté un certain nombre de chiffres du multiplicateur.*

Calculer à 0,01 près le produit de 345,3857426 par 84,5493267428.

<table>
<tr><td colspan="2">Multiplication ordinaire.</td><td>Multiplication abrégée.</td></tr>
</table>

Multiplication ordinaire.	Multiplication abrégée.
345,3857426	345,385 7426
84,5493267428	8247623 945,48
27630859408	276308592
6907714852	13815428
13815429704	1726925
24177001982	138152
20723144556	31077
6907714852	1035
10361572278	68
31084716834	18
13815429704	29202,1295
17269287130	
13815429704	29202,13
27630859408	(Produit approché.)
29202,13200339201720328	

Comparez les deux opérations et les résultats.

La simplification par la méthode abrégée est très-grande, et l'approximation fixée est obtenue.

Quand le multiplicateur écrit suivant la règle dépasse A GAUCHE *le multiplicande on ne multiplie pas par les chiffres du multiplicateur qui n'ont pas de chiffres au-dessus d'eux dans le multiplicande. On les néglige complétement.*

C'est ce que nous avons fait dans notre exemple : nous n'avons pas multiplié par les chiffres 7, 4, 2, 8 qui dépassent à gauche le multiplicande.

2e CAS PARTICULIER. *Il peut arriver que le multiplicateur, écrit d'après la règle, dépasse le multiplicande* SUR LA DROITE. Dans ce cas, on complète le multiplicande par des zéros, de manière qu'il y ait des chiffres au-dessus de tous les chiffres de droite du multiplicateur.

Ex. Trouver à moins de 0,01, le produit de 257,385 par 458,3742189.

Multiplication abrégée.

$$257,385\ 000$$
$$9812\ 473,854$$

J'ai écrit trois zéros sur la droite du multiplicande. La multiplication ainsi posée, on l'effectue suivant la règle textuellement appliquée. Le produit approché est 117978,65.

On peut, si on le trouve plus commode, intervertir l'ordre des facteurs, c'est-à-dire, considérer le multiplicande comme multiplicateur, et *vice versâ*, et poser l'opération en conséquence. Le produit est exactement le même.

Le procédé de multiplication abrégée s'applique dans tous les cas, quel que soit le nombre des chiffres décimaux, quand même il est illimité, comme dans la valeur de π qu'on a calculée avec un très-grand nombre de décimales

$$\pi = 3,14159926538979\ldots.$$

Ex. : *Trouver à moins d'un* mm, *la longueur d'une circonférence dont le rayon est* 25^m,5347.

La circonférence est égale à $2R \times \pi$. Or $2R = 51^m,0694$. Voici la multiplication abrégée.

Multiplication abrégée.	*Emploi de* $\pi = 22/7$.
51,0694 0	
...29 5141,3	51,0694
15320820	153,2082
510694	7,2956
204276	160,5038
5106	642
2550	160,4396
459	160^m,440
10	
160,43915	
160^m,440	

Pour faire la multiplication abrégée, j'ai écrit la valeur de π sous le multiplicande, suivant la règle générale (page 206). Après avoir écrit 2 sous le 5 à gauche, je me suis arrêté. Il est inutile d'écrire d'autres chiffres qu'on n'emploierait pas.

12.

Pour comparer, nous avons appliqué à droite notre règle habituelle, concernant l'emploi de $\pi = 22/7$ avec la correction (page 179).

La multiplication par $\pi = 22/7$ est encore la plus courte et donne l'approximation demandée ; car en nous arrêtant aux millièmes, nous trouvons 167ᵐ,440 (à cause du 6).

C'est une recommandation de plus pour notre règle relative à π.

DÉMONSTRATION DE LA MÉTHODE.

Pour plus de commodité, nous reproduisons la 1ʳᵉ opération.

1° *Tous les produits partiels expriment des unités de même ordre*, ici des *dix-millièmes* (*). C'est pourquoi nous avons fait correspondre leurs premiers chiffres de droite, puis séparé quatre chiffres décimaux sur la droite de la somme.

$$
\begin{array}{r}
7,489\ 60584 \\
5\ 768.34 \\
\hline
29\ 958\ 40 \\
2\ 246\ 88 \\
599\ 12 \\
44\ 88 \\
5\ 18 \\
35 \\
\hline
32\ 8,54\ 81 \\
32\ 8,55
\end{array}
$$

Cette première proposition se vérifie toujour aisément comme il suit :

1ʳᵉ MULTIPLICATION. On multiplie 748960 *cent-millièmes* par 4 dizaines ou 40 ; $\dfrac{748960}{100000}$

$\times 40 = \dfrac{748960 \times 40}{100000} = \dfrac{748960 \times 4}{10000}$; lisez (748960 $\times$ 4) *dix-millièmes*. Le 1ᵉʳ produit effectué 748960 $\times$ 4 exprime donc des *dix-millièmes*.

2ᵉ MULTIPLICATION. On multiplie 74896 dix-millièmes par 3 ; le produit est évidemment (74896 $\times$ 3) *dix-millièmes*.

3ᵉ MULTIPLICATION. On multiplie 7489 *millièmes* par 8 dixiè-mes ; $\dfrac{7489}{1000} \times \dfrac{8}{10} = \dfrac{7489 \times 8}{10000}$; (7489 $\times$ 8) *dix-millièmes*. Le 3ᵉ produit 7489 $\times$ 8 exprime donc des *dix-millièmes*.

On vérifie de même que les autres produits expriment des *dix-millièmes*.

2° *L'erreur commise en prenant 328,5481 pour produit des deux nombres donnés serait moindre qu'un centième.*

En effet, 1° tout ce qu'on néglige sur la droite du *premier* mul-

---

(*) Les unités du produit sont du même ordre que les unités du multiplicande sous lesquelles on place le chiffre des unités simples du multiplicateur.

tiplicande partiel,748960 *cent-millièmes*, ne vaut pas 1 *cent-mil-lième*. En négligeant de multiplier cette partie du multipli-cande par 4 dizaines ou 40, on commet une erreur moindre que $0,00001 \times 40 = 0,0004$ (4 *dix-millièmes*). 2° Tout ce qu'on né-glige à droite du *deuxième* multiplicande partiel,74896 *dix mil-lièmes*, ne vaut pas 1 *dix-millième*; en négligeant de multiplier cette partie du multiplicande par 3, on commet une erreur moindre que 3 fois 0,0001 (3 *dix millièmes*. 3°Tout ce qui est à droite du 3e multiplicande, 7489 *millièmes*, ne vaut pas 1 *millième*; en négligeant de multiplie cette partie du multi-plicande par 8 *dixièmes*, on commet une erreur moindre que $0,001 \times 0,8$ ou 0,0008 (8 *dix-millièmes*). Ainsi de suite. Ayant ainsi considéré tous les chiffres *employés* du multiplicateur, on voit que la somme des erreurs commises est moindre que $(4+3+8+...+5)$ *dix-millièmes*, autant de *dix-millièmes* qu'il y a d'unités dans la somme des chiffres *employés* du multi-plicateur.

$(4 + 3 + 8 + 6 + 7 + 5)$ dix-millièmes $= 33$ dix-millièmes. Dans notre exemple, l'erreur commise en prenant 328,5481 pour le produit cherché serait moindre que 33 *dix-millièmes* et *à fortiori* moindre que 1 *centième*; car un centième vaut 100 *dix-millièmes* (*).

Cette seconde vérification, qui réussit toujours, est aussi facile à faire que la première.

3° Mais quand on demande le produit à moins de 0,01, *c'est qu'on désire s'arrêter au chiffre des centièmes.* Ex. : Une somme d'argent est demandée à moins d'un *centime*.

Or, si l'on s'arrêtait dans notre exemple au chiffre 4 des cen-tièmes, en supprimant simplement les deux chiffres en trop, 81, on commettrait une nouvelle erreur de 81 *dix-millièmes* qui ajoutée à l'erreur totale dont nous venons de parler, pourrait bien avec elle surpasser 1 *centième*. C'est pour obvier *en général* à cet inconvénient que, en supprimant les deux der-niers chiffres du produit, on augmente d'une unité le dernier

---

(*) La somme des chiffres *employés* du multiplicateur est presque toujours moindre que 100. Si, par un très-grand hasard, elle était plus grande, au lieu d'écrire le chiffre des unités simples du multiplicateur sous les unités du multiplicande *cent* fois plus petites que l'unité d'approximation, on le placerait sous les unités *mille* fois plus petites.

chiffre conservé, qui est ici le chiffre des centièmes. De cette manière ayant commis d'abord une erreur totale *en moins* plus petite qu'*un centième*, on commet une autre erreur *en plus* moindre qu'*un centième*. De ces deux erreurs contraires la plus grande détruit la plus petite, et l'erreur finale égale à leur différence, quand on prend définitivement pour produit 328,55. est certainement moindre qu'*un centième*. On est donc arrivé au but qu'on se proposait.

La démonstration que nons venons de faire est complète, générale, et peut se faire aisément sur un exemple quelconque.

REMARQUE. D'après la règle même, *on ne tient aucun compte ni des chiffres du multiplicande qui dépassent* A DROITE *le multiplicateur, ni des chiffres du multiplicateur qui dépassent* A GAUCHE *le multiplicande.*

Or on sait d'avance jusqu'à quel chiffre à la droite du multiplicande s'étendra le multiplicateur. On sait donc d'avance si certains chiffres du multiplicande dépasseront *à droite* le multiplicateur. Il est évidemment inutile d'écrire ces chiffres. Il est également inutile d'écrire les chiffres du multiplicateur qui dépassent *à gauche* le multiplicande. La multiplication du 1er cas particulier peut se poser ainsi :

$$345,385\ 74$$
$$...623,945\ 48$$

Cette remarque est utile surtout quand le multiplicande et le multiplicateur doivent être à l'avance calculés eux-mêmes avec approximation. On sait jusqu'à quel chiffre il faut les calculer (V. les *Applications*).

PREUVE DE LA MULTIPLICATION ABREGÉE. On ne peut pas faire la preuve par 9. On fait la preuve en renversant l'ordre des facteurs et en appliquant la règle au nouveau multiplicande et au nouveau multiplicateur. On trouve le même résultat avec la même simplicité. Voici la preuve de notre première multiplication abregée (page 207).

$$
\begin{array}{r}
43,867,5 \\
48506,984\ 7 \\
\hline
3070725 \\
175468 \\
35088 \\
3942 \\
258 \\
\hline
328,5481 \\
328,55
\end{array}
$$

Mais on comprend que faire la preuve, c'est doubler le travail et perdre le bénéfice de la méthode. Il faut donc opérer avec soin et de manière à pouvoir compter sur son calcul sans faire la preuve.

EXERCICES. (*Multiplications.*)

690. Calculer à moins de 0,1 le produit de 535,5827 par 45,53742. *Rép.* 24389,1.

691. Calculer à moins de 0,01 le produit de 537,485327 par 4,53784. *Rép.* 2439,03.

692. Calculer à moins d'une unité le produit de 53,87462 par 58,479428. *Rép.* 3151.

693. Calculer à moins d'un centimètre la longueur d'un arc de 42° pris sur une circonf. dont le rayon est 87^m,5382. *Rép.* 64^m,17.

DIVISION ABRÉGÉE.

Il s'agit de trouver d'une manière abrégée, et à moins d'une unité décimale donnée, le quotient de deux nombres entiers ou décimaux ayant beaucoup de chiffres. Voici la règle.

RÈGLE. *Pour plus de commodité, on transporte la virgule du dividende après le chiffre des unités de même ordre que l'unité d'approximation. On détermine ensuite le nombre des chiffres de la partie entière du quotient de la division ainsi posée. On prend sur la gauche du diviseur autant de chiffres plus deux, et on efface tous les chiffres qui suivent à droite. Cela fait, on prend sur la gauche du dividende juste assez de chiffres pour avoir, abstraction faite des virgules, un nombre qui contienne le diviseur* ABRÉGÉ, *et on divise.*

Ayant obtenu un premier chiffre et un premier reste, on barre le dernier chiffre à droite du diviseur, et on divise le 1er reste par le diviseur ainsi modifié. Ayant obtenu un 2e chiffre du quotient, et un 2e reste, on barre encore un chiffre sur la droite du diviseur, et on divise le 2e reste par le diviseur modifié. Ainsi de suite. On continue de la même manière jusqu'à ce qu'on ait obtenu au quotient le nombre de chiffres déterminé d'avance. Cela fait, on place une virgule au quotient de manière que le dernier chiffre à droite exprime des unités de même ordre que l'unité d'approximation.

APPLICATION. *Trouver à* 0,001 *près le quotient de* 27324,65734 *par* 825,348264.

Je transporte la virgule du dividende après le chiffre des millièmes, et j'effectue d'après la règle précédente la division du nombre 27324657,34 ainsi obtenu par le diviseur donné 825,348264.

Division abrégée.

```
27324657, | 34 825,3482|64
 2564211  |
   88167  |  33 106
    5633  |  33,106
     683  |
```

Division ordinaire.

```
27324657340000 | 825348264
 2564210420     |
  881656280     | 33,106
   5630801600   |
    678712016   |
```

Nous mettons en regard les deux procédés afin que le lecteur se rende compte de la simplification. A mesure qu'on avance dans la division abrégée, les calculs s'abrégent de plus en plus ; les multiplications et les soustractions deviennent plus courtes, tandis qu'elles sont aussi longues jusqu'à la fin dans la division ordinaire.

REMARQUES. Nous ferons ici les mêmes remarques que pour la multiplication abrégée pour le cas où le n. des chiffres décimaux est illimité, et pour le cas où le dividende et le diviseur sont des nombres qu'il faut préalablement évaluer en décimales.

Voici l'explication de l'opération :

EXPLICATION.

AVIS AU LECTEUR. Posez sur votre tableau la division de 27324657,34 par 825,348264, et faites successivement ce que je vais dire.

Je détermine d'abord le nombre des chiffres de la partie entière du quotient. Elle aura *cinq* chiffres (Voyez la règle en note(*).   Je prends *sept* chiffres (deux de plus) sur la gauche

---

(*) *Règle pour trouver le nombre des chiffres de la partie entière d'un quotient.*

CAS D'UN DIVISEUR ENTIER. On sépare sur la gauche du dividende un premier dividende partiel suivant la règle ordinaire de la division. La partie entière du quotient a autant de chiffres plus un qu'il y a de chiffres à la droite du point dans la partie entière du dividende.

CAS D'UN DIVISEUR DÉCIMAL. On peut faire abstraction des chiffres décimaux du dividende et du diviseur, et appliquer la règle précédente aux parties entières. On trouvera presque toujours juste.

Pour plus de sûreté, on peut opérer ainsi : On applique la règle précédente en faisan abstraction de la partie décimale du *diviseur*. On l'applique

du diviseur, ce qui donne 8253482. Je mets un trait vertical à droite et je barre les chiffres qui suivent. Je prends à gauche du dividende assez de chiffres pour contenir ce diviseur (lu sans virgule). Il en faut 8 ; je prends 27324657 (je mets un trait vertical à droite). Je divise ce nombre par 8253482 comme à l'ordinaire. J'obtiens 3 pour quotient et le reste 2564211. Je barre le dernier chiffre 2 du diviseur, et je divise 2564211 par 825348. J'ai 3 pour quotient et le reste 88167.

Je barre le dernier chiffre 8 du diviseur, et je divise 88167 par 82534. Le quotient est 1, et il reste 5633. Je barre le dernier chiffre 4 du diviseur, et je divise 5633 par 8253. J'ai pour quotient 0. J'efface le chiffre 3 du diviseur et je divise 5633 par 825. J'ai 6 pour quotient et le reste 683. j'ai 5 chiffres au quotient, c'est le nombre des chiffres que doit avoir la partie entière. Je m'arrête. 33106 est le nombre des unités du quotient de 27324657,34 par 825,348264. Le quotient du véritable dividende 27324,65734 par 825,348264 doit être 1000 fois plus petit. Je divise donc mon 1er quotient par 1000, et j'obtiens 33,106 pour le quotient cherché à moins de 0,001 (*).

Cas particulier. *Il peut arriver qu'un reste contienne 10 fois son diviseur abrégé.*

<table>
<tr><td>2316686</td><td>806</td><td>538_{765,}</td><td>327</td></tr>
</table>

Dans ce cas, sans continuer la division, on écrit à la droite du dernier chiffre trouvé au quotient autant de 9 qu'il y a de chiffres à trouver dans le quotient approché cherché. On obtient ainsi ce quotient approché à moins d'une unité de l'ordre fixé.

En appliquant la règle à l'exemple suivant, je trouve d'abord au quotient 42, et un reste 53874 qui contient dix fois

---

son diviseur 5387. Il reste à trouver deux chiffres de la partie entière du quotient. J'écris 99 à la droite de 42. Le quotient est 4299 à moins d'une unité.

DÉMONSTRATIONS (*).

Elle est fondée sur ce principe :

1. PRINCIPE. *Lorsque*, sans altérer le dividende, *on supprime un certain nombre de chiffres décimaux sur la droite du diviseur, on commet sur le quotient une erreur en plus moindre que ce quotient même divisé par le diviseur abrégé écrit sans virgule.*

Ex.: Si au lieu de diviser un certain nombre quelconque D par 57,2428, on le divise par 57,24, on commet sur le quotient une erreur *en plus moindre que ce quotient divisé par 5724.*

En effet, désignons, pour abréger, par q le quotient exact de la division du nombre D par 57,2428.

Le dividende $D = 57{,}2428 \times q = 57{,}24 \times q + 0{,}0028 \times q$.

Donc $\dfrac{D}{57{,}24} = q + \dfrac{0{,}0028 \times q}{57{,}24}$.

En divisant par 57,24, on obtiendra donc un quotient qui surpasse le quotient exact q de $\dfrac{0{,}0028 \times q}{57{,}24} = \dfrac{0{,}28 \times q}{5724}$.

Cette erreur $\dfrac{0{,}28 \times q}{5724}$ est moindre que $\dfrac{q}{5724}$, c'est-à-dire moindre que le quotient exact divisé par le diviseur abrégé écrit sans virgule. C. Q. F. D.

Revenons maintenant à notre division effectuée.

1° En avançant la virgule du diviseur donné de trois rangs vers la droite, nous avons multiplié le quotient par 1000. Mais en séparant *finalement* trois chiffres décimaux à droite du quotient d'abord trouvé, 33106, nous l'avons divisé par 1000, et ramené à sa véritable valeur 33,106.

Les *unités simples* du quotient de 27324657,34 par 825,34864 devenant ainsi, en définitive, les *millièmes* du quotient cherché, pour prouver que ce dernier quotient 33,106 a été obtenu à moins d'un *millième*, il suffit évidemment de prouver que le 1er, 33106, est approché à moins d'*une unité*. C'est ce que nous allons faire.

Nous ferons d'abord remarquer *qu'on n'altère aucunement le dividende*. En effet, tous nos dividendes partiels sont choisis d'après la règle

---

(*) La méthode est facile à appliquer ; la démonstration n'en est pas difficile au fond ; néanmoins, on peut très-bien ne pas parler de celle-ci aux élèves, et leur enseigner la pratique seulement.

de la division ordinaire (n° 74) appliquée à la division du dividende non *abrégé*, ou de chaque reste complet par le diviseur abrégé.

Mais on altère plusieurs fois le diviseur.

On le réduit une première fois à 825,3482. On commet par là sur le quotient une erreur *en plus* moindre que $\dfrac{ce\ quotient}{8253482}$ (d'après le principe).

Or 8253482, nombre entier de 7 chiffres, est plus grand que *le quotient* $\times 10$, qui n'a que 6 chiffres à sa partie entière. L'erreur qui est moindre que $\dfrac{le\ quotient}{8253482}$ est donc *à fortiori* moindre que $\dfrac{le\ quotient}{le\ quotient \times 10}$, c'est-à-dire moindre que 0,1.

2° Pour compléter le quotient après la 1re division partielle, il faudrait aux 3 dizaines de mille trouvées, ajouter le quotient du 1er reste suivi des autres chiffres du dividende par le diviseur 825,3482. En opérant ainsi, nous ne commettrions pas de nouvelle erreur. Mais nous barrons un nouveau chiffre 2 à droite du diviseur qui se réduit à 825,348; nous commettons ainsi sur le quotient complémentaire (qui n'a que 4 chiffres à sa partie entière) une nouvelle erreur *en plus* plus petite que $\dfrac{ce\ quotient}{825348}$ et par suite plus petite que $\dfrac{ce\ quotient}{ce\ quotient \times 10}$, c'est-à-dire plus petite que $\dfrac{1}{10}$.

3° A la 3e division partielle, nouveau chiffre effacé, nouvelle erreur *en plus* plus petite qu'un *dixième*.

Ainsi de suite. Apres 5 divisions, nous avons commis 5 erreurs en plus, chacune moindre qu'un dixième, et finalement en totalité une erreur *en plus* moindre que 5/10 et *à fortiori* moindre que 1.

Mais ce n'est pas tout. On devait finalement ajouter au quotient une fraction ayant pour numérateur le dernier reste et pour dénominateur le dernier diviseur. On néglige cette fraction. On commet ainsi une erreur *en moins* plus petite que 1.

En résumé, on a commis sur le quotient : 1° une erreur totale *en plus* moindre que 1; 2° une erreur *en moins* également plus petite que 1. La différence de ces deux erreurs, qui est l'erreur définitivement commise, est plus petite que 1. Le quotient 33106 est donc obtenu à moins d'une unité. Le quotient 33,106 est obtenu par suite à moins de 0,001.

EXERCICES. (Multiplication et division.)

604. $\left(\text{Calcul de } \dfrac{1}{\pi}\right)$. Trouver les 11 premiers chiffres du quotient de 1 par $\pi = 3{,}14159265358979\ldots$ *Rép.* 0,31830988619.

605. Trouver les 10 premiers chiffres du quotient de 1 par 0 43420448190032... *Rép.* 2,302585092.

696. Diviser pour vérifier 1 par le quotient trouvé dans chaque exercice précédent (*Rép.* On doit trouver pour quotient chacun des dividendes).

697. Trouver le quotient de 57,389742 par 3,1415926535, à moins de 0,000001. *Rép.* 18,267722.

698. Trouver le produit du même nombre par 0,318309886619, à moins de 0,000001. *Rép.* 18,267722.

699. Trouver le quotient de 7,3948271 par 0,4342944819..., à moins de 0,000001. *Rép.* 17,027219.

700. Trouver le produit du même nombre par 2,302585092, à moins de 0,000001. *Rép.* 17,027219.

701. Trouver à un Km près le rayon de la terre supposée sphérique.

$$\begin{array}{l} 0,3183098 \\ \underline{\quad 00002} \\ 6366,18 \end{array}$$

La longueur d'un méridien $2\pi \times R = 40000000^m =$ 40000 Km. Donc $R = \dfrac{40000}{2\pi} = \dfrac{20000}{\pi} = 20000 \times \dfrac{1}{\pi}$.

Il faut calculer ce produit à moins d'une unité.

On prend la valeur décimale de $\dfrac{1}{\pi}$ (Ex. 694) et on fait la multiplication abrégée suivant la règle. *Rép.* 6366 Km.

2 étant l'unique chiffre multipliant, l'erreur est moindre que 2 centièmes $+$ 18 centièmes $= 0,020$. C'est pourquoi nous prenons 6366 sans ajouter 1.

702. Trouver en kilomètres carrés la surface de la terre supposée sphérique. *Rép.* 509295818 kilomètres carrés.

$$\begin{array}{l} 0,31830988619 \\ \underline{\quad 0000000061} \\ 31830988619 \\ \underline{49098593166} \\ 509295817,85 \\ 509295818 \end{array}$$

Surface sphère $= 4\pi \times R^2 = 4\pi^2 R^2 : \pi = (2\pi R)^2 \times \dfrac{1}{\pi}$. Mais la circonférence $2\pi R$ d'un grand cercle de la terre (d'un méridien) $= 40000000^m = 40000\ Km$; par suite $(2\pi R)^2 = (40000)^2 Kmq = 1600000000\ Kmq$. Donc surface

sph. $= 1600000000 \times \dfrac{1}{\pi}$. J'ai calculé ce produit à moins d'une unité par la multiplication abrégée.

Ces deux derniers exercices offrent des exemples très-remarquables de la simplification obtenue en employant $\dfrac{1}{\pi}$ et la multiplication abrégée au lieu de la division par π qui serait beaucoup plus longue.

TABLE DES MATIÈRES

FRACTIONS.

FIN DE LA TABLE DES MATIÈRES.

Paris. — Imprimerie de Cusset et Cⁱᵉ, rue Racine, 24.